U1017643

普通高等教育公共课系列教材

Excel数据管理与分析

主　编　陈雪飞　晏再庚
主　审　谢建国

中国轻工业出版社

图书在版编目（CIP）数据

Excel数据管理与分析/陈雪飞，晏再庚主编 . —北京：中国轻工业出版社，2024. 1

普通高等教育“十三五”规划教材

ISBN 978 -7 -5184 -1462 -8

Ⅰ. ①E… Ⅱ. ①陈… ②晏… Ⅲ. ①表处理软件—高等学校—教材 Ⅳ. ①TP391. 13

中国版本图书馆 CIP 数据核字（2017）第 158832 号

责任编辑：张文佳　　责任终审：劳国强　　封面设计：锋尚设计
版式设计：王超男　　责任校对：燕　杰　　责任监印：张京华

出版发行：中国轻工业出版社（北京鲁谷东街 5 号，邮编：100040）
印　　刷：北京君升印刷有限公司
经　　销：各地新华书店
版　　次：2024 年 1 月第 1 版第 4 次印刷
开　　本：787 × 1092　1/16　印张：12. 25
字　　数：280 千字
书　　号：ISBN 978 -7 -5184 -1462 -8　定价：32. 00 元
邮购电话：010-85119873
发行电话：010-85119832　010-85119912
网　　址：http：//www. chlip. com. cn
Email：club@ chlip. com. cn

版权所有　侵权必究
如发现图书残缺请与我社邮购联系调换

240129J1C104ZBW

前 言 PREFACE

本书编写的初衷

从事《大学计算机》教学多年，学生遍布各行各业，尤其是那些从事数据管理与分析方面工作的，经常会收到他们需要解决有关数据管理与分析方面的实际问题，其中大部分问题不用专门开发什么应用软件，也不需要复杂的数据统计软件，Excel 就能简单、快捷地解决。如：如何在股市中筛选某类股票？购房贷款时如何选择合适的贷款方式？等等。Excel 能解决绝大部分日常数据处理方面的问题，而很多人可能不知道，为此，利用大学开设的《Excel 数据管理与分析》这门课，结合多年积累的经验和素材案例，来更好地传播和推广 Excel 的应用，因此推出了这本教材。

本书内容的组织

本书以实用为编写理念，结合大量的实际案例，详细介绍各种常见的数据处理与问题分析的思路和各种方法技巧，使读者能在最短的时间内把 Excel 的应用水平提升到一个新的层次。本书使用的案例基本上来自于参加了工作的学生、周围的朋友和作者自身的工作经历。本书共分五章。

第 1 章“数据编辑”，是 Excel 的基础。介绍 Excel 工作表中数据的输入、填充、格式、有效性及条件格式的基本操作和操作技巧，用了多个实际案例来强化各知识点的灵活运用。如：“用条纹及定位条件制作工资条”“借款借据的制作”“建立多重下拉列表填充项”“一目了然的学院开支明细表的制作”。

第 2 章“公式和函数”，是 Excel 的灵魂，只有掌握了各类函数的灵活运用，才能解决数据处理的实际问题，因为几乎没有一个实际问题是某一个函数能解决的。本章介绍 Excel 工作簿中公式的建立和函数的使用，对于公式介绍了一般公式和数组公式；对于函数，按典型的应用用实际案例进行了分类介绍，它们是数据的逻辑判断、数据的汇总统计、日期与时间的处理、文本数据的处理、查询数据、财务分析。典型的案例如：“成绩表处理”“工资表处理”“固定资产管理”“如何避开贷款买房陷阱”“万年历制作”等。

第 3 章“数据分析”，是 Excel 的数据分析的直接工具。Excel 工作簿中“数据”选项卡以按钮的形式直接提供了分析处理数据的方式，通过“获取外部数据”“排序和筛选”“合并计算”“分类汇总”“数据透视表”几组功能按钮的基本操作来介绍数据分析和处理。典型的实际案例如“查找优质潜力股票”。

第 4 章“数据图表”，Excel 的又一个亮点，就是可以使数据用图表方式直观化，用大量案例详细介绍了如何使用图表工具对数据作直观化描述，并结合函数的使用和控件的使用介绍了各种方法实现的动态图表。

第 5 章“VBA 在 Excel 中的应用”，本章内容是锦上添花了。为了拓展 Excel 的应用，以解决更复杂的实际问题或者更方便快捷地解决实际问题，介绍了编程基础知识，结合案例学会用编程的方式解决问题。主要介绍了自定义函数、宏代码及其调用。典型案例如：“生成带超链接的工作表目录的方法”“个人所得税的计算”等。

本书每章都精心安排了练习题，并有必要的提示。所有案例、练习题的素材及答案有专门的文档，有教学用的 PPT 教案，读者可联系获取。

本书阅读的人群

本书适合对 Excel 基本操作有一点了解，想快速提高 Excel 应用能力的读者，也可以是 Excel 处理数据者的工具书，是职业经理人数据分析的好帮手；可以作为自学用书，也可以作为各类管理人员培训及大专院校教材。

编写分工与致谢

本书的编写人员都是有多年教学和科研经验的，在编写过程中力求把多年的经验融入书中，做到由浅入深、深入浅出。本书由晏再庚老师负责案例的收集提炼、书中图片的准备和制作，陈雪飞老师负责书稿写作，谢建国老师负责主审。

本书的编写得到了很多学者和专家同事的帮助，也参考了一些出版社和网上的相关文献和资料，在此一并表示衷心感谢。

编　者

2017 年 1 月 6 日于广州

目 录 CONTENTS

第 1 章

数据编辑

1.1 认识 Excel 2010

1.1.1 操作界面

Excel 2010 界面如图 1 –1 所示。

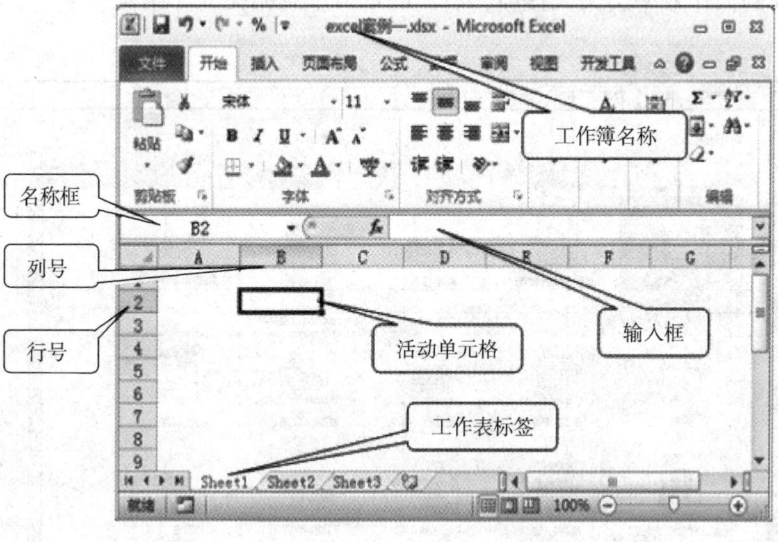

图 1 –1 Excel 2010 界面

(1) 工作簿

工作簿是计算和存储数据的文件，也就是通常意义上的 Excel 文件，默认后缀为 . xlsx。每一个工作簿可由一个或多个工作表组成，在默认的情况下是由 3 个工作表组成，在早期的 Excel 中，一个工作簿中的工作表数量最多不得超过 255 个，从 2007 版开始，工作表的数量仅受计算机的可用物理内存限制。

(2) 工作表

它是工作簿的一部分，也称作电子报表，工作的主要对象，由行、列组成的表格，Excel 2010 工作表的大小为 16384 列 × 1048576 行。每个工作表有一个标签名称，当前活动的白色，其余灰色，默认的三个工作表标签名为 Sheet1 ~ Sheet3。用户可根据需要复制、增加或删除工作表，并可以更改标签名称。

（3）单元格

单元格是表格的最小单位，是工作表的行和列的交叉点，每个单元格通过“列标 + 行号”来表示单元格的位置及名称，如：B2，就表示第 B 列第 2 行的单元格。为了便于记忆和理解，也可以为某个单元格另外命一个名称，直接在名称框输入一个名称即可给活动单元格命名，此时既可以用该名称也可以使用“列标 + 行号”引用该单元格。光标所在单元格为活动单元格，如图 1 - 1 中边框比较粗的单元格。

1.1.2 文件菜单及各选项卡功能简介

（1）文件菜单

如图 1 - 2 所示文件菜单界面，其功能主要有新建文件、保存当前文件、将当前文件另存为某文件、打开另一文件、关闭当前文件、设置打印当前文件、保存并发送当前文件、退出 Excel 应用程序、选项等，这些功能的操作同 Office 的其他组件，这里就不多叙述，特别多提示一下的是“选项”功能，它对文件的编辑环境有丰富的设置，熟悉这些设置对 Excel 的操作效率会大大提高，后面的章节里有相关的介绍。

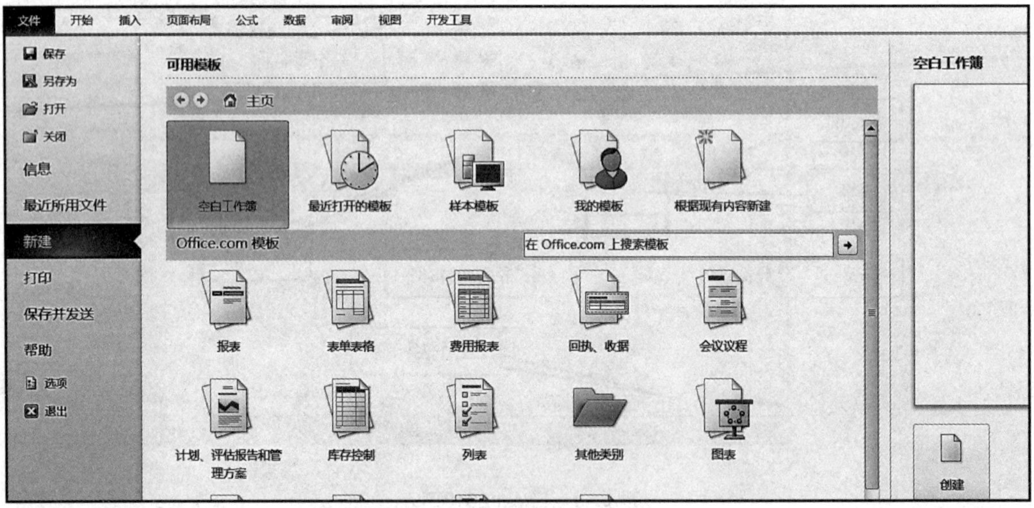

图 1 - 2 文件菜单界面

（2）各选项卡功能简介

如图 1 - 3 所示，Excel 2010 的选项卡一般有“开始”“插入”“页面布局”“公式”“数据”“审阅”“视图”，更多的选项卡如“开发工具”可以通过“文件”菜单的“选项”功能添加。“开始”选项卡的功能区有最常用的若干组快捷按钮，如：剪贴板、字体、对齐方式、数字、样式、单元格、编辑等，本章重点介绍此选项卡的功能。

其余各选项卡功能参见 Excel 工作界面，有“插入”“页面布局”“公式”“数据”“审阅”和“视图”。

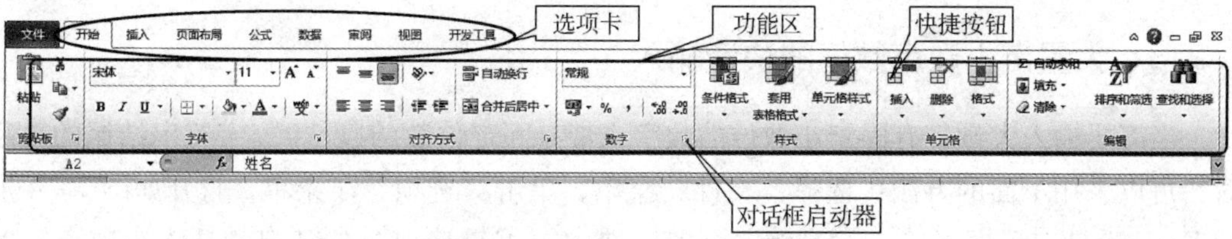

图1－3　Excel选项卡界面——开始

1.2　数据的输入

在Excel工作表的单元格中，可以使用两种最基本的数据格式：常数和公式。常数是指文字、数字、日期和时间等数据，还可以包括逻辑值和错误值，每种数据都有它特定的格式和输入方法，为了使用户对输入数据有一个明确的认识，有必要来介绍一下在Excel中输入各种类型数据的方法和技巧。

1.2.1　输入文本

Excel单元格中的文本包括任何中西文文字或字母以及数字、空格和非数字字符的组合，每个单元格中最多可容纳32000个字符数。一般文本直接输入即可，默认对齐方式是右对齐。但全数字的文本如职工编号001，若直接输入001，系统会自动判断001为数据1，解决办法有两个：方法1：首先输入'（西文单引号），然后输入001；方法2：也可以先将单元格数据类型设置为文本，然后正常输入数字。特别注意：全数字的18位身份证号码的输入若没采用上述方法之一，由于Excel它只取前15位数字，后三位数字会自动变为0。

另外，虽然在Excel中输入文本和在其他应用程序中没有什么本质区别，但是还是有一些差异，比如在Word、PowerPoint的表格中，当在单元格中输入文本后，按回车键表示一个段落的结束，光标会自动移到本单元格中下一段落的开头，在Excel的单元格中输入文本时，默认状态是按一下回车键即表示结束当前单元格的输入，光标会自动移到当前单元格的下一个单元格，出现这种情况时，如果你是想在单元格中分行，则可以在单元格中输入硬回车，即【Alt＋Enter】，操作方法是：按住【Alt】键的同时按【Enter】键。

1.2.2　输入数值

输入数值很简单的，直接输入数字即可，数值在单元格中的默认对齐方式是右对齐。

在单元格中输入负数时，可在负数前输入“－”做标识，也可将数字置在括号内来标识，比如在单元格中输入（88），按一下回车键，则会自动显示为－88。

在输入小数时，用户可以像平常一样使用小数点，还可以利用逗号分隔千位、百万位等，当输入带有逗号的数字时，在编辑栏并不显示出来，而只在单元格中显示。

1.2.3 大量带小数点数值的快速输入

当需要输入大量带有固定小数位的数字或带有固定位数的以“0”字符串结尾的数字时，可以采用下面的方法：选择“文件”菜单，单击“选项”子菜单，打开如图 1－4 所示 Excel 选项对话框，单击“高级”标签，选中“编辑选项”的“自动插入小数点”复选框，并在“位数”微调框中输入或选择要显示在小数点右面的位数，如果要在输入比较大的数字后自动添零，可指定一个负数值作为要添加的零的个数，比如要在单元格中输入“88”后自动添加 3 个零，变成“88 000”，就在“位数”微调框中输入“－3”，相反，如果要在输入“88”后自动添加 3 位小数，变成“0.088”，则在“位数”微调框中输入“3”。另外，在完成输入带有小数位或结尾零字符串的数字后，应清除对“自动插入小数点”复选框的选定，以免影响后边的输入。

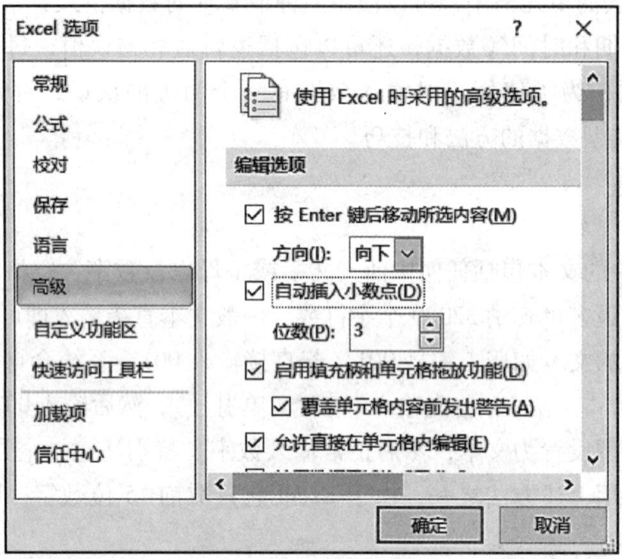

图 1－4 Excel 选项对话框

1.2.4 输入分数

几乎在所有的文档中，分数格式通常用一道斜杠来分界分子与分母，其格式为“分子/分母”，在 Excel 中日期的输入方法也是用斜杠来区分年月日的，比如在单元格中输入“1/2”，按回车键则显示“1 月 2 日”，为了避免将输入的分数与日期混淆，在单元格中输入分数时，要在分数前输入“0”（零）以示区别，并且在“0”和分子之间要有一个空格隔开，比如在输入 1/2 时，则应该输入“0 1/2”。如果在单元格中输入“8 1/2”，则在单元格中显示“8 1/2”，而在编辑栏中显示“8.5”。当然如果分子分母的数字不是能构成日月或月日的整数，Excel 就会自动处理为文本，也不是分数。即 23/12 或 12/23 都会当成是 12 月 23 日，而 32/11 或者 11/32 就当成文本了，但输入 0 空格 11/32 则是分数，回车后单元格显示分数，编辑栏显示其分数对应的小数，见图1－5数据输入效果。

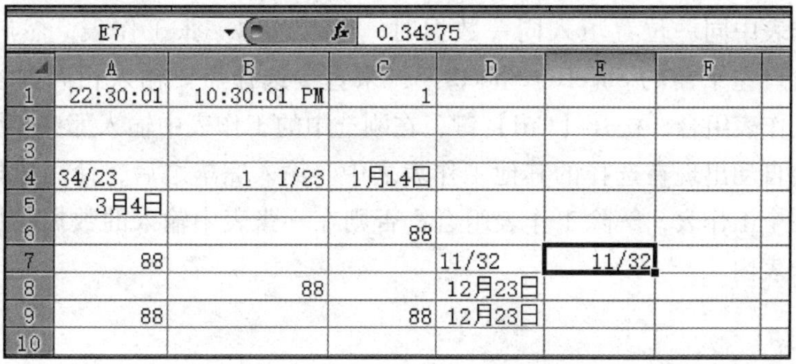

E7　　fx　0.34375

	A	B	C	D	E	F
1	22:30:01	10:30:01 PM	1			
2						
3						
4	34/23	1 1/23	1月14日			
5	3月4日					
6			88			
7	88			11/32	11/32	
8		88		12月23日		
9	88		88	12月23日		
10						

图1－5　数据输入效果

1.2.5　输入日期

用户可以用多种格式来输入一个日期，可以用斜杠“/”或者“－”来分隔日期中的年、月、日部分。比如要输入“2016年12月1日”，可以在单元格中输入“2016/12/1”或者“2016－12－1”。如果要在单元格中插入当前日期，可以按键盘上的【Ctrl+;】组合键。Excel是将日期和时间视为数字处理的，它能够识别出大部分用普通表示方法输入的日期和时间格式。

1.2.6　输入时间

在Excel中输入时间时，用户可以按24小时制输入，也可以按12小时制输入，这两种输入的表示方法是不同的，比如要输入下午2时30分38秒，用24小时制输入格式为：14：30：38，而用12小时制输入时间格式为：2：30：38PM，注意字母“PM”和时间之间有一个空格，字母不限大小写。如果要在单元格中插入当前时间，则按【Ctrl+Shift+;】键。

1.2.7　不连续单元格填充同一数据

选中一个单元格，按住【Ctrl】键，用鼠标单击要选中的其他单元格，然后松开【Ctrl】键，在编辑区中输入数据，然后又按住【Ctrl】键，同时按【Enter】回车键，在所有选中的单元格中就都出现了同一数据，如图1－5所示数据输入效果，各不连续单元格的数据88。

1.2.8　利用Ctrl +＊快速选取区域数据

如果一个工作表中有很大区域数据时，可以通过选定表格中某个数据单元格，然后按下【Ctrl+＊】键可选定整个表格的某数据区域。【Ctrl+＊】键选定的区域为：根据选定单元格向四周辐射所涉及的有连续数据单元格的最大区域。这样可以方便准确地选取表格数据，并能有效避免使用拖动鼠标方法选取较大单元格区域时屏幕的乱滚现象。

1.2.9 多张工作表中输入相同的内容

几个工作表中同一位置填入同一数据时，可以选中一张工作表，然后按住【Ctrl】键，再单击窗口左下角的 Sheet1、Sheet2……来直接选择需要输入相同内容的多个工作表，组成了工作表组合，松开【Ctrl】键，在刚选中的工作表中输入那些相同的数据，此时这些数据会自动出现在选择的其他工作表之中。输入完毕之后，使用鼠标左键单击所选择的任意一个工作表，解除工作表组合，否则在一张表中输入的数据会接着出现在组合的其他工作表内。

1.3 数据的填充

1.3.1 一般方法

填充序列方法有两种。第一种方法是：先输入前 2 个单元格内容，选定前两个单元格，当鼠标光标移动到选定区域右下角时，会变成“+”字形状，此时可以通过按住鼠标左键拖动实行自动填充操作。如需要输入的数据为自然递增（递减）数值或字符 + 自然递增（递减）数值，比如输入“1，2，3……”或“a1，a2，a3……”，可以采用此填充序列的方式。这种方法根据前两个单元格中所含数值的差值自动计算后续单元格中数值部分。若要填充的是等比数列，比如要填充“1，2，4，8……”，则要采用第二种方法。第二种方法：先输入第一个单元格的值，然后选择该单元格及要填充的单元格，进入“开始”选项卡，选择快捷按钮区的“编辑”区之【填充】→【系列…】，在弹出的“序列”对话框中选择“等比数列”，输入步长值为 2，单击【确定】按钮。如图 1－6 所示序列数据填充效果（见“文件 1：填充序列 . xlsx”）。

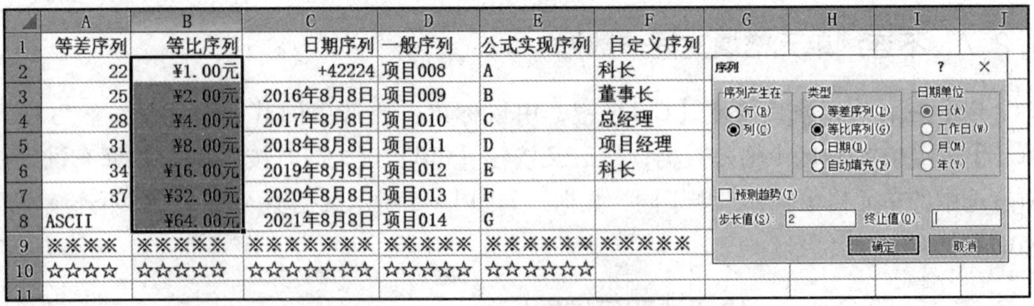

图 1－6 序列数据填充效果

1.3.2 自定义序列

经常需要输入一些有规律的序列文本，比如“甲，乙、丙、丁”，文本中没有包含数值，系统无法自动判断后一个单元格需要填充的内容。此时，可以自己定义一个序列，定义方法是：选择菜单“文件→选项→高级”，单击按钮【编辑自定义列表】，在弹出的对话框输入自定义列表。系统已经定义了月份、季度等常用的序列。

1.3.3 用公式和函数实现序列

如果想在 Excel 中输入连续字母，用普通的办法只能一个一个输入了，有些人会想到，第一单元格输入 A，下面单元格输入 B，然后选中 A，B 单元格，然后拖动就可得到 A、B、C、D 了，结果是不对的，得到的是 A、B、A、B，难道真要一个一个输入吗，有没有其他更快捷的办法呢，答案是肯定的，见图 1－7 用公式实现序列数据填充（见“文件 1：填充序列 . xlsx”）。完全可以通过 Excel 中的 CHAR 函数结合 Excel 序号自动填充功能来完成。在电脑字符编码中，特定的编码数字和特定的字符是对应的，而 CHAR 函数可以将这些数字编码转换为相应的字符，例如 65 对应的是大写 A，97 对应小写 a，这样在单元格中只需利用 CHAR 函数进行转换，就实现了 Excel 中快速输入连续的 26 个英文字母了。在这里用到 CHAR 函数，在单元格内输入 = CHAR（64 + ROW（1:1）），然后鼠标放到单元格右下角，左键点击向下拖拉可以得出 ABCD 等一直往下排列。如果要填充小写字母序列，就把公式中的 64 修改成 97 即可。

E2 =CHAR(64+ROW(1:1))

	A	B	C	D	E	F
1	等差序列	等比序列	日期序列	一般序列	公式实现序列	自定义序列
2	22	¥1.00元	+42224	项目008	A	科长
3	25	¥2.00元	2016年8月8日	项目009	B	董事长
4	28	¥4.00元	2017年8月8日	项目010	C	总经理
5	31	¥8.00元	2018年8月8日	项目011	D	项目经理
6	34	¥16.00元	2019年8月8日	项目012	E	科长
7	37	¥32.00元	2020年8月8日	项目013	F	
8	ASCII	¥64.00元	2021年8月8日	项目014	G	

图 1－7 用公式实现序列数据填充

1.3.4 填充条纹

如果想在工作簿中加入漂亮的横条纹，可以利用单元格格式的对齐方式中的填充功能。先在单元格内填入“＊”或其他符号，然后单击此单元格，向右拖动鼠标，选中横向若干要填充符号的单元格，右键菜单单击“设置单元格格式”按钮，选择“对齐”选项卡，在“水平对齐”下拉列表中选择“填充”，单击【确定】按钮即可。见图 1－8 设置单元格格式对齐方式及图 1－9 用对齐－填充方式填充条纹（见“文件 1：填充序列 . xlsx”）。

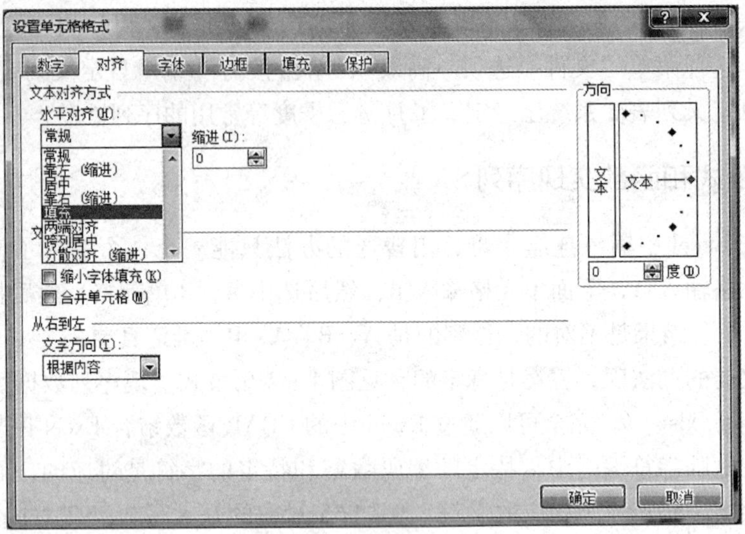

图 1－8　设置单元格格式对齐方式

图 1－9　用对齐－填充方式填充条纹

1.3.5　案例——用条纹及定位条件制作工资条

其实用 Excel 打印工资条，归根结底就是让 Excel 制作的工资表格中，一行工资细目数据，一行员工的记录，若再在每个工资细目行前和员工的记录行后加上花边就更便于裁剪了。如果在每一个员工记录的上面插入一行工资细目数据，那么我们的要求也就基本完成了，当然纯手工的一行一行插入显然是个“不可能完成的任务”，这里需要有点技巧。

第一步：如图 1－10 所示制作工资条过程 1（见“文件 2：工资表 1. xlsx”），在工资细目的右侧两单元格 L2 和 M3 中，交叉输入任意数字（主要是为了后面的“定位”空值，所以数字可任意输入，这里输入了 1 和 2），然后选中交叉的四个单元格 L2：M3，双击右下角的“填充柄”，使这种格式一直填充至工资表的结束行。

第二步：对于选择的区域 L2：M8，执行“开始选项卡的编辑组”【查找和选择】→【定位条件（S）…】命令，在打开的“定位条件”对话框中，选择“空值”，然后单击【确定】按钮，这样就选定了此区域的空单元格。如图 1－11 所示制作工资条过程 2。

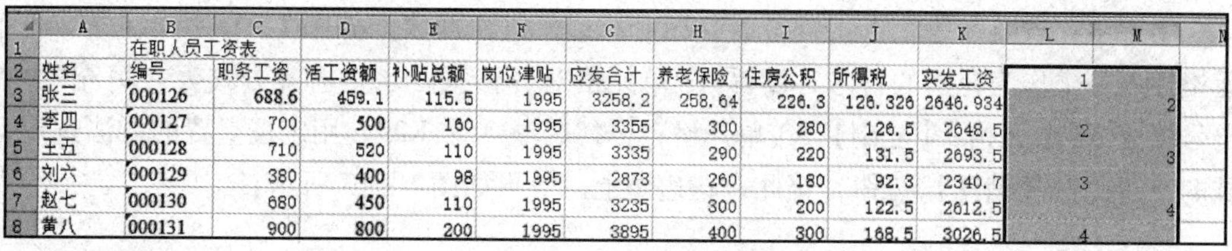

	A	B	C	D	E	F	G	H	I	J	K	L	M
1		在职人员工资表											
2	姓名	编号	职务工资	活工资额	补贴总额	岗位津贴	应发合计	养老保险	住房公积	所得税	实发工资	1	
3	张三	000126	688.6	459.1	115.5	1995	3258.2	258.64	226.3	126.326	2646.934		2
4	李四	000127	700	500	160	1995	3355	300	280	126.5	2648.5	2	
5	王五	000128	710	520	110	1995	3335	290	220	131.5	2693.5		3
6	刘六	000129	380	400	98	1995	2873	260	180	92.3	2340.7	3	
7	赵七	000130	680	450	110	1995	3235	300	200	122.5	2612.5		4
8	黄八	000131	900	800	200	1995	3895	400	300	168.5	3026.5	4	

图1-10 制作工资条过程1

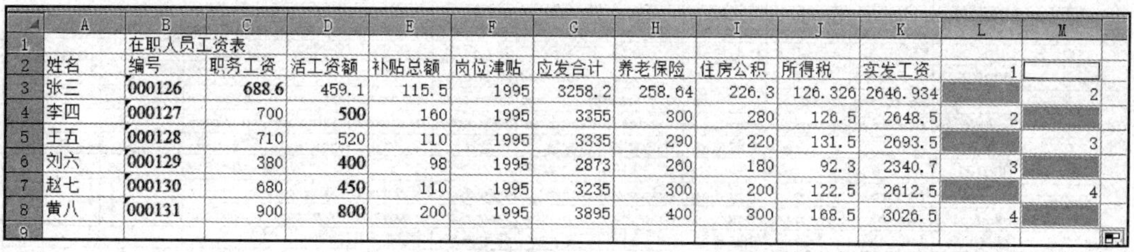

	A	B	C	D	E	F	G	H	I	J	K	L	M
1		在职人员工资表											
2	姓名	编号	职务工资	活工资额	补贴总额	岗位津贴	应发合计	养老保险	住房公积	所得税	实发工资	1	
3	张三	000126	688.6	459.1	115.5	1995	3258.2	258.64	226.3	126.326	2646.934		2
4	李四	000127	700	500	160	1995	3355	300	280	126.5	2648.5	2	
5	王五	000128	710	520	110	1995	3335	290	220	131.5	2693.5		3
6	刘六	000129	380	400	98	1995	2873	260	180	92.3	2340.7	3	
7	赵七	000130	680	450	110	1995	3235	300	200	122.5	2612.5		4
8	黄八	000131	900	800	200	1995	3895	400	300	168.5	3026.5	4	
9													

图1-11 制作工资条过程2

第三步：执行“插入”选项卡之【插入工作表行】命令，每个所选单元格前面就会插入一空行，这时便会从第二行开始，每一行的前面插入了一个空行。若要每行员工记录前再多两行空行，选择 L3：M15 区域，按第二步用定位空值方法选定此区域的空单元格，再执行“插入”选项卡之【插入工作表行】命令即可。

第四步：复制表头的工资细目数据（如果上一步每个员工记录前有多两行空行，则复制表头的工资细目数据要多两空行），然后选中工资表的数据区域，执行【查找和选择】→【定位条件（S）…】命令，在打开的“定位条件”对话框中，选择“空值”，然后单击【确定】按钮，这样就选定了此区域的空单元格行，即选中了刚插入的空行。执行【粘贴】命令，在每个选定区域就会粘贴复制的内容，这时工资条细目行就加在了每一个员工记录行前，基本制作完成了，如图 1-12 所示制作工资条过程 3。

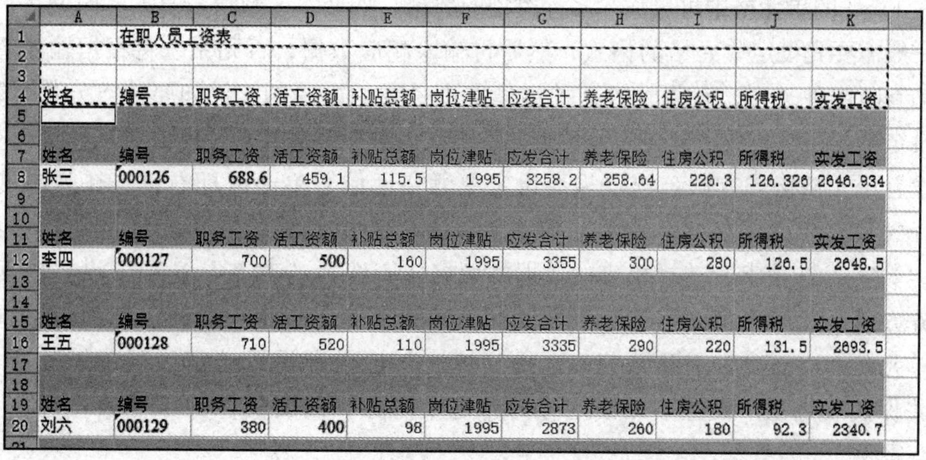

	A	B	C	D	E	F	G	H	I	J	K
1		在职人员工资表									
2											
3											
4	姓名	编号	职务工资	活工资额	补贴总额	岗位津贴	应发合计	养老保险	住房公积	所得税	实发工资
5											
6											
7	姓名	编号	职务工资	活工资额	补贴总额	岗位津贴	应发合计	养老保险	住房公积	所得税	实发工资
8	张三	000126	688.6	459.1	115.5	1995	3258.2	258.64	226.3	126.326	2646.934
9											
10											
11	姓名	编号	职务工资	活工资额	补贴总额	岗位津贴	应发合计	养老保险	住房公积	所得税	实发工资
12	李四	000127	700	500	160	1995	3355	300	280	126.5	2648.5
13											
14											
15	姓名	编号	职务工资	活工资额	补贴总额	岗位津贴	应发合计	养老保险	住房公积	所得税	实发工资
16	王五	000128	710	520	110	1995	3335	290	220	131.5	2693.5
17											
18											
19	姓名	编号	职务工资	活工资额	补贴总额	岗位津贴	应发合计	养老保险	住房公积	所得税	实发工资
20	刘六	000129	380	400	98	1995	2873	260	180	92.3	2340.7

图1-12 制作工资条过程3

第五步：若要在每个人工资条前后加上花边，进入此步。如图 1－13 所示：在 A3 单元格插入一个作为花边的符号，设置 A3 单元格对齐格式之水平对齐方式为“填充”，此符号填充 A3 单元格；【复制】A3 单元格；选择区域 A5：K29，用定位空置的方法选定区域的空行，按【粘贴】按钮，至此，花边镶上，效果如图 1－13 所示。

	A	B	C	D	E	F	G	H	I	J	K	L	M
1		在职人员工资表											
2													
3	ooooooooooo												
4	姓名	编号	职务工资	活工资额	补贴总额	岗位津贴	应发合计	养老保险	住房公积	所得税	实发工资	1	
5	ooooooooooo	ooooooooooo	ooooooooooo	ooooooooooo	ooooooooooo	ooooooooooo	ooooooooooo	ooooooooooo	ooooooooooo	ooooooooooo	ooooooooooo		
6	ooooooooooo	ooooooooooo	ooooooooooo	ooooooooooo	ooooooooooo	ooooooooooo	ooooooooooo	ooooooooooo	ooooooooooo	ooooooooooo	ooooooooooo		
7	姓名	编号	职务工资	活工资额	补贴总额	岗位津贴	应发合计	养老保险	住房公积	所得税	实发工资		
8	张三	**000126**	**688.6**	459.1	115.5	1995	3258.2	258.64	226.3	126.326	2646.934		2
9	ooooooooooo	ooooooooooo	ooooooooooo	ooooooooooo	ooooooooooo	ooooooooooo	ooooooooooo	ooooooooooo	ooooooooooo	ooooooooooo	ooooooooooo		
10	ooooooooooo	ooooooooooo	ooooooooooo	ooooooooooo	ooooooooooo	ooooooooooo	ooooooooooo	ooooooooooo	ooooooooooo	ooooooooooo	ooooooooooo		
11	姓名	编号	职务工资	活工资额	补贴总额	岗位津贴	应发合计	养老保险	住房公积	所得税	实发工资		
12	李四	**000127**	700	**500**	160	1995	3355	300	280	126.5	2648.5	2	
13	ooooooooooo	ooooooooooo	ooooooooooo	ooooooooooo	ooooooooooo	ooooooooooo	ooooooooooo	ooooooooooo	ooooooooooo	ooooooooooo	ooooooooooo		
14	ooooooooooo	ooooooooooo	ooooooooooo	ooooooooooo	ooooooooooo	ooooooooooo	ooooooooooo	ooooooooooo	ooooooooooo	ooooooooooo	ooooooooooo		
15	姓名	编号	职务工资	活工资额	补贴总额	岗位津贴	应发合计	养老保险	住房公积	所得税	实发工资		
16	王五	**000128**	710	520	110	1995	3335	290	220	131.5	2693.5		3
17	ooooooooooo	ooooooooooo	ooooooooooo	ooooooooooo	ooooooooooo	ooooooooooo	ooooooooooo	ooooooooooo	ooooooooooo	ooooooooooo	ooooooooooo		
18	ooooooooooo	ooooooooooo	ooooooooooo	ooooooooooo	ooooooooooo	ooooooooooo	ooooooooooo	ooooooooooo	ooooooooooo	ooooooooooo	ooooooooooo		
19	姓名	编号	职务工资	活工资额	补贴总额	岗位津贴	应发合计	养老保险	住房公积	所得税	实发工资		
20	刘六	**000129**	380	**400**	98	1995	2873	260	180	92.3	2340.7	3	
21	ooooooooooo	ooooooooooo	ooooooooooo	ooooooooooo	ooooooooooo	ooooooooooo	ooooooooooo	ooooooooooo	ooooooooooo	ooooooooooo	ooooooooooo		

图 1－13　镶花边的工资条

1.4 数据的格式

1.4.1 基本操作

在 Excel 的单元格中可以输入多种类型的数据，如文本、数值、日期、时间等。在输入时一般需要先设定单元格的格式，然后再输入相应数据，否则系统将根据输入值的特征自动判断何种类型，有些时候这种类型并不是我们需要的，比如要输入分数“2/3”，在未设定单元格格式数字分类为分数时，系统认为是日期格式，转换为“2 月 3 日”。

设置单元格格式方法：选定需要设定单元格区域，单击鼠标右键，在弹出的菜单中选择【设置单元格格式】命令，弹出如图 1－14 所示“设置单元格格式”对话框。选择“数字”选项卡，选择相应的数据类型格式，选择“对齐”选项卡设置单元格文本对齐方式，选择“字体”选项卡设置单元格的字体，选择“边框”选项卡设置选定区域单元格的边框线大小及颜色，选择“填充”选项卡设置选定区域背景色及效果，选择“保护”选项卡设置单元格内容的锁定及隐藏，但要同保护工作表一起才有效，后面有案例。

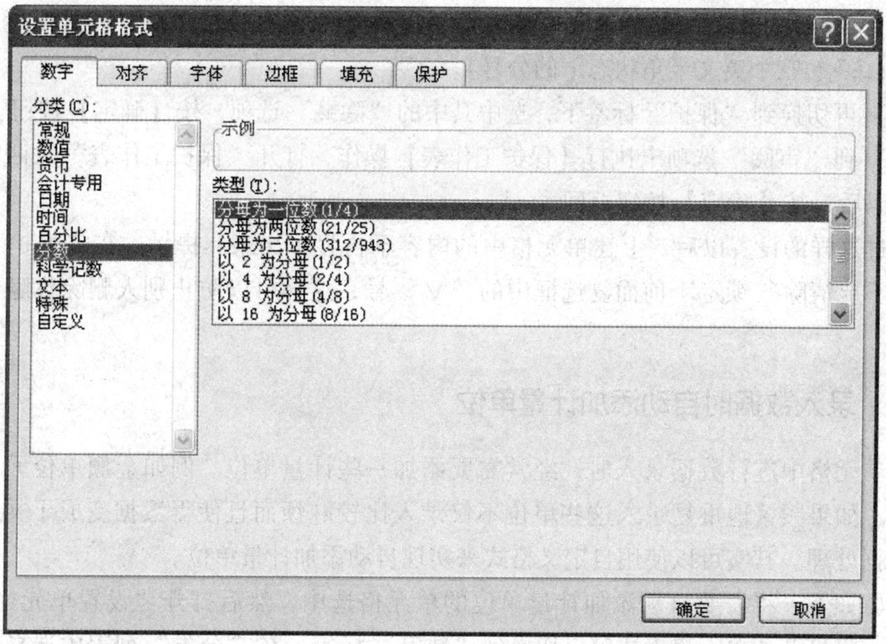

图1-14 设置单元格格式

1.4.2 正数前显示正号“+”

默认情况下，Excel 工作表中负数前都显示负号“-”，而正数前不显示正号“+”。如果不仅需要在 Excel 表中的负数前显示负号，还需要在正数前也显示正号，该怎么办呢？方法如下：选择需要显示正号的单元格区域。单击“开始”选项卡，然后在“数字”组中，单击对话框启动器，单击“数字”选项卡，然后在“分类”框中，“自定义”选项，在“类型”下的方框中，键入“+0；-0；0；@”。注意键入的是半角字符，是在英文状态下输入。最后单击【确定】按钮。现在，在上述区域中已有的正数前将自动加上正号“+”，而且再在其中输入正数时，正数前也将自动加上“+”。

Excel 允许用户同时对正数、负数、零值和文本的显示格式进行定义，它们之间以半角分号“;”间隔。例如，在“+0；-0；0；@”这个自定义格式中，第1个分号前的“+0”是定义正数的显示格式，第2个分号前的“-0”是定义负数的显示格式；第3个分号前的“0”是定义零值的显示格式；第3个分号后的“@”是定义文本的显示格式，即正常显示文本。如果三个分号间的某个位置不键入任何字符，则将该类型数据隐藏起来，比如格式“0；-0;；@”则隐藏单元格中的零值。知道了这些，你就可以利用这个“;”完成特殊的任务，比如你要隐藏整个工作表中的所有数据（包括文本），则将整个工作表所有单元格定义为“;;;”格式即可，但编辑栏能看见。

1.4.3 把数据彻底隐藏起来

如果工作表某些单元格中的内容不想让浏览者查阅，就将它隐藏起来了。步骤如下：

（1）选中需要隐藏内容的单元格（区域），打开“设置单元格格式”对话框，在

“数字”标签的“分类”下面选中“自定义”选项，然后在右边“类型”下面的方框中输入“;;;”（三个英文半角状态下的分号）。

（2）再切换到“保护”标签下，选中其中的“隐藏”选项，按【确定】按钮。

（3）到“审阅”选项卡执行【保护工作表】操作，打开“保护工作表”对话框，设置好密码后，按【确定】按钮返回。

经过这样的设置以后，上述单元格中的内容不再显示出来。提示：在“保护”标签下，请不要清除“锁定”前面复选框中的“√”号，这样可以防止别人删除你隐藏起来的数据。

1.4.4 录入数据时自动添加计量单位

在单元格中进行数据录入时，经常需要添加一些计量单位。例如金额单位元、里程单位米。如果频繁地重复录入这些单位不仅录入比较麻烦而且使得数据变成了文本，不利于数据处理。其实可以使用自定义格式来实现自动添加计量单位。

步骤如下：将需要自动添加计量单位的单元格选中，然后打开“设置单元格格式”对话框；将打开的单元格格式窗口切换到“数字”标签，在“分类”列表中选择“自定义”选项，在“类型”框中选择对应的数据格式，并在选中的数据类型的格式文本后添加上相应的计量单位，例如元、米等（计量单位要用英文半角双引号引起来）。设置好之后单击按【确定】按钮，这样在经过格式设置的单元格里录入数据时，将会自动添加预设的单位。如图 1－15 所示计量单位的输入。若要在数据前面加字，如“人民币”，操作步骤一样，只是在格式符文本前面加。

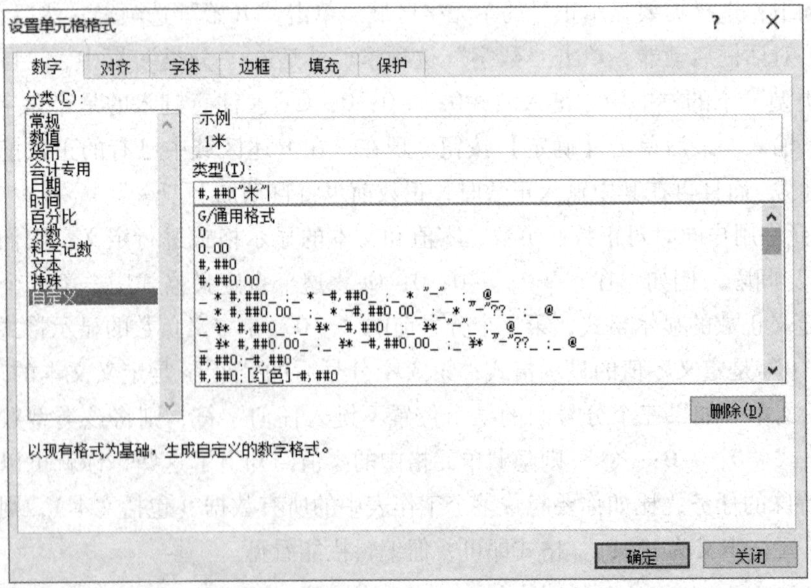

图 1－15 计量单位的输入

提示：将数字格式应用于单元格之后，如果 Excel 在单元格中显示#####，则可能是单元格不够宽，无法显示该数据。若要扩展列宽，请双击包含出现#####错误的单元格的列的右边界。这样可以自动调整列的大小，使其适应数字。你也可以拖动右边界，直至列达到所需的大小。

在大多数情况下，无论在工作表中输入数字，还是从数据库或其他外部源导入数字，数字都会按照你期望的方式显示。但是，Excel 偶尔也会应用错误的数字格式，因此可能需要进行一些调整。例如，如果键入一个包含斜杠标记（/）或连字符（-）的数字，Excel 可能将其解释为日期，并将其转换为日期格式。如果希望键入非计算值（例如10e5、1p 或 1-2），但不希望 Excel 将该值转换为内置的数字格式，则可在单元格中应用“文本”格式，然后再输入数字。

如果内置的数字格式不能满足需要，也可以创建自己的自定义数字格式。由于用于创建数字格式的代码难以快速理解，因此最好先使用某一种内置数字格式，然后再更改该格式的任意一个代码节，以创建自己的自定义数字格式。若要查看内置数字格式的数字格式代码，请单击“自定义”类别，然后查看“类型”框。例如，使用代码［<=9999999］###-####;(###) ###-####可以显示电话号码（555）555-1234。

更多格式设置请在帮助信息框中输入关键字“数字格式代码”搜索帮助，会收获更多。

1.4.5　案例——借款借据的制作

如图1-16 所示借款借据素材（见“文件3：借款单.xlsx”），要求结果如图1-17 所示借款借据审批。

借 款 借 据

年　　月　　日

借款人			部　门				
借款事由							
借款金额	小写金额　　　元			大写金额			
主管审批		财务核准		部门审核		借款人签收	

图1-16　借款借据素材

借 款 借 据

2016年8月8日

借款人	李胜利		部　门	信息学院			
借款事由	带队到上海参加计算机大赛						
借款金额	小写金额　12345.00　　元			大写金额	人民币壹万贰仟叁佰肆拾伍元		
主管审批		财务核准		部门审核		借款人签收	

图1-17　借款借据审批

制作要点：

1. 填写单元格文本，并按结果图设置好对齐方式；

2. 将 D4 单元格的数据类型设为会计专用；

3. 将 G4 单元格的值用公式“=D5”，单元格数据类型先选“特殊-中文大写数字”，然后选“自定义”，在“类型框”的文本前面加“人民币”后面加“元”。

1.5 数据的有效性

1.5.1 设置输入数据的范围

可以设定某些单元格区域输入内容的限制，以避免一些输入错误，比如在输入年龄列，可以规定输入值的有效范围为 18~65 的整数，如图 1-18 所示数据有效性设置。

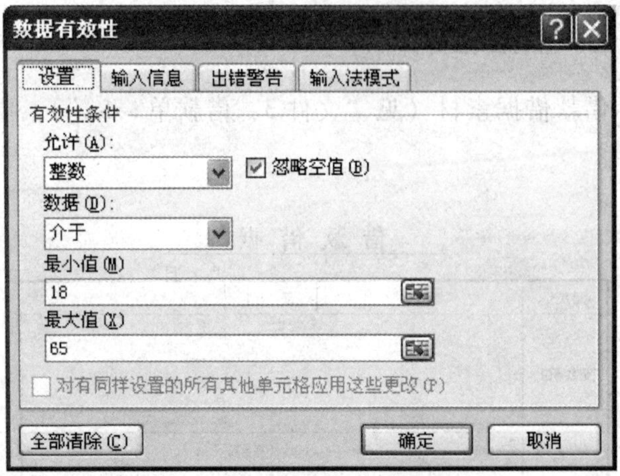

图 1-18 数据有效性设置

操作步骤：

（1）选定单元格区域，如年龄列；

（2）选择“数据”选项卡，单击【数据有效性】按钮，出现如图 1-18 所示“数据有效性”对话框，在“设置”选项卡的“有效性条件”的“允许”框选“整数”，然后填写数据范围，还可以选“出错警告”设置当输入的值不满足条件时的错误提示信息等选项，当用户在该单元格区域内输入的值不是整数或范围不在［18，65］之间时，系统提示错误信息，不接收用户输入。

1.5.2 让中、英文输入法智能化地出现

在编辑表格时，有的单元格中要输入英文，有的单元格中要输入中文，反复切换输

入法实在不方便，怎样设置一下让输入法智能化地调整呢？选中需要输入中文的单元格区域，执行“数据→有效性”命令，打开“数据有效性”对话框，切换到“输入法模式”标签下，点开“模式”右侧的下拉按钮，选中“打开”选项后，【确定】即可。以后当选中需要输入中文的单元格区域中任意一个单元格时，中文输入法（输入法列表中的第 1 个中文输入法）自动打开，当选中其他单元格时，中文输入法自动关闭。

1.5.3　建立单元格下拉列表数据

若要建立如图 1－19 单元格数据之下拉列表所示的下拉列表（见“文件 4：有效性设置序列 . xlsx”），操作方法是：

选中需要设置下拉列表的单元格 F8 或其他单元格区域，选择“数据”选项卡，单击【数据有效性】快捷按钮，打开“数据有效性”对话框，切换到“设置”标签下，点开“允许”框右侧的下拉按钮，选中“序列”选项后，在“来源”框输入值“会计学院，东语学院，西语学院，信息学院”（注意序列数据之间是半角逗号隔开），或者在“来源”框输入公式：“＝$A$1：$D$1”，按【确定】即可，如图 1－20 所示为单元格设置数据输入下拉列表。

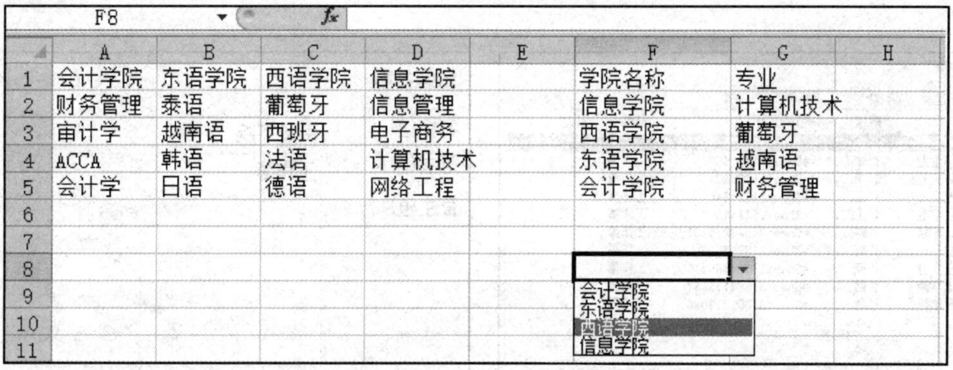

	A	B	C	D	E	F	G	H
1	会计学院	东语学院	西语学院	信息学院		学院名称	专业	
2	财务管理	泰语	葡萄牙	信息管理		信息学院	计算机技术	
3	审计学	越南语	西班牙	电子商务		西语学院	葡萄牙	
4	ACCA	韩语	法语	计算机技术		东语学院	越南语	
5	会计学	日语	德语	网络工程		会计学院	财务管理	
6								
7								
8								
9								
10								
11								

图 1－19　单元格数据及下拉列表

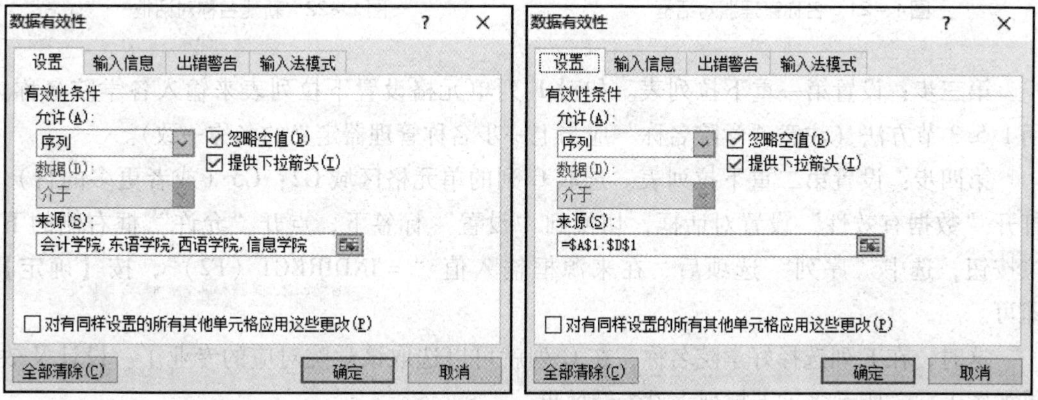

图 1－20　为单元格设置数据输入下拉列表

1.5.4 建立多重下拉列表填充项

常常碰到这样的情况，比如有了各学院的名称及下属的各专业名称，而在另一个表中需要对应随机的某学院名称选取该学院的专业，如图 1－19 所示，即要将某些名称多次输入到表格中且其下属名称又有限制选择，为了保持名称的一致性和输入的快速化，利用“数据有效性”功能可以建立一个多重分类下拉列表填充项。

步骤如下：

第一步：建立一个已知数据列表。如图 1－19 所示之区域 A1：D5 学院及专业的数据表。

第二步：定义名称。用“公式”选项卡中的【名称管理器】快捷按钮定义学院名称和各学院专业列的名称。

定义名称方法是：单击【名称管理器】快捷按钮，打开如图 1－21 所示名称管理器对话框，单击【新建】，出现如图 1－22 所示“新建名称”对话框，在名称框输入“会计学院”，在引用位置框输入“ = Sheet3！ $A$2： $A$7”，按【确定】完成“会计学院”专业列名称定义。用同样的方法定义好“东语学院”“西语学院”“信息学院”名称，代表各学院的专业名。

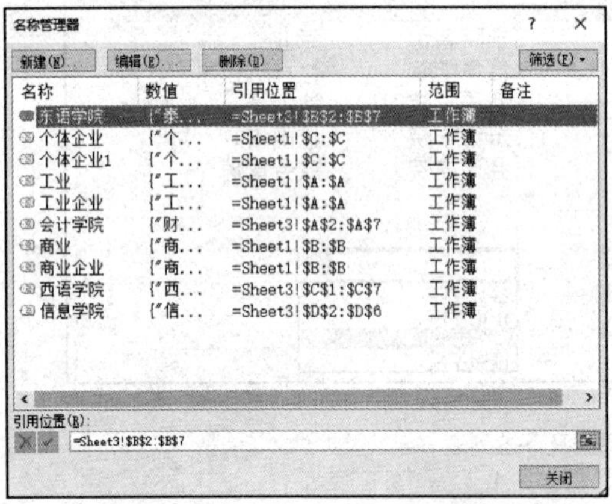

图 1－21 名称管理器对话框

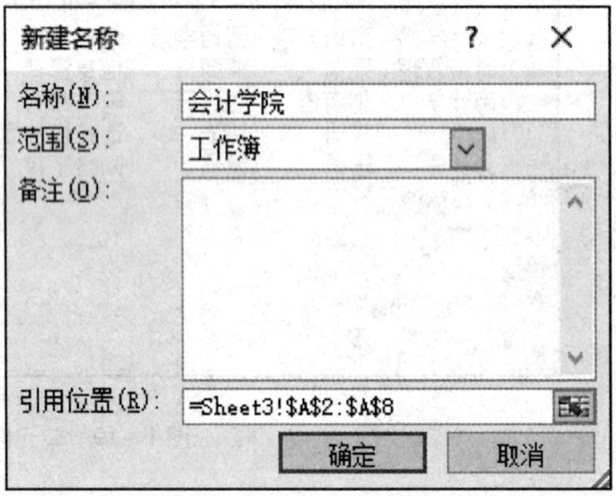

图 1－22 新建名称对话框

第三步：设置第一重下拉列表。如对 F 列单元格设置下拉列表来输入各学院名称。用 1.5.3 节方法（注意“学院名称”应与上一步名称管理器定义的名称一致）。

第四步：设置第二重下拉列表。选取 G 列的单元格区域 G2：G5（或者更多的行），打开“数据有效性”设置对话框，切换到“设置”标签下，点开“允许”框右侧的下拉按钮，选中“序列”选项后，在来源框输入值“ = INDIRECT（F2）”，按【确定】即可。

这时，在 F 列选择好学院名称，在 G 列就可以选取该学院对应的专业了。设计及效果如图 1－23 所示多重下拉列表设置及效果。

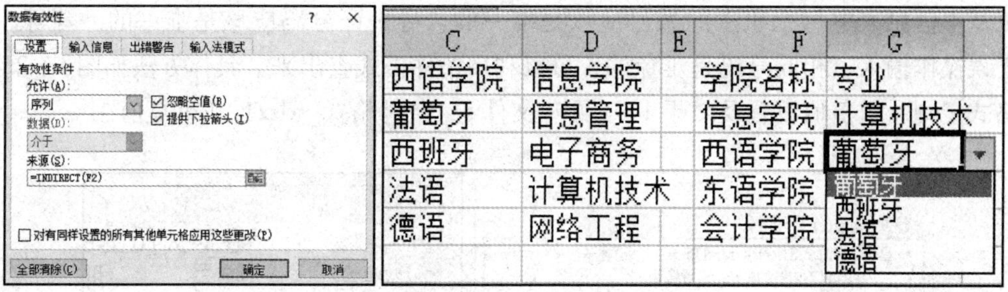

图1-23　多重下拉列表设置及效果

1.6　条件格式

1.6.1　根据数值大小设置单元格格式

在工资表中，如果想让大于等于2000元的工资总额的字体以“红色”显示，介于1500到2000的，字体设置为“蓝色”；小于等于1500，字体设置为“橙色”。可以这样设置：选中“工资总额”所在列数据，执行“开始”选项卡的【条件格式】→【新建规则】命令，打开“新建格式规则”对话框，选择规则类型“只为包含以下内容的单元格设置格式”，在“编辑规则说明:”，选中“大于或等于”选项，在后面的方框中输入数值“2000”，如图1-24所示条件格式-新建格式规则（见“文件5：条件格式.xlsx！工资表”）。单击【格式（F）...】按钮，打开“单元格格式”对话框，将“字体”的“颜色”设置为“红色”。重复上面的操作设置好其他条件（介于1500到2000的，字体设置为“蓝色”；小于等于1500，字体设置为“橙色”）。设置完成后看看工资表，工资总额的数据按要求以不同颜色显示出来了。注意，颜色有“字体”“边框”“填充”不同选择。

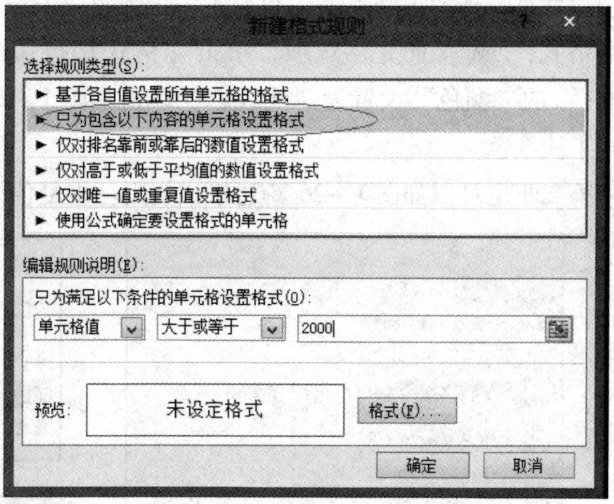

图1-24　条件格式-新建格式规则

条件格式的选项很多，接下来几小节都是应用案例，请仔细看，多练习。

1.6.2　快速找到重复记录

在实际工作中，经常会遇到这样的信息数据——每行的数据应该是唯一的。例如，职工基本信息表中每个职工的编号应该是唯一的，身份证号码应该是唯一的，等等。而由于误操作输入了相同号码是难免的，可以利用条件格式查出来。具体方法如图1－25新建格式规则－重复值设置及效果1。（见“文件5：条件格式.xlsx！找重复值”）

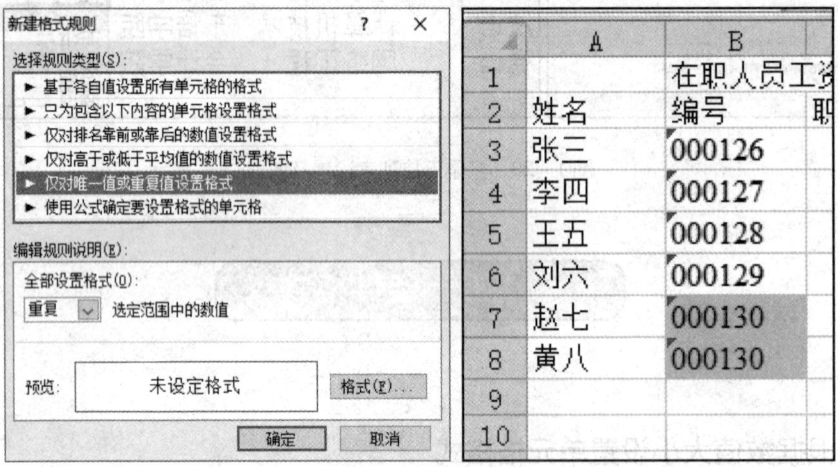

图1－25　新建格式规则－重复值设置及效果1

步骤如下：

第一步：选取要查找重复数据的单元格区域，这里假设是A3：A8；

第二步：执行【开始】→【条件格式】→【新建规则】命令→打开“新建格式规则”对话框，选择规则类型“仅对唯一值或重复值设置格式”，在编辑规则说明之“全部设置格式：”选“重复”选项，单击【格式】按钮，打开“单元格格式”对话框，将“填充”的“颜色”设置为“浅红色”即得如图1－25所示效果，A7、A8单元格相同被填充了浅红色。

第二步也可以如图1－26新建格式规则－重复值设置及效果2所示进行。

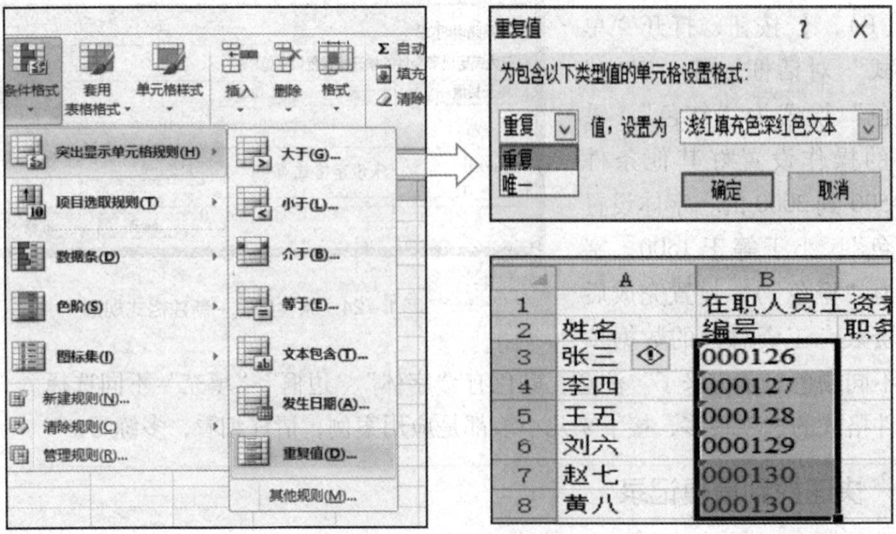

图1－26　新建格式规则－重复值设置及效果2

1.6.3　巧妙实现表格自动隔行着色：使用公式

在处理较多数据时，容易看串行或列，隔行或隔列设成不同颜色可以较好地解决这个问题。利用条件格式可以实现此要求，步骤如下：

第一步：选定要实现隔行着色的目标区域；

第二步：执行“开始”选项卡之【条件格式】→【新建规则】命令，打开“新建格式规则”对话框，选择规则类型“使用公式确定要设置格式的单元格”，在“编辑规则说明”框输入公式“ = mod（row（），2）< >0”（说明：这里利用了 row）函数获取当前行的行号值，利用 mod 函数来判断行号值的奇偶性，不等于零为奇数行），单击【格式（F）…】按钮，打开“单元格格式”对话框，设置相应格式。操作及效果参见图1－27 条件格式实现隔行着色（见“文件 5：条件格式 . xlsx！隔行着色”）。

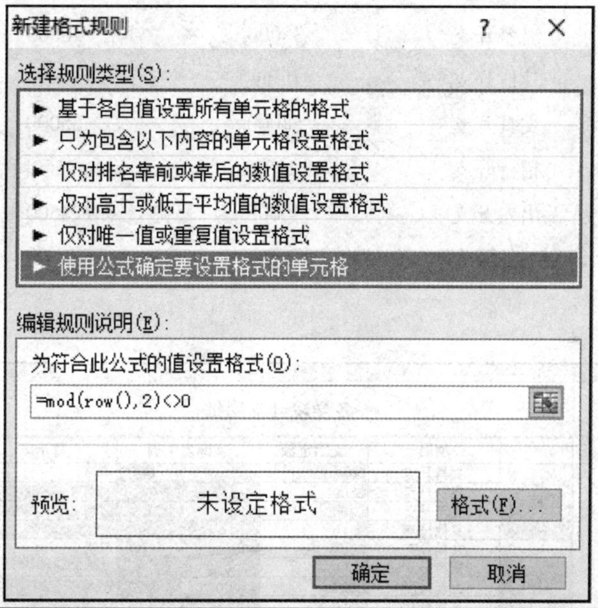

	A	B	C	D	E	F	G	H	I	J	K
1		在职人员工资表									
2	姓名	编号	职务工资	活工资额	补贴总额	岗位津贴	应发合计	养老保险	住房公积	所得税	实发工资
3	张三	000126	688.6	459.1	115.5	1995	3258.2	258.64	226.3	126.326	2646.934
4	李四	000127	700	500	160	1995	3355	300	280	126.5	2648.5
5	王五	000128	710	520	110	1995	3335	290	220	131.5	2693.5
6	刘六	000129	380	400	98	1995	2873	260	180	92.3	2340.7
7	赵七	000130	680	450	110	1995	3235	300	200	122.5	2612.5
8	黄八	000130	900	800	200	1995	3895	400	300	168.5	3026.5
9											
10											

图1－27　条件格式实现隔行着色

1.6.4　案例——一目了然的学院开支明细表的制作

学院开支明细表素材如表 1－1 学院开支明细表数据，学院开支明细表结果如图 1－28 学院开支明细表结果图（见“文件 6：学院开支明细表 . xlsx”）。

表 1-1　　学院开支明细表数据

学院	项目	费用定额	实际发生额	提示
学院一	文具开支	65000	44500	
	招待开支	2500	3000	
	出差开支	28000	30000	
	其他开支	0.10	0.11	
学院二	文具开支	56000	48000	
	招待开支	2500	5000	
	出差开支	25000	31000	
	其他开支	0.10	0.12	
学院三	文具开支	67000	50000	
	招待开支	3500	2200	
	出差开支	35000	40000	
	其他开支	0.11	0.15	
学院四	文具开支	58000	55000	
	招待开支	1900	2500	
	出差开支	40000	28500	
	其他开支	0.28	0.28	

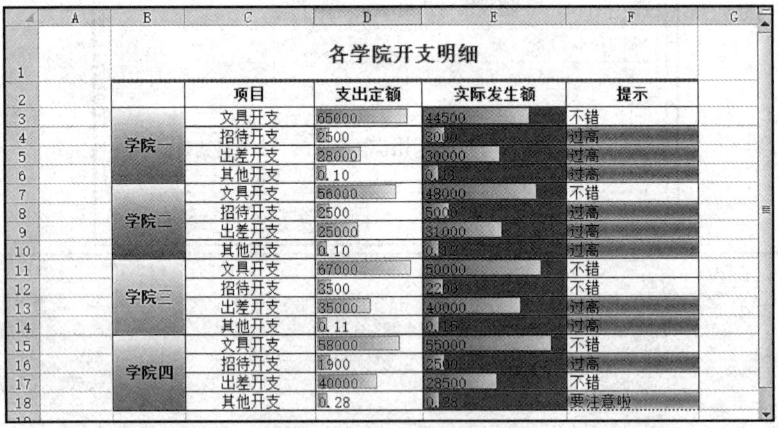

图 1-28　学院开支明细表结果图

操作步骤如下：

第一步：对于素材的“提示”列区域 F3：F18，用 IF 函数设置自动提示。在 F3 单元格输入公式：=IF（E3 > D3,"过高"，IF（E3 = D3,"要注意啦","不错"）），回车确认后，将公式一直复制到 F18 单元格。

第二步：表格标题的设置。选择 B1：F1 区域，点开“开始”选项卡，单击【合并后居中】快捷按钮，使标题文字居中；单击“开始”选项卡的【单元格样式】按钮，选

“标题”的“标题1”，就出现结果图的标题效果。

第三步：对“学院一”“学院二”“学院三”“学院四”所在区域B3：B6、B7：B10、B11：B14、B15：B18分别【合并后居中】，且填充效果为双色水平渐变，颜色2分别为蓝色、红色、绿色、橙色，效果参见结果图。

第四步：设置表格边框线，参照结果图设置，操作步骤略。

第五步：使用条件格式修饰D、E列的相关区域。对D3：D18区域的修饰：选择D3：D18，单击【条件格式】按钮，选择“数据条”之“其他规则”，打开“新建格式规则”之“基于各自值设置所有单元格的格式”，如图1－29条件格式之数据条规则设置（带负值和坐标轴设置），填写好各框中相应信息。注意图中左半部分“最小值”填的值－10000，“最大值”选择的“最高值”是可以根据D3：D18区域中的数据大小调整的，“填充”选“渐变填充”，“颜色”选“绿色”，单击【负值和坐标轴（N）…】按钮，出现图中右半部分的设置，按图设置好。用同样的方法对E3：E18区域进行修饰，数据条颜色为渐变红色。

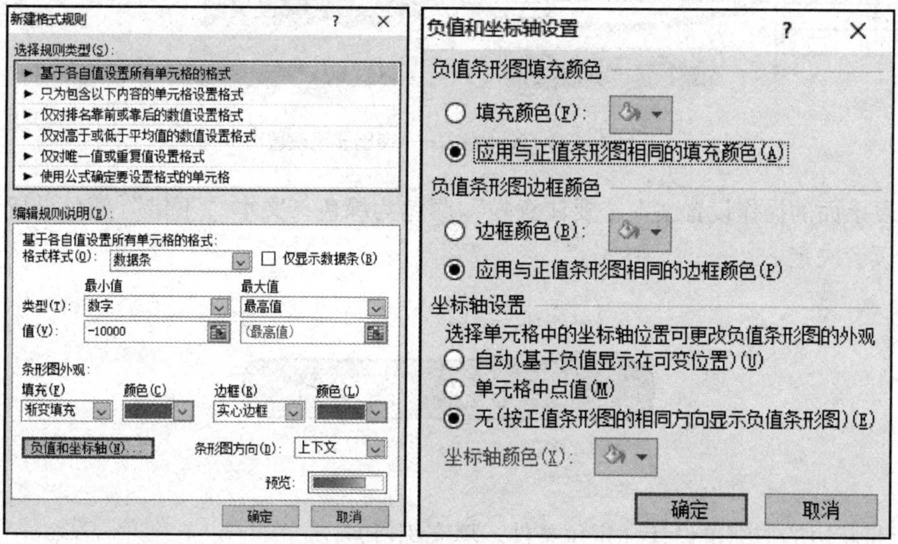

图1－29　条件格式之数据条规则设置（带负值和坐标轴设置）

第六步：使用条件格式修饰F列的相关区域。

（1）选择F3：F18，单击【条件格式】按钮；

（2）选择“突出显示单元格规则”之“其他规则”，打开“新建格式规则”→已选择规则类型“只为包含以下内容的单元格设置格式”；

（3）在“编辑规则说明:”选中“等于”选项，在后面的方框中输入文本“过高”；

（4）单击【格式】按钮，打开“单元格格式”对话框，选“填充”项；

（5）“填充效果”设置颜色2为红色，水平渐变3，如图1－30条件格式——突出显示设置。

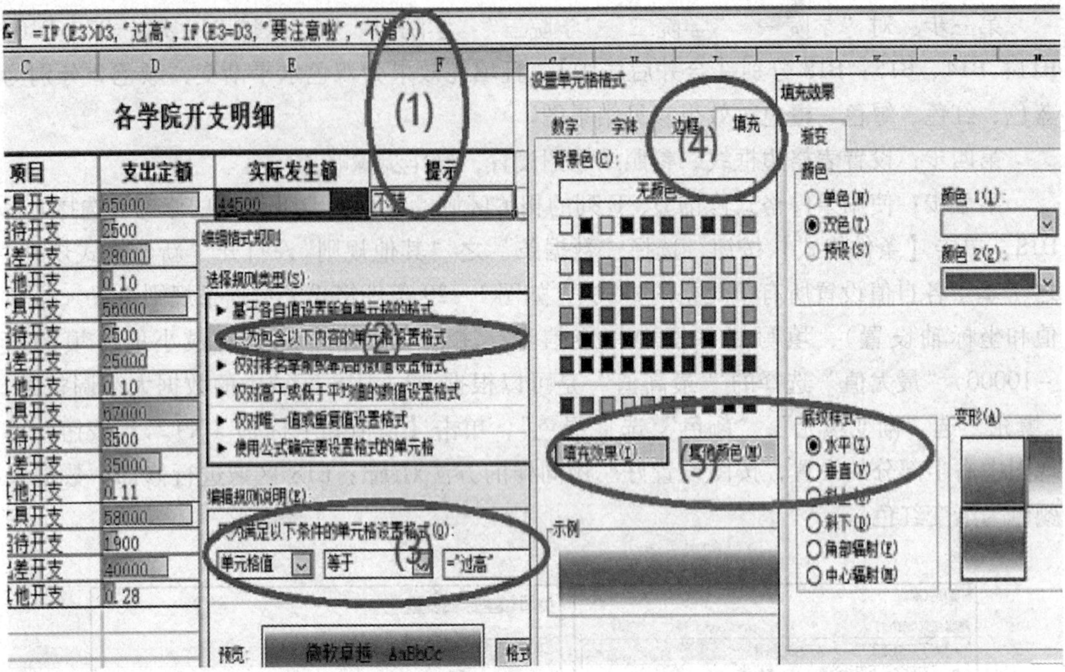

图 1－30　条件格式——突出显示设置

重复上面的操作设置文本“要注意啦”颜色为绿色，文本“不错”颜色设置为什么色留给读者决定。

1.7　练习

1. 带花边的成绩单设计（定位条件、填充练习）

参见 1.3.4 节。

2. 借款单（格式、计量单位的练习）

参见 1.4.5 节。

3. 学院开支明细表（条件格式的练习）

参见 1.6.4 节。

4. 多重下拉列表设置输入数据（数据有效性练习）

提示：如图 1－31 多重下拉列表设置输入。

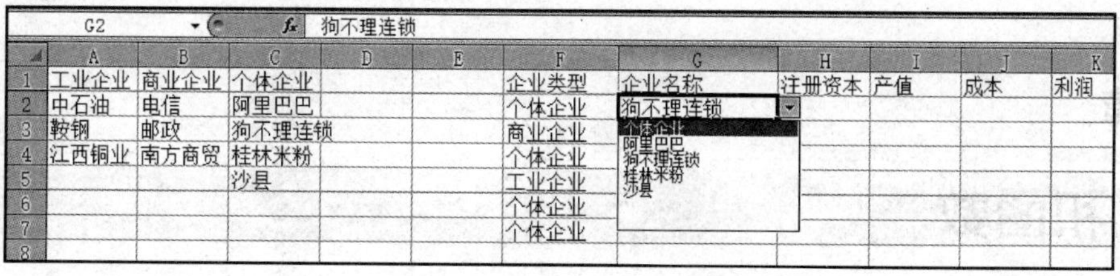

图1－31　多重下拉列表设置输入

（1）在工作表中，将企业名称按类别（如“工业企业”“商业企业”“个体企业”等）分别输入不同列中，建立一个企业名称数据库。

（2）选中A列（“工业企业”名称所在列），在“名称”栏内，输入“工业企业”字符后，按“回车”键进行确认。仿照上面的操作，将B、C……列分别命名为“商业企业”“个体企业”……，（定义名称：也可以到“公式——名称管理器”查看或定义）。定义的名称一定要同F列单元格里的值一致。

（3）选中需要输入“企业类别”的列（如F列），执行“数据→有效性”命令，打开“数据有效性”对话框。在“设置”标签中，单击“允许”右侧的下拉按钮，选中“序列”选项，在下面的“来源”方框中，输入“工业企业”“商业企业”“个体企业”……序列（各元素之间用英文逗号隔开，不要引号），确定退出。这样，单击F列任意单元格，用右侧下拉按钮，选择相应的“企业类别”填入单元格。

（4）选中需要输入企业名称的单元格（如G2），再打开“数据有效性”对话框，选中“序列”选项后，在“来源”方框中输入公式：＝INDIRECT（F2），确定退出。F2里的值应该是定义了的名称。

（5）选中F列任意单元格（如F2），单击右侧下拉按钮，选择相应的“企业类别”填入单元格中。然后选中该单元格对应的G列单元格（如G2），单击下拉按钮，即可从相应类别的企业名称列表中选择需要的企业名称填入该单元格中。

在以后打印报表时，如果不需要打印“企业类别”列，可以选中该列，右击鼠标，选“隐藏”选项，将该列隐藏起来即可。

第2章

公式和函数

2.1 公式概述

2.1.1 一般介绍

在 Excel 中，凡是在单元格中先输入等号（=）然后再输入其他数据的，Excel 自动判断为公式，如在单元格中输入“=9”，是公式，而不是数字。

（1）Excel 公式的构成

以等号“=”作为开始。

等号“=”之后紧接运算数和运算符。一个公式的最大允许长度为 1024 个字符。

运算数即参加运算的参数，可以是数值常量、单元格引用、名称、函数或数组。

在输入较长的公式时容易出错，如何测试其中的部分公式呢？选中要测试公式的某一部分，按下【F9】键，Excel 会将选定的部分替换成相应的结果。若想恢复为原来的公式，只需按【Esc】键或【Ctrl】+【Z】即可。

（2）运算符及其优先级

优先级顺序从高到低为：引用运算符、算术运算符、文本运算符、比较运算符。

1）引用运算符：冒号（:）、逗号（,）和空格。

◆ 冒号（:）是区域运算符，表示连续区域，如“A2：C2”表示 A2 到 C2 之间的区域，即 A2，B2，C2 这三个单元格。

◆ 逗号（,）是联合运算符，表示联合多个不连续区域，如“=SUM（A2，C2，D3：F5）”表示求 A2 和 C2 这两个单元格及 D3：F5 区域之和。

◆ 空格是交叉运算符，用于对两个单元格区域的交叉单元格的引用，如公式“=A5：B5 B5：C5”的结果是返回 B5 单元格的值。

2）算术运算符：负号（-）、百分数（%）、乘方（^）、乘（*）、除（/）、加（+）、减（-）。

3）文本运算符：&（连成一个字符串），运算符两边可以是任意形式运算数。如"North" & "wind"，结果将是 Northwind。

4）比较运算符：=、>、<、>=、<=、<>。

2.1.2　公式的复制与单元格的引用

（1）公式复制

某单元格公式输入好后，往往同一行或列的其他单元格的计算方式相同，不必每个单元格都独自输入公式，如：在 J3 单元格输入了公式计算实发工资，同列的其他职工的实发工资，可以直接复制公式：首先单击选中 J3 单元格，鼠标移动到单元格右下角，变为“ + ”形状时，按住鼠标左键，往下拖动即可。

名可以变可以不变，这就同单元格的引用方式有关了。位置也是在变化的是相对引用；而所引用单元格位置不变化的就是绝对引用。

（2）单元格的引用

相对引用：公式中直接用单元格名（由列标和行标构成）对单元格的调用称为单元格的相对引用。如公式中的 D3 或者 E5 等。公式中相对引用的单元格随着复制公式的位置变化而相对变化。如复制公式时向下移动了 2 行，公式中的 D3 就相应变成了 D5；向右移动了 2 列，D3 就相应变成了 F3；向下移动了 2 行且向右移动了 2 列 D3 则变成了 F5。

绝对引用：公式中在调用的单元格名的列标和行标前都加上美元符号“ $ ”的调用称为单元格的绝对引用。如公式中的 $D$3 或者 $E$5 等。公式中绝对引用的单元格不随着复制公式的位置变化而变化。例如，复制公式时向下移动了 2 行，公式中的 $D$3 还是 $D$3；向右移动了 2 列，公式中的 $D$3 还是 $D$3。

混合引用：公式中在调用的单元格名的列标或者行标前加上美元符号“ $ ”的调用称为单元格的混合引用。如公式中的 $D3 或者 E$5 等。也称半相对引用或者半绝对引用。复制时随着公式位置的变化分别遵循相对引用或者绝对引用的原则。

三维引用：公式中调用的单元格来自于其他工作表或者其他工作簿时，要再在其前面加上工作表或者工作簿的名称，这样的引用称为三维引用。如：“ = Sheet3！D3”或者“ = ［Book2. xlsx］Sheet1！D$3”。

合理使用引用方式，可以使我们在复制公式时事半功倍。

（3）公式复制及单元格引用案例

如图 2 - 1（见“文件 1：单元格的引用 . xlsx”）所示，C5 单元格的值其题目的数学含义是：产品 1 的一等品的价格是在基本价格（B5 单元格的值）的基础上上调 0.5%（0.5% 是 C4 单元格的值），C5 单元格的公式可以设计为“ = B5 + B5 * C4”，但如图 2 - 1

C5　　fx　=$B5+$B5*C$4

	A	B	C	D	E	F
1	某系列产品收购价格表					
2	产品等级		产品等级上调比例			
3	名称、价格		一等	二等	三等	
4	名称	价格（元/吨）	0.5%	1%	1.5%	
5	产品1	￥ 2,000.00	￥ 2,010.00	￥ 2,020.00	￥ 2,030.00	
6	产品2	￥ 3,000.00	￥ 3,015.00	￥ 3,030.00	￥ 3,045.00	
7	产品3	￥ 4,000.00	￥ 4,020.00	￥ 4,040.00	￥ 4,060.00	
8						
9	备注：	各等级产品可在预定收购价格适当上调。				

图 2 - 1　单元格的引用

所示，设计为“= $B5 + $B5 * C $4”了，目的就是为了将其复制到其他单元格时，公式符合各单元格所需的题目的数学含义。向下向右复制都符合题目的数学含义要求。

2.1.3 使用数组公式

（1）数组参数的概念

当需要对两组或两组以上的数据进行计算并返回一个或多个计算结果时，使用数组公式可以大大简化计算，提高效率。

在数组公式中使用的两组或多组数据称为数组参数，数组参数可以是区域，也可以是数组常量，数组常量的形式是用大括号括起来的、用逗号分隔列、用分号分隔行的数，如｛1，3，5，6，7｝是一个 1 行 5 列的一维数组，｛1，3，5，6，7；2，3，4，5，9｝是一个两行 5 列的二维数组。

（2）数组公式的输入

1）选定单元格或单元格区域。如果数组公式只返回一个结果，选定需要输入数组公式的一个单元格；如果数组公式要返回多个结果，选定需要输入数组公式的单元格区域。

2）输入公式。

3）按【Ctrl】+【Shift】+【Enter】组合键，则 Excel 自动在公式的两边加上大括号｛｝。

注意：第三步很关键，是按【Ctrl】+【Shift】+【Enter】组合键！

（3）数组公式的使用

♦ 数组相乘：如图 2－2 用数组公式求数组乘积之和（见“文件 2：求多个数组乘积之和 . xlsx”）。

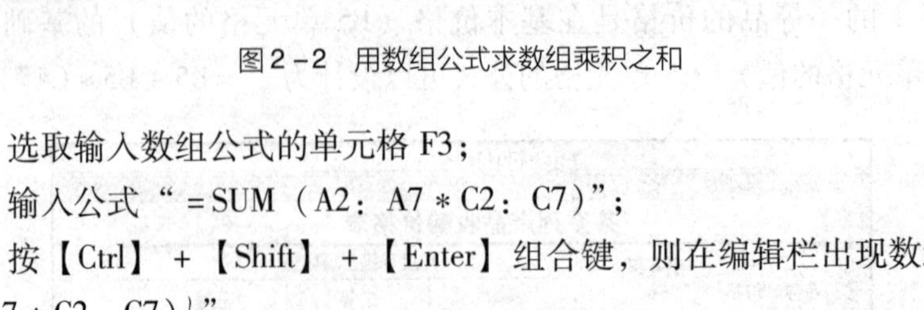
F3 fx {=SUM(A2:A7*C2:C7)}

	A	B	C	D	E	F	G
1	数组1		数组2			求乘积公式	乘积和
2	4	7	1	4	1	=SUMPRODUCT(A2:B4,C2:D4)	154
3	5	8	2	5	2	=SUM(A2:A7*C2:C7)	154
4	6	9	3	6	3	=SUM(A2:B4*C2:D4)	154
5	7		4			=SUMPRODUCT(A2:A7,C2:C7)	154
6	8		5				
7	9		6				

图 2－2　用数组公式求数组乘积之和

第一步：选取输入数组公式的单元格 F3；

第二步：输入公式“=SUM（A2：A7 * C2：C7）”；

第三步：按【Ctrl】+【Shift】+【Enter】组合键，则在编辑栏出现数组公式“｛=SUM（A2：A7 * C2：C7）｝”。

值得注意的是，如图 2－2 所示，F2 到 F5 中的公式之运算结果是相同的，但 F3 和 F4 中公式必须是数组公式完成输入；F2 和 F5 中公式不要以数组公式完成输入。这说明两层意思：一是数组公式是可替代的；二是是否用数组公式要因函数参数要求而定，因为函数 SUM（number1，[number2]，…）的参数要求不是数组，而公式“=SUM（A2：

A7 * C2：C7）” 中的参数 A2：A7 * C2：C7 是数组相乘的数组形式；函数 SUMPRODUCT（array1，[array2]，[array3]，…）的参数要求是数组（array1，[array2]，[array3]，…），故前者须用数组形式的格式，后者不用。

◆ 学生成绩表的处理：图 2 – 3 用数组公式处理学生成绩（见 “文件 3：学生成绩表 – 数组 . xlsx”）。

C27　fx　=AVERAGE(IF($B2:$B25="男",C2:C25))

	A	B	C	D	E	F	G
1	姓名	性别	高等数学	c语言	操作系统	离散数学	平均分
2	钟国鸿	男	73	74	82	82	77.75
3	吴佩嫦	女	85	75	83	88	82.75
24	陈炼锋	男	78	44	45	65	58
25	余炜毅	男	92	70	50	53	66.25
26							
27	男生平均成绩		#VALUE!	63.125	62.5	66.25	68.625
28	女生平均成绩		76.375	65	68.25	68.0625	69.421875

C28　fx　{=AVERAGE(IF($B3:$B25="女",C3:C25))}

	A	B	C	D	E	F	G
1	姓名	性别	高等数学	c语言	操作系统	离散数学	平均分
2	钟国鸿	男	73	74	82	82	77.75
3	吴佩嫦	女	85	75	83	88	82.75
24	陈炼锋	男	78	44	45	65	58
25	余炜毅	男	92	70	50	53	66.25
26							
27	男生平均成绩		#VALUE!	63.125	62.5	66.25	68.625
28	女生平均成绩		76.375	65	68.25	68.0625	69.421875

图 2 – 3　用数组公式处理学生成绩

如图 2 – 3 所示，C27 单元格是要计算男生高等数学的平均成绩，C28 单元格是要计算女生高等数学的平均成绩，公式向右复制分别计算男女生各科平均成绩。图中示意的是 C27 单元格不是以数组公式完成的输入，显示出错信息，而 C28 单元格是以数组公式完成的输入，就是正确的。原因与上题相同，函数 AVERAGE（number1，[number2]，…）的参数要求不是数组，而公式 “ = AVERAGE （IF （ $ B2： $ B25 ="男"，C2：C25））” 中作为参数的（IF （ $ B2： $ B25 ="男"，C2：C25））的结果是数组形式。这个问题是用数组公式最要注意的问题。

◆ 返回值是数组 – 分段统计人数，如图 2 – 4 所示。（见 “文件 3：学生成绩表 – 数组 . xlsx”）返回值是数组的，公式必须以数组公式的形式完成输入。

2. 1. 4　隐藏和保护公式

有时，你可能不希望让其他用户看到你的公式，即单击选中包含公式的单元格，在编辑栏不显示公式以保护公式不被篡改。为防止编辑栏中显示公式，可按以下方法设置：右击要隐藏公式的单元格区域，从快捷菜单中选择 “设置单元格格式”，单击 “保护” 选项卡，选中 “锁定” 和 “隐藏”（√）。然后再单击 “审阅→保护工作表” 命令，选取 “保护工作表及锁定单元格的内容”，设置好密码后，单击【确定】，用户将不能在编辑栏或单元格中看到已隐藏的公式，也不能编辑公式。

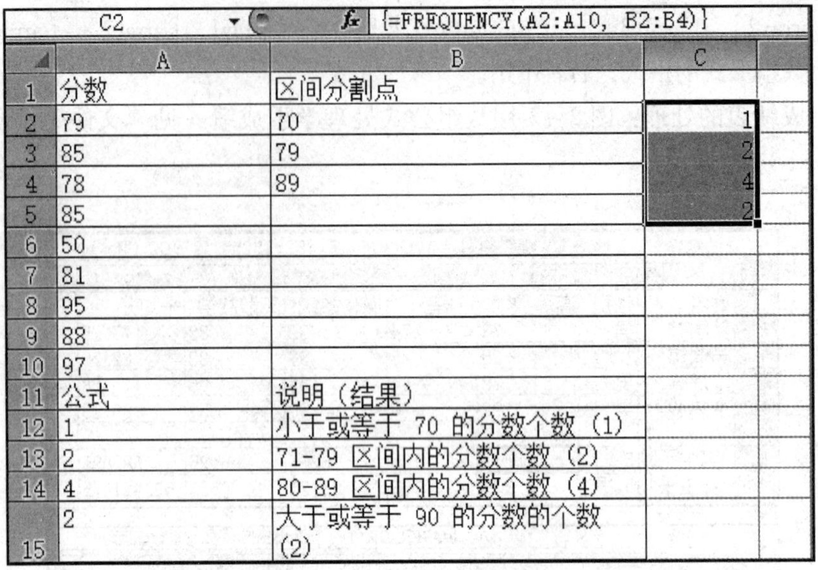

C2 fx {=FREQUENCY(A2:A10, B2:B4)}

	A	B	C
1	分数	区间分割点	
2	79	70	1
3	85	79	2
4	78	89	4
5	85		2
6	50		
7	81		
8	95		
9	88		
10	97		
11	公式	说明（结果）	
12	1	小于或等于 70 的分数个数（1）	
13	2	71-79 区间内的分数个数（2）	
14	4	80-89 区间内的分数个数（4）	
15	2	大于或等于 90 的分数的个数（2）	

图 2－4　用数组公式分段统计人数

2.1.5　快速查看所有工作表公式

只需一次简单的键盘点击，即可显示出工作表中的所有公式，包括 Excel 用来存放日期的序列值。在显示单元格值或单元格公式之间来回切换的操作方法如下：按下【Ctrl】＋【`】（“`”与“~”符号位于同一键上。在绝大多数键盘上，该键位于“1”键的左侧）。同时注意“文件→选项→高级→在单元格中显示公式而非其计算结果”选项的变化。

2.1.6　Excel 公式应用常见错误及处理

在利用 Excel 完成任务的过程中，公式被使用得非常多，能够解决各种各样的问题。但是，这并不意味着公式的运用总会一帆风顺，如果运用函数和公式的时候稍微不仔细，公式就可能返回一些奇怪的错误代码。看到这些奇怪的错误代码，可能会手忙脚乱，甚至感到烦躁。其实，任何错误均有它内在的原因，下面就通过实例剖析，和大家探讨根据公式返回错误值的代码，识别错误的类型和原因以及相应的处理方法，帮助大家轻松地应对各种常见错误。

（1）#DIV/0! 错误

常见原因：如果公式返回的错误值为“#DIV/0!”，这是因为在公式中有除数为零，或者有除数为空白的单元格（Excel 把空白单元格也当作 0）。

处理方法：把除数改为非零的数值，或者用 IF 函数进行控制。具体方法请参见下面的实例。

具体实例：工作表，利用公式根据总价格和数量计算单价，在 D2 单元格中输入的公式为“ =B2/C2”，把公式复制到D6单元格后，可以看到在D4、D5和D6单元格中返回了“#DIV/0!”错误值，原因是它们的除数为零或是空白单元格。

假设知道“鼠标”的数量为“6”，则在C4单元格中输入“6”，错误就会消失。

假设暂时不知道“录音机”和“刻录机”的数量，又不希望D5、D6单元格中显示错误值，这时可以用IF函数进行控制。在D2单元格中输入公式“ =IF（ISERROR（B2/C2),"", B2/C2)”，并复制到D6单元格。可以看到，D5和D6的错误值消失了，这是因为IF函数起了作用。整个公式的含义为：如果B2/C2返回错误的值，则返回一个空字符串，否则显示计算结果。

说明：其中ISERROR（value）函数的作用为检测参数value的值是否为错误值，如果是，函数返回值TRUE，反之返回值FALSE。

（2）#N/A错误

常见原因：如果公式返回的错误值为“#N/A”，这常常是因为在公式使用查找功能的函数（VLOOKUP、HLOOKUP、LOOKUP等）时，找不到匹配的值。

处理方法：检查被查找的值，使之的确存在于查找的数据表中的第一列。

具体实例：在工作表中，希望通过在A10单元格中输入学号，来查找该名同学的英语成绩。B10单元格中的公式为“ = VLOOKUP（A10，A2：E6，5，FALSE)”，在A10中输入了学号“107”，由于这个学号在A2：A6中并没有和它匹配的值，因此出现了“#N/A”错误。

如果要修正这个错误，则可以在A10单元格中输入一个A2：A6中存在的学号，如“102”，这时错误值就不见了。

说明一：关于公式“ = VLOOKUP（A10，A2：E6，5，FALSE)”中VLOOKUP的第四个参数，若为FALSE，则表示一定要求完全匹配lookup_ value的值；若为TRUE，则表示如果找不到完全匹配lookup_ value的值，就使用小于等于lookup_ value的最大值。

说明二：出现“#N/A”错误的原因还有其他一些，选中出现错误值的B10单元格后，会出现一个智能标记，单击这个标记，在弹出的菜单中选择“关于此错误的帮助”，就会得到这个错误的详细分析，通过这些原因和解决方法建议，就可以逐步去修正错误，这对其他的错误也适用。

（3）#NAME？错误

常见原因：如果公式返回的错误值为“#NAME?”，这常常是因为在公式中使用了Excel无法识别的文本，例如函数的名称拼写错误，使用了没有被定义的区域或单元格名称，引用文本时没有加引号等。

处理方法：根据具体的公式，逐步分析出现该错误的可能，并加以改正，具体方法参见下面的实例。

具体实例：工作表，想求出A1：A3区域的平均数，在B4单元格输入的公式为“ = aveage（A1：A3)”，回车后出现了“#NAME?”错误，这是因为函数“average”错误地拼写成了“aveage”，Excel无法识别，因此出错。把函数名称拼写正确即可修正错误。

选中C4单元格，输入公式“ = AVERAGE（data)”，回车后也出现了“#NAME?”错误。这是因为在这个公式中，使用了区域名称 data，但是这个名称还没有被定义，所以出错。

改正的方法为：选中“A1：A3”单元格区域，再选择菜单“名称→定义”命令，打开“定义名称”对话框，在文本框中输入名称“data”单击“确定”按钮。

返回 Excel 编辑窗口后，可以看到错误不见了。

选中 D4 单元格，输入公式“ = IF（A1 = 12，这个数等于 12，这个数不等于 12）”，回车后出现“#NAME?”错误（如 12），原因是引用文本时没有添加引号。

修改的方法为：对引用的文本添加上引号，特别注意是英文状态下的引号。于是将公式改为“ = IF（A1 = 12,″这个数等于 12″,″这个数不等于 12″）”。

（4）#NUM！错误

常见原因：如果公式返回的错误值为“#NUM！”，这常常是因为如下几种原因：当公式需要数字型参数时，却给了它一个非数字型参数；给了公式一个无效的参数；公式返回的值太大或者太小。

处理方法：根据公式的具体情况，逐一分析可能的原因并修正。

具体实例：在工作表中，要求数字的平方根，在 B2 中输入公式“ = SQRT（A2）”并复制到 B4 单元格，由于 A4 中的数字为“ - 16”，不能对负数开平方，这是个无效的参数，因此出现了“#NUM！”错误。修改的方法为把负数改为正数即可。

（5）#VALUE 错误

常见原因：如果公式返回的错误值为“#VALUE”，这常常是因为如下几种原因：文本类型的数据参与了数值运算，函数参数的数值类型不正确；函数的参数本应该是单一值，却提供了一个区域作为参数；或者说本来是要一个区域却只有一个数，如：输入一个数组公式时，忘记按【Ctrl】 + 【Shift】 + 【Enter】组合键，变成只有一个数。

处理方法：更正相关的数据类型或参数类型；提供正确的参数；输入数组公式时，记得使用【Ctrl】 + 【Shift】 + 【Enter】组合键完成。

具体实例：工作表，A2 单元格中的“壹佰”是文本类型的，如果在 B2 中输入公式“ = A2 * 2”，文本参与了数值运算，因此出错。改正方法为把文本改为数值即可。

在 A8 中输入公式“ = SQRT（A5：A7）”，对于函数 SQRT，它的参数必须为单一的参数，不能为区域，因此出错。改正方法为修改参数为单一的参数即可。

（6）#REF！错误

常见原因：如果公式返回的错误值为“#REF！”，这常常是因为公式中使用了无效的单元格引用。通常如下这些操作会导致公式引用无效的单元格：删除了被公式引用的单元格；把公式复制到含有引用自身的单元格中。

处理方法：避免导致引用无效的操作，如果已经出现错误，先撤销，然后用正确的方法操作。

具体实例：工作表，利用公式将代表日期的数字转换为日期，在 B2 中输入了公式“ = DATE（LEFT（A2，4），MID（A2，5，2），RIGHT（A2，2））”并复制到 B4 单元格。

这时如果把 A2：A4 单元格删除，则会出现“#REF!”错误，这是因为删除了公式中引用的单元格。

先执行“撤消删除”命令，然后复制 B2：B4 单元格区域到 A2：A4，也会出现“#REF!”错误，这是因为把公式复制到了含有引用自身的单元格中。

由于这时已经不能撤消，所以先把 A2：A4 中的数据删除，然后设置单元格格式为“常规”，在 A2：A4 中输入数据。

为了得到转换好的日期数据，正确的操作方法为：先把 B2：B4 复制到一个恰当的地方，如 D2：D4，粘贴的时候执行选择性粘贴，把“数值”粘贴过去。这时 D2：D4 中的数据就和 A 列及 B 列数据“脱离关系”了，再对它们执行删除操作就不会出错了。

说明：要得到效果，需要设置 D2：D4 的格式为“日期”。

（7）#NULL! 错误

导致原因：如果公式返回的错误值为“#NULL!”，这常常是因为使用了不正确的区域运算符或引用的单元格区域的交集为空。

处理方法：改正区域运算符使之正确；更改引用使之相交。

具体实例：工作表中，如果希望对 A1：A10 和 C1：C10 单元格区域求和，在 C11 单元格中输入公式“=SUM（A1：A10 C1：C10）”，回车后出现了“#NULL!”错误，这是因为公式中引用了不相交的两个区域，应该使用联合运算符，即逗号（,）。

改正的方法为：在公式中的两个不连续的区域之间添加逗号。

关于 Excel 公式常见错误的处理方法就做这样的介绍。文中所说选用的实例都是平时出现最多的情况，也会在教材的相关章节出现，请大家注意体会。如果利用介绍的方法都还未解决问题时，文中提到的“帮助”更正错误的智能标记非常有用，可以借助它进一步分析。总之，只要思路正确，耐心仔细，Excel 的公式错误最后就会被一一“歼灭”。

2.2　函数概述

2.2.1　函数的概念及基本语法

Excel 的工作表函数通常被简称为 Excel 函数，它是由 Excel 内部预先定义并按照特定的顺序、结构来执行计算和分析等数据处理任务的功能模块。因此，Excel 函数也常被人们称为“特殊公式”。与公式一样，Excel 函数的最终返回结果为值。

Excel 函数通常是由函数名称、左圆括号、参数、半角逗号和右圆括号构成。如 SUM（A1：A10，B1：B10），SUM 是函数名，圆括号内有用逗号分开的两个单元格区域作参数。另外有一些函数比较特殊，它仅由函数名和圆括号构成，因为这类函数没有参数，如 NOW（）函数。

Excel 函数只有唯一的名称且不区分大小写，它决定了函数的功能和用途。

函数名与其后的括号“（”之间不能有空格。

函数参数之间用逗号“,”分开，参数部分总长度不超过 1024 个字符。

如果参数本身也是函数，则称为函数嵌套。

2.2.2 函数的种类

在 Excel 2010 中可以从“公式”选项卡进去，看到其中有很多函数的类型，当进行函数输入的时候，可以从中进行查找。Excel 2010 函数共有十几类，分别是财务函数、日期与时间函数、数学和三角函数、统计函数、查询和引用函数、数据库函数、文本函数、工程函数、信息函数、逻辑函数、多维数据集和兼容性函数等。用户还可以自定义函数。

2.3 数据的逻辑判断

日常生活中，根据条件判断进行不同处理的数据分析情况非常普遍，Excel 中是用条件式来描述的。条件式用于对两个或多个项目进行比较，比较的结果是逻辑值 TRUE 或 FALSE，也可以看成 1 或 0。条件式可以是只由运算符等构成的简单条件式，如“ = A2 > B2”，也可以是由函数等构成的复杂条件式，如“ = IF（COUNTIF（B2：B9，B2）>1，"重复","没重复"）”。复杂条件式使用普遍，通过案例重点介绍常用的几个逻辑判断函数的使用。

2.3.1 逻辑判断函数

常用的逻辑判断函数并不多，主要有 IF 函数、AND 函数、OR 函数和 NOT 函数。

（1）IF 函数

IF 函数是最常用的逻辑判断函数，它对条件式进行真假值的判断，返回不同结果。它的语法格式如下：

IF（logical_ test，[value_ if_ true]，[value_ if_ false]）

其含义是，如果第一个参数（条件式）logical_ test 的结果为 TRUE，则返回第二个参数 value_ if_ true 所描述的表达式结果，否则返回第三个参数 value_ if_ false 所描述的表达式结果。第一个参数必需，其余参数可选。

最多可以使用 64 个 IF 函数作为 value_ if_ true 和 value_ if_ false 参数进行嵌套，以构造更详尽的测试。

（2）AND 函数

AND 函数用于判断几个条件是否都满足，如果所有条件都满足，AND 函数就返回 TRUE，只要有一个条件不满足，就返回 FALSE。

AND 的语法格式如下：

AND（logical1，[logical2]，…）

logical1 必需。要检验的第一个条件，其计算结果可以为 TRUE 或 FALSE。

logical2，… 可选。要检验的其他条件，其计算结果可以为 TRUE 或 FALSE，最多可包含255个条件。

（3）OR 函数

OR 函数用于判断几个条件中是否有一个条件满足，只要有一个条件满足，OR 函数就返回 TRUE，只有当所有条件都不满足时，才返回 FALSE。

OR 的语法格式如下：

OR（logical1，[logical2]，…）

logical1 必需。要检验的第一个条件，其计算结果可以为 TRUE 或 FALSE。

logical2，… 可选。要检验的其他条件，其计算结果可以为 TRUE 或 FALSE，最多可包含255个条件。

（4）NOT 函数

NOT 函数用于对参数值求反，也就是判断某个值是否不等于指定的特定值。

NOT 的语法格式如下：

NOT（logical）

logical 必需。其计算结果可以为 TRUE 或 FALSE 的值或表达式。

下面两个公式是完全一样的：

=A2>1000

=NOT（A2<=1000）

2.3.2 IS 函数

IS 函数的格式和含义如表2-1所示。

表2-1 IS 函数的格式和含义

函数	如果为下面的内容，则返回 TRUE
ISBLANK（value）	值为空白单元格
ISERR（value）	值为任意错误值（除去#N/A）
ISERROR（value）	值为任意错误值（#N/A、#VALUE!、#REF!、#DIV/0!、#NUM!、#NAME? 或#NULL!）
ISLOGICAL（value）	值为逻辑值
ISNA（value）	值为错误值#N/A（值不存在）
ISNONTEXT（value）	值为不是文本的任意项（请注意，此函数在值为空单元格时返回 TRUE）
ISNUMBER（value）	值为数字
ISREF（value）	值为引用
ISTEXT（value）	值为文本

value 必需。要检验的值。参数 value 可以是空白（空单元格）、错误值、逻辑值、文本、数字、引用值，或者引用要检验的以上任意值的名称。

说明：这些函数统称为 IS 函数，此类函数可检验指定值并根据参数取值返回 TRUE 或 FALSE。例如，如果参数 value 引用的是空单元格，则 ISBLANK 函数返回逻辑值 TRUE；否则，返回 FALSE。

在对某一值执行计算或执行其他操作之前，可以使用 IS 函数获取该值的相关信息。例如，通过将 ISERROR 函数与 IF 函数结合使用，可以在出现错误时执行其他操作：

= IF（ISERROR（A1）,"出现错误。"，A1 * 2）

此公式检验单元格 A1 中是否存在错误情形。如果存在，则 IF 函数返回消息“出现错误”。如果不存在，则 IF 函数执行计算 A1 * 2。

IS 函数常与 IF 函数结合使用，这些函数可提供一种用来在公式中查找错误的方法，从而达到避免错误或更正错误的目的。

2.3.3 逻辑判断函数的应用案例

【例 2 - 1】 成绩表处理

学生成绩表处理如图 2 - 5 所示（见“文件 4：学生成绩表 - 常见处理 . xlsx”）。

H2 =IF(G2>=90,"优秀",IF(G2>=80,"良好",IF(G2>=70,"中等",IF(G2>=60,"及格","不及格"))))

	A	B	C	D	E	F	G	H	I	J	K	L	M
1	姓名	性别	高等数学	c语言	操作系统	离散数学	平均分	成绩等级	优秀女生？	及格及以上男生？			
2	钟国鸿	男	80	94	82	87	85.8	良好	FALSE	TRUE			
3	吴佩嫦	女	92	95	95	93	93.8	优秀	TRUE	FALSE			
4	张慧婧	女	76	92	72	80	80.0	良好	FALSE	FALSE			

J2 =AND(G2>=60,B2="男")

	A	B	C	D	E	F	G	H	I	J	K
1	姓名	性别	高等数学	c语言	操作系统	离散数学	平均分	成绩等级	优秀女生？	及格及以上男生？	
2	钟国鸿	男	80	94	82	87	85.8	良好	FALSE	TRUE	
3	吴佩嫦	女	92	95	95	93	93.8	优秀	TRUE	FALSE	
4	张慧婧	女	76	92	72	80	80.0	良好	FALSE	FALSE	

图 2 - 5　学生成绩表处理

成绩等级规则是：平均分在 90 ~ 100 分是优秀，在 80 ~ 90 分（不含 90 分）是良好，在 70 ~ 80 分（不含 80 分）是中等，60 ~ 70 分（不含 70 分）是及格，60 分以下是不及格。单元格 H2 中的公式：“ = IF（G2 > = 90,"优秀"，IF（G2 > = 80,"良好"，IF（G2 > = 70,"中等"，IF（G2 > = 60,"及格","不及格"））））”，注意函数中圆括号的成对出现。

判断哪些是优秀女生规则：不仅成绩等级是“优秀”而且性别是“女”，所以单元格 I2 中的公式：“ = AND（H2 = "优秀"，B2 = "女"）”。

判断哪些是及格及以上男生规则：不仅平均分要在 60 分及以上，而且性别是“男”，所以单元格 J2 中的公式是：“ = AND（G2 > = 60，B2 = "男"）”。

【例 2 - 2】 闰年的判断

如图 2 - 6 判断是否闰年（见“文件 5：从身份证号提取各种信息 . xlsx”）。

闰年的数学规则是：年份值能被 400 整除的是闰年，或者年份值能被 4 整除但同时不能被 100 整除的是闰年，所以描述闰年的单元格 K2 中的公式为“ = IF（OR（MOD

J2　　fx　=IF(OR(MOD(YEAR(E2),400)=0,AND(MOD(YEAR(E2),4)=0,MOD(YEAR(E2),100)<>0)),"是","否")

	A	B	C	E	F	G	H	I	J
1		身份证号		出生日期（日期	年龄	性别	身份证字符化	判重复	是否闰年
2		210803197511031516		1975/11/3	41	男	210803197511031516a	没重复	否
3		210804199011031527		1990/11/3	26	女	210804199011031527a	没重复	否
4		210803200011031518		2000/11/3	16	男	210803200011031518a	没重复	是
5		210903198011031516		1980/11/3	36	男	210903198011031516a	没重复	是
6		210803197511031517		1975/11/3	41	男	210803197511031517a	没重复	否
7		210803201211031568		2012/11/3	4	女	210803201211031568a	没重复	是
8		210803197511031546		1975/11/3	41	女	210803197511031546a	没重复	否
9		210803198511031517		1985/11/3	31	男	210803198511031517a	重复	否
10		210803198511031517		1985/11/3	31	男	210803198511031517a	重复	否

图 2－6　判断是否闰年

（YEAR（E2），400）=0，AND（MOD（YEAR（E2），4）=0，MOD（YEAR（E2），100）<>0)),"是","否")”。

逻辑判断函数或者说含有条件式的公式的应用非常广泛，后面的案例内容里还会常遇到。

2.4　数据的汇总及统计

完成这些功能的有数学和三角函数类及统计类函数，这里只介绍日常工作中比较常用的一些函数。

2.4.1　求总和及平均函数：SUM、SUMIF、AVERAGE、AVERAGEIF

（1）SUM 函数

将指定为参数的所有数字相加。

SUM 函数的语法格式：SUM（number1，[number2]，...]）。

每个参数都可以是区域、单元格引用、数组、常量、公式或另一个函数的结果。例如，SUM（A1：A5）将单元格 A1 至 A5 中的所有数字相加，再如，SUM（A1，A3，A5）将单元格 A1、A3 和 A5 中的数字相加。如果参数是一个数组或引用，则只计算其中的数字。数组或引用中的空白单元格、逻辑值或文本将被忽略。如果任意参数为错误值或为不能转换为数字的文本，Excel 将会显示错误。

（2）AVERAGE 函数

返回参数的平均值（算术平均值）。例如，如果区域　A1：A20 包含数字，则公式 = AVERAGE（A1：A20）将返回这些数字的平均值。

AVERAGE 函数的语法格式：AVERAGE（number1，[number2]，...）

(3) SUMIF 函数

可以对区域中符合指定条件的值求和。

语法格式：SUMIF（range，criteria，[sum_ range]）

SUMIF 函数语法格式的参数含义：

◆ range 必需。要计算总和值的一个或多个单元格，其中包括数字或包含数字的名称、数组或引用。当有 [sum_ range] 时，是 criteria 的比对区域。

◆ criteria 必需。数字、表达式、单元格引用或文本形式的条件，用于设置要对哪些单元格计算总和的条件。例如，条件可以表示为 5、"5"、">5"、"苹果"或 K4。

◆ sum_ range 可选。要计算总和值的实际单元格集。如果忽略，则使用 range。

例如，假设在含有数字的某一列中，需要让大于 5 的数值相加，使用以下公式：=SUMIF（B2：B25，">5"）。在本例中，应用条件的值即要求和的值。

如果需要，可以将条件应用于某个单元格区域，但却对另一个单元格区域中的对应值求和。例如，使用公式 =SUMIF（B2：B5，"张三"，C2：C5）时，该函数仅对单元格区域 C2：C5 中与单元格区域 B2：B5 中等于“张三”的单元格对应的单元格中的值求和。

(4) AVERAGEIF 函数

返回某个区域内满足给定条件的所有单元格的平均值（算术平均值）。

语法格式：AVERAGEIF（range，criteria，[average_ range]）

AVERAGEIF 函数语法格式的参数含义：

◆ range 必需。要计算平均值的一个或多个单元格，其中包括数字或包含数字的名称、数组或引用。当有 [average_ range] 时，是 criteria 的比对区域。

◆ criteria 必需。数字、表达式、单元格引用或文本形式的条件，用于定义要对哪些单元格计算平均值。例如，条件可以表示为 32、"32"、">32"、"苹果"或 B4。

◆ average_ range 可选。要计算平均值的实际单元格集。如果忽略，则使用 range。

图 2-7 条件求平均函数案例（见“文件 3：学生成绩表-数组.xlsx”），单元格 C27 的含义是求男生高等数学的平均成绩，公式是：“=AVERAGEIF（$B$2：$B$25，"男"，C$2：C$25)”。

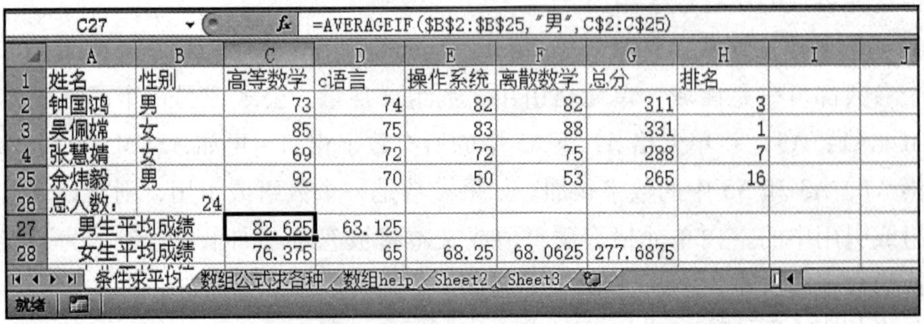

	A	B	C	D	E	F	G	H	I	J
1	姓名	性别	高等数学	c语言	操作系统	离散数学	总分	排名		
2	钟国鸿	男	73	74	82	82	311	3		
3	吴佩嫦	女	85	75	83	88	331	1		
4	张慧婧	女	69	72	72	75	288	7		
25	余炜毅	男	92	70	50	53	265	16		
26	总人数：	24								
27	男生平均成绩		82.625	63.125						
28	女生平均成绩		76.375	65	68.25	68.0625	277.6875			

图 2-7 条件求平均函数案例

图 2-8 条件求和函数案例（见“文件 6：包含 IF 的各种函数.xlsx”），单元格 Z3 的

公式是："=SUMIF（$B$2：$Y$2,"预算数", B3：Y3)"，含义是一月至十二月租金的预算总和。注意与单元格 C27 的公式中函数的参数的不同之处。C27 中的公式是对符合条件的对应行的值求平均，实现对某列数据中符合条件的单元格值的操作；Z3 中的公式是对符合条件的对应列的值求总和，实现对某行数据中符合条件的单元格值的操作。

Z3　=SUMIF($B$2:$Y$2,"预算数",B3:Y3)

	A	B	C	D	E	F	G	X	Y	Z	AA
1	项目	一月		二月		三月		十二月		年费合计	
2		预算数	实际数	预算数	实际数	预算数	实际数	预算数	实际数	预算数	实际数
3	租金	3782	2770	7625	4850	6605	5058	8642	154	73933	144084
4	房租费	6136	2884	6920	745	9417	2922	959	2397	72861	139586
5	水电费	6335	548	1178	9701	1670	3232	6725	1113	47442	88549
6	保险费	8271	1171	6823	4573	1408	3494	3623	6236	58207	108143
7	办公费	9301	3913	2210	2920	2435	9306	3674	2572	65288	121275
8	广告费	7303	1542	5292	3684	7817	8763	4835	4616	57315	107327
9	杂费	8697	4953	8298	5007	2007	1342	1668	435	66117	123537
10	合计	49825	17781	38346	31480	31359	34117	30126	17523	441163	832501

示例1　示例2

图 2-8　条件求和函数案例

单纯的 SUM 函数和 AVERAGE 函数使用非常简单，但当其与 IF 函数联合使用时可以完成单条件或多条件的数据处理。单条件处理可以用 SUMIF 函数或 AVERAGEIF 函数替代，如前面案例的图 2-3 用数组公式处理学生成绩（见"文件 3：学生成绩表-数组.xlsx"）中的公式："{=AVERAGE（IF（$B2：$B25="男", C2：C25))}"（其中大括号（{}）表示是数组公式），就等价于公式"=AVERAGEIF（$B$2：$B$25,"男", C$2：C$25)"。前者要求用数组公式的理由是此处 AVERAGE 函数的参数是由 IF 函数返回的以数组形式存在的数，在 2.1.3 节已有叙述。SUM 函数或 AVERAGE 函数与 IF 函数联合使用还能实现多条件求和或者求平均值的情况，读者可思考之。

2.4.2　求两组或以上数组间对应元素乘积之总和：SUMPRODUCT 函数

功能：在给定的几组数组中，将数组间对应的元素相乘，并返回乘积之和。

语法格式：SUMPRODUCT（array1,［array2］,［array3］, …)

参数说明：

◆ array1 必需。其相应元素需要进行相乘并求和的第一个数组参数。

◆ array2, array3, …可选。2 到 255 个数组参数，其相应元素进行相乘并求和。

图 2-9 求多个数组乘积之总和或总平均（见"文件 2：求多个数组乘积之和.xlsx"）。

单元格 C6 的公式："{=AVERAGE（B2：M2 * B3：M3 *（1-B4：M4))}"

单元格 C7 的公式："=AVERAGE（B5：M5)"

单元格 C8 的公式："=SUMPRODUCT（B2：M2, B3：M3,（1-B4：M4))/12"

单元格 C8 的公式也可以是："=SUMPRODUCT（B2：M2 * B3：M3 *（1-B4：M4))/12"，这时相当于 SUMPRODUCT 函数只有一个参数。

可见，完成一项任务的方法不止一种。

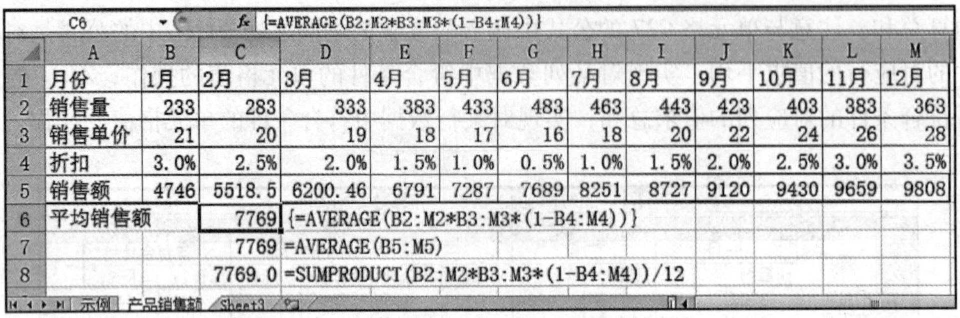

C6 {=AVERAGE(B2:M2*B3:M3*(1-B4:M4))}

	A	B	C	D	E	F	G	H	I	J	K	L	M
1	月份	1月	2月	3月	4月	5月	6月	7月	8月	9月	10月	11月	12月
2	销售量	233	283	333	383	433	483	463	443	423	403	383	363
3	销售单价	21	20	19	18	17	16	18	20	22	24	26	28
4	折扣	3.0%	2.5%	2.0%	1.5%	1.0%	0.5%	1.0%	1.5%	2.0%	2.5%	3.0%	3.5%
5	销售额	4746	5518.5	6200.46	6791	7287	7689	8251	8727	9120	9430	9659	9808
6	平均销售额		7769	{=AVERAGE(B2:M2*B3:M3*(1-B4:M4))}									
7			7769	=AVERAGE(B5:M5)									
8			7769.0	=SUMPRODUCT(B2:M2*B3:M3*(1-B4:M4))/12									

示例 产品销售额 Sheet3

图 2-9 求多个数组乘积之总和或总平均

2.4.3 用矩阵函数作行列式运算：MMULT 函数

MMULT 函数的语法格式：MMULT（array1，array2）

返回两个数组的矩阵乘积。结果矩阵的行数与 array1 的行数相同，矩阵的列数与 array2 的列数相同。Array1 的列数必须与 array2 的行数相同，而且两个数组中都只能包含数值。array1 和 array2 可以是单元格区域、数组常量或引用。

在以下情况下，MMULT 返回错误值#VALUE!：

- 任意单元格为空或包含文字。
- array1 的列数与 array2 的行数不相等。

对于返回结果为数组的公式，必须以数组公式的形式输入。如图 2－10 行列式运算（见"文件 2：求多个数组乘积之和 . xlsx"），选中放结果的区域 J2：K4，输入数组公式"＝MMULT（B2：E4，G2：H5）"，即输入公式后按【Ctrl】＋【Shift】＋【Enter】组合键。

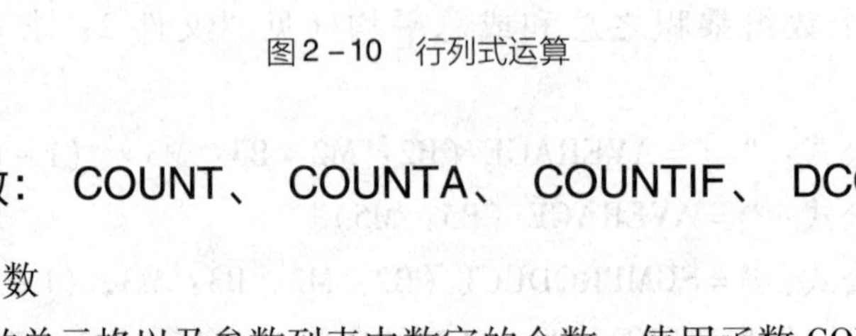

图 2－10 行列式运算

2.4.4 计数函数：COUNT、COUNTA、COUNTIF、DCOUNT

（1）COUNT 函数

计算包含数字的单元格以及参数列表中数字的个数。使用函数 COUNT 可以获取区域或数字数组中数字字段的输入项的个数。

语法格式：COUNT（value1，[value2]，…）

参数说明：

◆ value1 必需。要计算其中数字的个数的第一个项、单元格引用或区域。

◆ value2，...可选。要计算其中数字的个数的其他项、单元格引用或区域，最多可包含 255 个。

这些参数可以包含或引用各种类型的数据，但只有数字类型的数据才被计算在内。

（2）COUNTA 函数

计算区域中不为空的单元格的个数。COUNTA 函数可对包含任何类型信息的单元格进行计数，这些信息包括错误值和空文本（""）。例如，如果区域包含一个返回空字符串的公式，则会将该值计算在内。COUNTA 函数不会对空单元格进行计数。

其语法格式同 COUNT 函数相同。

如果不需要对逻辑值、文本或错误值进行计数（换句话说，只希望对包含数字的单元格进行计数），请使用 COUNT 函数。

如果只希望对符合某一条件的单元格进行计数，请使用 COUNTIF 函数。

（3）COUNTIF 函数

对符合某一条件的单元格进行计数。

语法格式：COUNTIF（range，criteria）

参数说明：

◆ range 必需。要对其进行计数的一个或多个单元格，其中包括数字或名称、数组或包含数字的引用。空值和文本值将被忽略。

◆ criteria 必需。用于定义将对哪些单元格进行计数的数字、表达式、单元格引用或文本字符串。例如，条件可以表示为 32、">32"、B4、"苹果"或"32"。

计数函数应用广泛，理解也较简单。如图 2-11 条件计数函数案例（见"文件 6：包含 IF 的各种函数.xlsx"），单元格 F12 是统计"王一"的订单数，公式为："=COUNTIF（A3：A15,"王一"）"，当然若公式改为："=COUNTIF（A$3：A$15，E12）"则向下复制更方便。单元格 A16 是统计销售人次数量，公式为："=COUNTA（A3：A15）"，单元格 B16 是统计订单数量，公式为："=COUNT（B3：B15）"，读者可试试单元格 A16 和 B16 公式中的函数交换过来是什么结果。

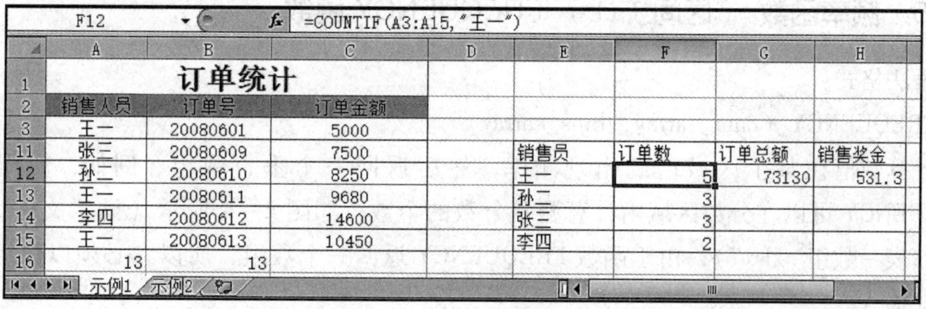

F12　=COUNTIF(A3:A15,"王一")

	A	B	C	D	E	F	G	H
1		订单统计						
2	销售人员	订单号	订单金额					
3	王一	20080601	5000					
11	张三	20080609	7500		销售员	订单数	订单总额	销售奖金
12	孙二	20080610	8250		王一	5	73130	531.3
13	王一	20080611	9680		孙二	3		
14	李四	20080612	14600		张三	3		
15	王一	20080613	10450		李四	2		
16	13	13						

示例1　示例2

图2-11　条件计数函数案例

(4) DCOUNT 函数

返回列表或数据库中满足指定条件的记录字段（列）中包含数字的单元格的个数。

语法格式：DCOUNT（database，field，criteria）

参数说明：

◆ database 必需。构成列表或数据库的单元格区域。数据库是包含一组相关数据的列表，其中包含相关信息的行为记录，而包含数据的列为字段。列表的第一行包含每一列的标签。

◆ field 必需。指定函数所使用的列。输入两端带双引号的列标签，如"使用年数"或"产量"；或是代表列在列表中的位置的数字（不带引号）：1 表示第一列，2 表示第二列，依此类推。如果省略 field，函数 DCOUNT 将返回数据库中满足条件的所有记录数。

◆ criteria　必需。包含所指定条件的单元格区域。你可以为参数 criteria 指定任意区域，只要此区域包含至少一个列标签，并且列标签下方包含至少一个指定列条件的单元格。

应用案例：

如图 2－12 数据库表统计函数应用案例（见“文件 7：VLOOKUP 案例 . xlsx”），图中单元格 I24 是统计“糖果类”食品，“销售数量”＞200 包的食品种类，在单元格区域 A22：B23 做了此条件描述，所以单元格 I22 的公式是“＝DCOUNT（A1：I20，8，A22：B23)”。

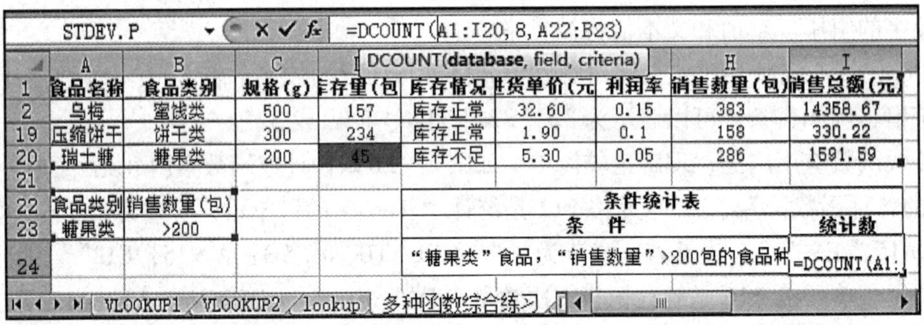

图 2－12　数据库表统计函数应用案例

2.4.5　频率函数（区间统计）FREQUENCY 函数

语法格式：

FREQUENCY（data_ array，bins_ array）

计算数值在某个区域内的出现频率，然后返回一个垂直数组。例如，使用函数 FREQUENCY 可以在分数区域内计算测验分数的个数，如图 2－4 所示（见“文件 3：学生成绩表－数组 . xlsx”），由于函数 FREQUENCY 返回一个数组，所以它必须以数组公式的形式输入。

参数说明：

◆ data_ array 必需。一个数值组或对一组数值的引用，你要为它计算频率。如果

data_　array 中不包含任何数值，函数 FREQUENCY 将返回一个零数组。

◆ bins_　array 必需。一个区间数组或对区间的引用，该区间用于对 data_　array 中的数值进行分组。如果 bins_　array 中不包含任何数值，函数 FREQUENCY 返回的值与 data_　array 中的元素个数相等。

2.4.6　排序函数：　RANK、　RANK. EQ 和 RANK. AVG

RANK 函数返回一个数字在数字列表中的排位。

语法格式：

RANK（number，ref，[order]）

参数说明：

◆ number 必需。需要找到排位的数字。

◆ ref 必需。数字列表数组或对数字列表的引用。ref 中的非数值型值将被忽略。

◆ order 可选。一数字，指明数字排位的方式。

如果 order 为 0（零）或省略，Excel 对数字的排位是基于 ref 为按照降序排列的列表。

如果 order 不为零，Excel 对数字的排位是基于 ref 为按照升序排列的列表。

RANK. EQ 函数和 RANK. AVG 函数的格式与 RANK 函数的一样，只是排序更精确。RANK. EQ 函数，返回一个数字在数字列表中的排位。如果多个值具有相同的排位，则返回该组数值的最高排位。RANK. AVG 函数，也是返回一个数字在数字列表中的排位，如果多个值具有相同的排位，则将返回平均排位。图 2－13 排名次函数案例（见“文件 3：学生成绩表－数组 . xlsx”）。

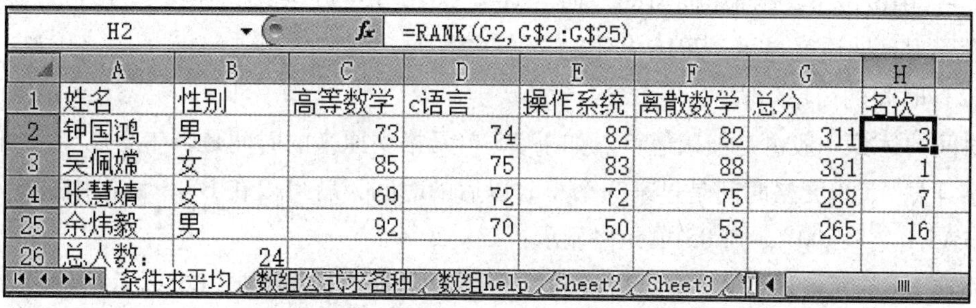

图 2－13　排名次函数案例

图中 H2 单元格中的公式为：“＝RANK（G2，G $ 2：G $ 25）”。公式中第三个参数省略，默认总分为按照降序排列的列表排名，即最高分为第一名。

2.5　日期与时间的处理

无论是日期还是时间，它们都是数值，都可以进行算术运算，可以被设置成各种显示格式。Excel 将日期存储为可用于计算的序列号。默认情况下，1900 年 1 月 1 日的序列号是 1，而 2008 年 1 月 1 日的序列号是 39448，这是因为它距 1900 年 1 月 1 日有 39447 天。Microsoft Excel for the Macintosh 使用 1904 日期系统作为其默认日期系统。可以通过“文件”菜单的【选项】——【高级】——“计算此工作簿时:”复选“使用 1904 日期系统”，这时 1904 年 1 月 1 日的序列号是 1。

Excel 将时间存储为小数，因为时间被看作天的组成部分，1 天是 24 小时。

日期和时间的相关案例见“文件 5：从身份证号提取各种信息 . xlsx！日期时间”。

有关日期和时间的输入和显示格式设置在第一章已有介绍，本章重点介绍处理它们的常用函数及运算。

2.5.1 日期与时间的简单运算

（1）日期的简单运算

对日期的运算一般是加减运算。如果 A1 单元格中原来的日期是 2016/8/1，如在 B1 单元格计算 A1 单元格日期 90 天以后的日期，就可以在 B1 单元格用公式:

=A1 +90，则 B1 单元格显示：2016/10/30

而在 B2 单元格计算 A1 单元格日期 90 天以前的日期，在 B2 单元格就可以用公式:

=A1 -90，则 B1 单元格显示：2016/5/3。

若在 B3 单元格用公式：=B1 - B2，则在 B3 单元格显示：180。两个日期相减，结果是两日期之间相差的天数。

但是若要直接使用日期常量运算，就必须用双引号将日期数据括起来，如 ="2016/10/30" - "2016/5/3"，结果也是 180。而公式 ="2016/10/30" - 90，结果是 42583，将显示格式设置为日期后就显示：2016/8/1。

（2）时间的简单运算

时间的运算一般也是加减运算。如果 A5 单元格中原来的时间是下午 2 点半，如在 B5 单元格计算 A5 单元格时间是过来 3 个小时以后的时间，就可以在 B5 单元格用公式:

=A5 + “3：00”，则 B5 单元格显示：17：30

而在 B6 单元格计算 A5 单元格时间是 3 小时以前的时间，在 B6 单元格就可以用公式：=A5 - “3：00”，则 B6 单元格显示：11：30。

若在 B7 单元格用公式：=B5 - B6，则在 B7 单元格显示：6：00。两个时间相减，结果是两时间之间相差的时分秒，显示 6：00。

但是若要直接使用时间常量运算，就必须用双引号将数据括起来。如 ="17：00" - "11：00"，结果显示 0.25，要显示时分秒形式可以设置数据类型。

更多案例读者可以自己试试。

2.5.2 常用日期函数

（1）TODAY 函数

语法格式：TODAY（）

从语法格式可见，TODAY 函数无函数参数，但圆括号必须有。函数的返回值是电脑系统的当前日期，显示为日期形式。

（2）DATE 函数

语法格式：DATE（year，month，day）

从语法格式可见，DATE 函数有三个分别代表年月日的数作为参数。返回值是一个参数指定的日期格式的数据。

参数说明：

♦ year 必需。year 参数的值可以包含一到四位数字。Excel 将根据计算机所使用的日期系统来解释 year 参数。

提示：为避免出现意外结果，建议对 year 参数使用四位数字。例如，使用“07”将返回“1907”作为年值。

如果 year 介于 0（零）到 1899（包含这两个值），则 Excel 会将该值与 1900 相加来计算年份。例如，DATE（108，1，2）将返回 2008 年 1 月 2 日（1900 + 108）。

如果 year 介于 1900 到 9999（包含这两个值），则 Excel 将使用该数值作为年份。例如，DATE（2008，1，2）将返回 2008 年 1 月 2 日。

如果 year 小于 0 或大于等于 10000，则 Excel 将返回错误值#NUM!。

♦ month 必需。一个正整数或负整数，表示一年中从 1 月至 12 月（一月到十二月）的各个月。

如果 month 大于 12，则 month 从指定年份的一月份开始累加该月份数。例如，DATE（2008，14，2）返回表示 2009 年 2 月 2 日的序列号。

如果 month 小于 1，month 则从指定年份的一月份开始递减该月份数，然后再加上 1 个月。例如，DATE（2008，－3，2）返回表示 2007 年 9 月 2 日的序列号。

♦ day 必需。一个正整数或负整数，表示一月中从 1 日到 31 日的各天。

如果 day 大于指定月份的天数，则 day 从指定月份的第一天开始累加该天数。例如，DATE（2008，1，35）返回表示 2008 年 2 月 4 日的序列号。

如果 day 小于 1，则 day 从指定月份的第一天开始递减该天数，然后再加上 1 天。例如，DATE（2008，1，－15）返回表示 2007 年 12 月 16 日的序列号。

（3）YEAR、MONTH、DAY 函数

YEAR 语法格式：YEAR（serial_ number）

MONTH 语法格式：MONTH（serial_ number）

DAY 语法格式：DAY（serial_ number）

参数：Serial_ number 必需。为一个日期格式的值。

YEAR、MONTH、DAY 函数返回值分别为日期参数指定的年、月、日，都是整数。

（4）WEEKDAY 函数

WEEKDAY 函数用于获取某日期为星期几，返回值是整数。

语法格式：

WEEKDAY（serial_ number，[return_ type]）

参数说明：

◆ serial_ number 必需。一个序列号，代表要获取星期几那一天的日期。应使用日期，或者其他公式或函数的结果日期。例如，使用函数 DATE（2008，5，23）输入 2008 年 5 月 23 日。

◆ return_ type 可选。用于确定返回值类型的数字，如表 2-2 所示。

表 2-2　参数 Return_ type 的可选值及含义

1 或省略	数字 1（星期日）到数字 7（星期六）。
2	数字 1（星期一）到数字 7（星期日）。
3	数字 0（星期一）到数字 6（星期日）。
11	数字 1（星期一）到数字 7（星期日）。
12	数字 1（星期二）到数字 7（星期一）。
13	数字 1（星期三）到数字 7（星期二）。
14	数字 1（星期四）到数字 7（星期三）。
15	数字 1（星期五）到数字 7（星期四）。
16	数字 1（星期六）到数字 7（星期五）。
17	数字 1（星期日）到数字 7（星期六）。

例如：

=WEEKDAY（"2016/8/1"+2，1）的返回值是 4；

=WEEKDAY（"2016/8/1"+2，2）的返回值是 3；

=WEEKDAY（"2016/8/1"+2，3）的返回值是 2。

（5）DAYS360 函数

DAYS360 函数用于按照一年 360 天计（以每个月 30 天计），返回两个日期间相差的天数。

语法格式：

DAYS360（start_ date，end_ date，[method]）

参数说明：

◆ start_ date，end_ date 必需。要计算期间天数的起止日期。如果 start_ date 在 end_ date 之后，则 DAYS360 将返回一个负数。

◆ method 可选。一个逻辑值，它指定在计算中是采用欧洲方法还是美国方法，如表 2-3 所示。

表 2-3　参数 Method 的值及其含义

Method	定义
FALSE 或省略	美国方法（NASD）。如果起始日期为某月的最后一天，则等于当月的 30 号。如果终止日期为某月的最后一天，并且起始日期早于某月的 30 号，则终止日期等于下个月的 1 号，否则，终止日期等于当月的 30 号。
TRUE	欧洲方法。如果起始日期和终止日期为某月的 31 号，则等于当月的 30 号。

DAYS360 函数主要用于金融行业的相关计算。

2.5.3　常用时间函数

（1）NOW 函数

语法格式：now（），没有参数，返回电脑系统当前的日期和时间。

如果在单元格输入公式：=now（），就会显示 2016/8/1　18：37：22。

如果在输入该函数前，单元格格式为“常规”，Excel 会将单元格格式更改为与“控制面板”的区域日期和时间设置中指定的日期和时间格式相同的格式。

（2）HOUR，MINUTE，SECOND 函数

它们的语法格式：

HOUR（serial_ number）

MINUTE（serial_ number）

SECOND（serial_ number）

参数 serial_ number　必需。一个时间值，其中包含要查找的小时、分钟、秒。时间有多种输入方式：带引号的文本字符串（例如"6：45PM"）、十进制数（例如 0.78125 表示 6：45PM）或其他公式或函数的结果。

HOUR 函数返回时间值的小时数。即一个介于 0（0：00AM）到 23（11：37PM）的整数，如 HOUR（0.5）=12。

MINUTE 函数返回时间值中的分钟，为一个介于 0～59 的整数。

SECOND 函数返回时间值中的秒数，为一个介于 0～59 的整数。

2.5.4　日期时间函数应用案例——万年历制作

如图 2-14 日期时间案例——万年历（见“文件 5：从身份证号提取各种信息.xlsx”），制作过程如下：

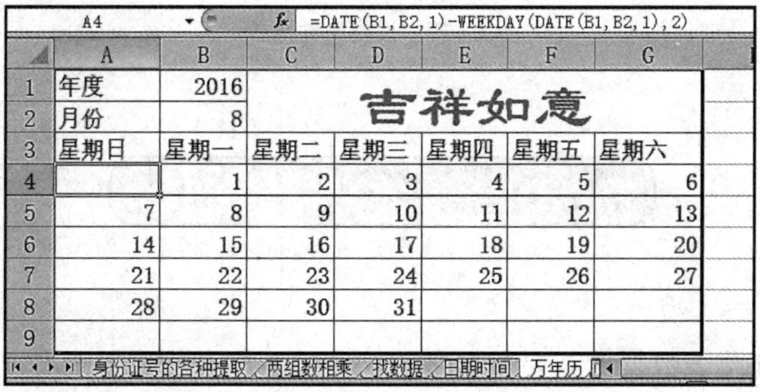

	A	B	C	D	E	F	G
1	年度	2016	吉祥如意				
2	月份	8					
3	星期日	星期一	星期二	星期三	星期四	星期五	星期六
4		1	2	3	4	5	6
5	7	8	9	10	11	12	13
6	14	15	16	17	18	19	20
7	21	22	23	24	25	26	27
8	28	29	30	31			
9							

图 2-14　日期时间案例——万年历

1）按图输入好单元格区域 A1：G3 的内容；其中 B1 单元格是由读者输入的任意年份值，B2 单元格是由读者输入任意的月份值。

2）在单元格 A4 输入公式：“=DATE（B1，B2，1）-WEEKDAY（DATE（B1，

B2，1)，2)”，得到指定年月的第一个星期的星期日的日期数据（基于“任何一天的日期减去本身的星期数，就一定等于上一个星期日的日期”这样的事实)。

3）选定区域 A4：G9，设置其格式数据类型为自定义类型之“d”，即日期类型但只显示“天”值。

4）在单元格 B4 输入公式：“ = A4 + 1”，然后将公式复制到单元格区域 B4：G9。

5）在单元格 A5 输入公式：“ = G4 + 1”，然后将公式往下复制到 A9；

6）选定区域 A4：G9，选【开始】——【条件格式】——【新建规则】，打开如图 2 - 15 设置条件格式的“新建公式规则”对话框，选择规则类型“使用公式确定要设置格式的单元格”，在其下的框中输入公式“ = MONTH （A4） < > $ B $ 2”后，单击【格式（F）...】处理非本月份的单元格字体：将单元格字体设为白色。

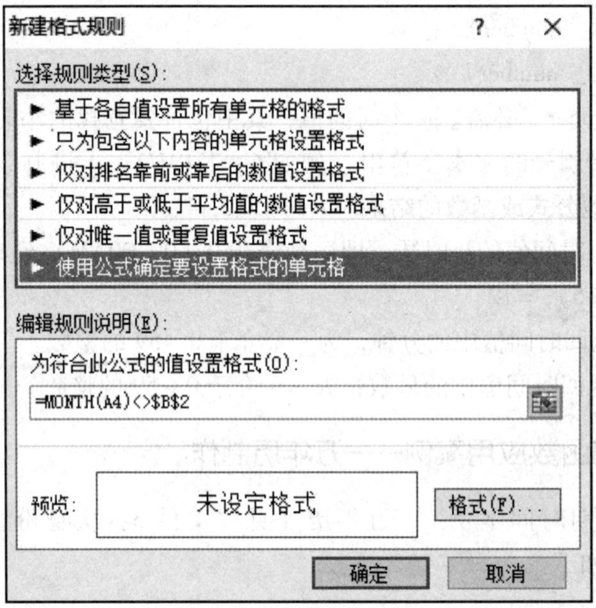

图 2 - 15 设置条件格式

2.6 文本数据的处理

文本数据是工作表数据的重要数据之一。一张工作表的数据既有文本又有数值，因此掌握文本数据的处理方法和技巧也是非常重要的。这里主要以实际案例方式介绍常用的一些函数和技巧。

2.6.1 数值与数字型文本的相互转换

Excel 工作表的数据可以直接录入，直接录入的值可以先直接设置其数据类型，但很多的时候 Excel 工作表的数据来源于其他文档，这样就可能存在本应该是文本类型的但形式是数字的一些编号（如身份证号、职工编号等）被 Excel 默认为数值，而本应该是数值的（如带货币符号的金额或者带百分号%的增长率等）被 Excel 默认为文本，所以数值与数字型文本的转换有时是必要的。转换可以通过设置单元格格式直接操作，这个方法直观，也是常用方法，在第一章有较详细介绍，但有时通过函数来实现也是必需的，如公式中需要转换类型时。这里介绍常用的数值与数字型文本相互转换的函数。

（1）将数字型文本转换为数值：VALUE 函数

语法格式：

VALUE（text）

参数说明：

text 必需。带引号的文本，或对包含要转换文本的单元格的引用。

通常不需要在公式中使用函数 VALUE，Excel 可以自动在需要时将文本转换为数字，如在公式中可以对文本型数字或单元格直接运算。但有些函数对文本型数字参数不会自动转换为数值，如 SUM 类。如图 2－16 SUM 函数对文本型数据求和（见“文件5：从身份证号提取各种信息 . xlsx”），其值为零。另外借此图补充说明了 IF 与 IS 类函数的联合使用能避免出错单元格对公式的影响。图中 M10 单元格的公式是：“＝SUM（M2：M9）”，参数没做出错处理，结果就出错；N10、O10 单元格公式做了出错处理，结果不出错了，如单元格 O10 的公式：“｛＝SUM（IF（ISERROR（O2：O9），"",O2：O9））｝”，注意要以数组公式形式完成，但是结果为零，因为 O2：O9 的值是文本型。读者可以试试在 P10 单元格用公式：“＝O2＋O3＋O4＋O6＋O7＋O8＋O9”，结果是3709，而不是零。

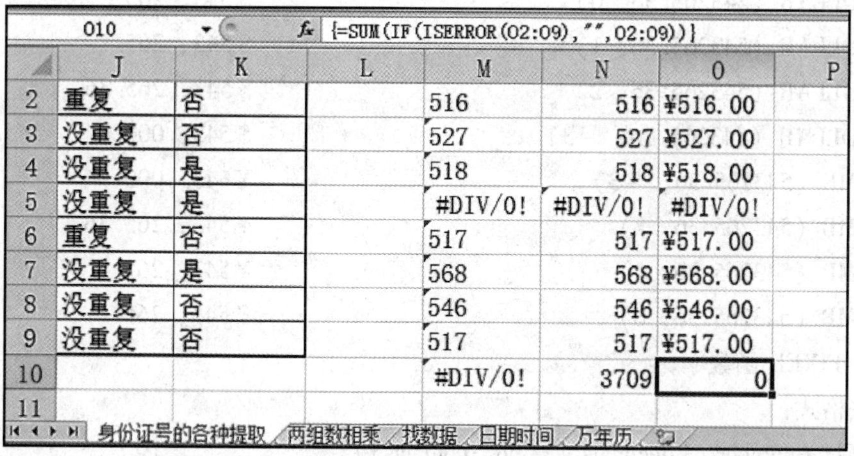

	J	K	L	M	N	O	P
2	重复	否		516	516	¥516.00	
3	没重复	否		527	527	¥527.00	
4	没重复	是		518	518	¥518.00	
5	没重复	是		#DIV/0!	#DIV/0!	#DIV/0!	
6	重复	否		517	517	¥517.00	
7	没重复	是		568	568	¥568.00	
8	没重复	否		546	546	¥546.00	
9	没重复	否		517	517	¥517.00	
10				#DIV/0!	3709	0	
11							

图2－16　SUM 函数对文本型数据求和

当然图中还可以看到 N 列的相关单元格用了 VALUE 函数，如 N3 的公式：“＝VALUE（M3）”，使得 N2：N9 区域的为数值型，故在 N10 用 SUM 函数对区域求和的值为3709 而不是零。

（2）将数值转换为文本型：TEXT 函数

语法格式：

TEXT（value，format_ text）

参数说明：

◆ value 必需。数值、计算结果为数值的公式，或对包含数值的单元格的引用。

◆ format_ text 必需。使用双引号括起来作为文本字符串的数字格式，例如，″m/d/yyyy″或″#，##0.00″。有关详细的格式准则，请参阅相关帮助文件。

前面图 2-16 中，O 列的相关单元格就用了 TEXT 函数，如单元格 O3 的公式："=TEXT（N3，″¥0，0.00″），就将单元格 N3 的数值型数据变成了 O3 中的文本型数据，所以在 O10 单元格用 SUM 函数对区域 O2：O9 求和时的值为零。

（3）DOLLAR 函数和 RMB 函数

语法格式和功能：

DOLLAR（number，[decimals]），将数字转换为带美元符号的文本。

RMB（number，[decimals]），将数字转换为带人民币符号的文本。

参数说明：

◆ number 必需。数字、对包含数字的单元格的引用或是计算结果为数字的公式。数值或文本数字都可以。

◆ decimals 可选。小数点右边的位数。如果 decimals 为负数，则 number 从小数点往左按相应位数四舍五入。如果省略 decimals，则假设其值为 2。

例如：

公式	结果
=DOLLAR（543265.36，0）	$543，265
=DOLLAR（543265.36，1）	$543，265.4
=DOLLAR（543265.36，2）	$543，265.36
=DOLLAR（543265.36，-3）	$543，000
=RMB（543265.36，-3）	¥543，000
=RMB（543265.36，2）	¥543，265.36
=RMB（543265.36，1）	¥543，265.4
=RMB（543265.36，0）	¥543，265

（4）FIXED 函数

语法格式：

FIXED（number，[decimals]，[no_ commas]）

功能：将数字按指定的小数位数进行取整，利用句号和逗号以十进制格式对该数进行格式设置，并以文本形式返回结果。

参数说明：

◆ number 必需。要进行舍入并转换为文本的数字。

◆ decimals 可选。小数点右边的位数。默认值 2，如果为负数，则 number 在小数点左侧进行舍入。

◆ no_ commas 可选。一个逻辑值，如果为 TRUE，则会禁止 FIXED 在返回的文本中包含逗号。

使用命令（在“开始”选项卡上的“数字”组中，单击“数字”旁边的箭头，然后单击“数字”）格式化包含数字的单元格与直接使用函数 FIXED 格式化数字的主要区别在于：函数 FIXED 将其结果转换成文本，而用“单元格”命令设置格式的数字仍然是数字。

例如：

= FIXED（1234. 567，1）将第一个数字四舍五入到小数点右边一位，结果：1，234. 6

= FIXED（1234. 567，－1）将第一个数四舍五入到小数点左边一位，结果：1，230

= FIXED（－1234. 567，－1，TRUE）将小数点左边一位四舍五入，无逗号，结果：－1230

= FIXED（44. 332）将第一个数字四舍五入到小数点右边二位，结果：44. 33

2. 6. 2　获取文本的部分数据

在实际工作中，经常要获取文本的部分数据。如从身份证号码里提取相关信息，会计数据里科目编码与科目名称可能在一起，但在 Excel 表里要分开，等等。

（1）LEN 函数和 LENB 函数——获取文本长度

语法格式及功能：

LEN（text），返回文本字符串中的字符数。

LENB（text），返回文本字符串中用于代表字符的字节数。汉字是双字节字符。

例如：

= LEN（“524000 广州市”），结果是 9。

= LENB（“524000 广州市”），结果是 12。

（2）LEFT 函数、RIGHT 函数和 MID 函数

语法格式及功能：

LEFT（text，[num_ chars]），根据所指定的字符数，LEFT 返回文本字符串中第一个字符或前几个字符。

RIGHT（text，[num_ chars]），RIGHT 根据所指定的字符数返回文本字符串中最后一个或多个字符。

MID（text，start_ num，num_ chars），MID 返回文本字符串中从指定位置开始的特定数目的字符，该数目由用户指定。

例如：

= LEFT（“524000 广州市”，7），结果是“524000 广”

= RIGHT（“524000 广州市”，7），结果是“4000 广州市”

= MID（“524000 广州市”，7，3），结果是“广州市”

【例 2-3】从身份证号码提取信息

如图 2-17 从身份证号码提取信息（见“文件 5：从身份证号提取各种信息 . xlsx”），单元格 G2 中的公式是从 B2 单元格的身份信息中获取“性别”信息，身份证有 15 位的老码和 18 位的新码，其中“性别”信息分别是第 15 位码或者第 17 位码表示，所以公式为：“ = IF（LEN（B2） =15，IF（MOD（MID（B2，15，1），2） =1,"男","女"），IF（MOD（MID（B2，17，1），2） =1,"男","女"））”。

G2 =IF(LEN(B2)=15,IF(MOD(MID(B2,15,1),2)=1,"男","女"),IF(MOD(MID(B2,17,1),2)=1,"男","女")

	A	B	E	F	G	H	I	J	K
1		身份证号	出生日期（日其	年龄	性别	查找前15位内	复的号码后3位	重复终判	是否闰年
2		210803197511031516	1975/11/3	40	男	重复	516	没重复	否
3		210804199011031527	1990/11/3	26	女	没重复	FALSE	没重复	否
4		210803200011031518	2000/11/3		男	没重复	FALSE	没重复	是
5		210903198011031516	1980/11/3		男	没重复	FALSE	没重复	是
6		210803197511031517	1975/11/3		男	重复	517	没重复	否
7		210803201211031568	2012/11/3		女	没重复	FALSE	没重复	是
8		210803197511031546	1975/11/3		女	重复	546	没重复	否
9		210803198511031517	1985/11/3		男	没重复	FALSE	没重复	否
10									

身份证号的各种提取 / 两组数相乘 / 找数据 / 日期时间 / 万年历 / 分割文本

图 2-17　从身份证号码提取信息

【例 2-4】将一列文本分成两列文本

如图 2-18 分割文本（见“文件 5：从身份证号提取各种信息 . xlsx”），分割文本表中的“会计科目”列的内容前面是半角数字，后面是汉字或全角括号之类符号，可以用 LEN 和 LENB 对数据长度做必要的计算，在用获取部分文本函数 LEFT、RIGHT 或者 MID 将“会计科目”列分成两列。

B2 =LEFT(A2,2*LEN(A2)-LENB(A2))

	A	B	C	D
1	会计科目	科目编号	科目名称	或者用
2	1001现金	1001	现金	现金
3	1002银行存款	1002	银行存款	银行存款
4	100201中国银行	100201	中国银行	中国银行
5	100202中国工商银行	100202	中国工商银行	中国工商银行
6	5502管理费用	5502	管理费用	管理费用
7	550201管理人员工资	550201	管理人员工资	管理人员工资
8	550202办公费	550202	办公费	办公费

身份证号的各种提取 / 两组数相乘 / 找数据 / 日期时间 / 万年历 / 分割文本

图 2-18　分割文本

在单元格 B2 中输入公式：“ = LEFT（A2，2 * LEN（A2） - LENB（A2））”，得到会计科目的编号部分的文本，在单元格 C2 中输入公式：“ = RIGHT（A2，LENB（A2） - LEN（A2））”，得到会计科目的汉字名称部分。在单元格 C2 中亦可输入公式：“ = MID（A2，LEN（B2） +1，100）”。

2.6.3 文本的比较和替换的相关函数

(1) 比较两个文本是否完全相同——EXACT 函数

语法格式：EXACT (text1, text2)

功能：该函数用于比较两个字符串：如果它们完全相同，则返回 TRUE；否则，返回 FALSE。函数 EXACT 区分两个文本的大小写，但忽略格式上的差异，如文字颜色等。

例如：=EXACT ("ABCD"," ABCd")，结果是 FALSE。

(2) 替换文本函数——REPLACE 函数

语法格式：

REPLACE (old_ text, start_ num, num_ chars, new_ text)

REPLACEB (old_ text, start_ num, num_ bytes, new_ text)

功能说明：

REPLACE 使用其他文本字符串 new_ text 并根据所指定的字符数 num_ chars 替换某文本字符串 old_ text 中的某位置 start_ num 开始的部分文本。

REPLACEB 使用其他文本字符串并根据所指定的字节数 num_ bytes 替换某文本字符串中的部分文本。

参数说明：

♦ old_ text 必需。要替换其部分字符的文本。可以是单元格引用。

♦ start_ num 必需。要用 new_ text 替换的 old_ text 中字符的位置。

♦ num_ chars 必需。希望 REPLACE 使用 new_ text 替换 old_ text 中字符的个数。

♦ num_ bytes 必需。希望 REPLACEB 使用 new_ text 替换 old_ text 中字节的个数。

♦ new_ text 必需。将用于替换 old_ text 中字符的文本。

例如，若单元格 A2 中的数据是"abcdefjhijk"，A3 的是"2007"，A4 的是"1234567"则：

=REPLACE (A2, 6, 5,"*") 从第六个字符开始替换五个字符，结果是：abcde*k；

=REPLACE (A3, 3, 2,"10") 用 10 替换 2007 的最后两位，结果是：2010；

=REPLACE (A4, 1, 1,"81") 用"81"替换前一个字符，结果是：81234567。

(3) 替换文本函数——SUBSTITUTE 函数

语法格式：

SUBSTITUTE (text, old_ text, new_ text, [instance_ num])

功能说明：

在某一文本字符串 text 中用新文本 new_ text 替换由 old_ text 指定的文本。

参数说明：

♦ text 必需。需要替换其中字符的文本，或对含有文本（需要替换其中字符）的单元格的引用。

♦ old_ text 必需。需要替换的旧文本。

♦ new_ text 必需。用于替换 old_ text 的文本。

◆ instance_ num 可选。用来指定要以 new_ text 替换第几次出现的 old_ text。如果指定了 instance_ num，则只有满足要求的 old_ text 被替换；否则会将 Text 中出现的每一处 old_ text 都更改为 new_ text。

例如，若单元格 A2 中的数据是"abcdefghijk"，A3 的是"2007"，A4 的是"1234567"则：

=SUBSTITUTE（A2,"fghij","*"），用 * 替换 fghij 五个字符，结果是：abcde * k；

=SUBSTITUTE（A3,"07","10"），用 10 替换 07，结果是：2010；

=SUBSTITUTE（A4,"1","81"，1），用"81"替换第一次出现的字符 1，结果是：81234567。

这些函数对电话号码的升级等很好用。

2.7 查找数据

虽然 Excel 中已经提供了【查找…】和【替换…】功能按钮，大多数情况下可以用它们完成查找替换任务，但一些复杂的查找替换任务还必须用函数来完成。如找到的数据要放到指定位置，多工作表甚至多工作簿的查找等。

2.7.1 MATCH 函数：在引用或数组中查找某值，返回值的位置

语法格式：

MATCH（lookup_ value，lookup_ array，[match_ type]）

功能说明：

MATCH 函数可在单元格区域中搜索指定项，然后返回该项在单元格区域中的相对位置，是一个整数。例如，如果单元格区域 A1：A3 包含值 5、25 和 38，则以下公式：

=MATCH（25，A1：A3，0）

会返回数字 2，因为值 25 是单元格区域中的第二项。

如果需要获得单元格区域中某个项目的位置而不是项目本身，则应该使用 MATCH 函数而不是某个 LOOKUP 函数。例如，可以使用 MATCH 函数为 INDEX 函数的 row_ num 参数提供值。

参数说明：

◆ lookup_ value 必需。需要在 lookup_ array 中查找的值。例如，如果要在电话簿中查找某人的电话号码，则应该将姓名作为查找值，但实际上需要的是电话号码。lookup_ value 参数可以为值（数字、文本或逻辑值）或对数字、文本或逻辑值的单元格引用。不区分大小写。

◆ lookup_ array 必需。要搜索的单元格区域。

◆ match_ type 可选。数字 -1、0 或 1，match_ type 参数指定 Excel 如何在 lookup_ array 中查找 lookup_ value 的值。此参数的默认值为1。

match_ type 的取值行为：

◆1或省略：MATCH 函数会查找小于或等于 lookup_ value 的最大值。lookup_ array 参数中的值必须按升序排列，例如：…，－2，－1，0，1，2，…，A－Z，FALSE，TRUE。

◆0：MATCH 函数会查找等于 lookup_ value 的第一个值。lookup_ array 参数中的值可以按任何顺序排列。

◆－1：MATCH 函数会查找大于或等于 lookup_ value 的最小值。lookup_ array 参数中的值必须按降序排列，例如：TRUE，FALSE，Z－A，…，2，1，0，－1，－2，…等等。

2.7.2 INDEX 函数：根据行列号在引用或数组中查找值

语法格式：

数组形式：INDEX（array，row_ num，[column_ num]）

引用形式：INDEX（reference，row_ num，[column_ num]，[area_ num]）

功能说明：

数组形式：返回表格或数组中的元素值，此元素值是行号和列号在给定区域 array 的交叉处的值。

引用形式：返回指定的行与列交叉处的单元格引用。如果引用由不连续的多个区域组成，可以用参数 area_ num 选择某一区域。

参数说明：

◆ array：单元格区域或数组常量。

◆ row_ num：选择区域中的某行，函数从该行返回数值。如果省略 row_ num，则必须有 column_ num。

◆ column_ num：选择区域中的某列，函数从该列返回数值。如果省略 column_ num，则必须有 row_ num。

◆ reference：对一个或多个单元格区域的引用，多个单元格区域必须将其用括号括起来。

◆ area_ num：指明是 reference 中的第几个区域。

如果同时使用参数 row_ num 和 column_ num，函数 INDEX 返回 row_ num 和 column_ num 交叉处的单元格中的值。

如果将 row_ num 或 column_ num 设置为0（零），函数 INDEX 则分别返回整个列或行的数组数值。若要使用以数组形式返回的值，请将 INDEX 函数以数组公式形式输入，对于行以水平单元格区域的形式输入，对于列以垂直单元格区域的形式输入。若要输入数组公式，请按 Ctrl＋Shift＋Enter。

row_ num 和 column_ num 必须指向一个单元格，否则，函数 INDEX 返回错误值#REF!。应该说明的是 INDEX 函数一般与 MATCH 函数或其他函数联合使用，详见后面的案例（见“文件8：INDEX 的应用.xlsx”）。

2.7.3 ROW、COLUMN、ROWS、COLUMNS 函数：返回行列号和行列数

（1）ROW、COLUMN 函数

语法格式及功能：

ROW（[reference]），获取行号。

COLUMN（[reference]），获取列号。

参数说明：

reference 可选。需要得到其行号或者列号的单元格或单元格区域。如果省略 reference，则是对函数所在单元格的引用。如“=COLUMN（F9）”的值是 6，“=ROW（F9）”的值是 9。

如果 reference 为一个单元格区域，并且此函数的返回值作为数组输入，则此函数将以数组的形式返回 reference 所在的一组行号或者一组列号，这时公式必须以数组形式输入。

reference 不能引用多个区域。

（2）ROWS、COLUMNS 函数

语法格式及功能：

ROWS（array），返回 array 的行数。

COLUMNS（array），返回 array 的列数。

参数说明：

array 必需。需要得到其行数或者列数的数组、数组公式（数组公式：数组公式对一组或多组值执行多重计算，并返回一个或多个结果。数组公式括于大括号（{ }）中。按 Ctrl + Shift + Enter 可以输入数组公式。）或对单元格区域的引用。

例如：

=ROWS（C1：E4），引用中的行数，结果是 4。

=ROWS（{1，2，3；4，5，6}），数组常量中的行数，结果是 2。

=COLUMNS（C1：E4），引用中的列数，结果是 3。

=COLUMNS（{1，2，3；4，5，6}），数组常量中的列数，结果是 3。

2.7.4 INDEX、MATCH、ROW 等函数应用案例

【例 2-5】灵活查找任意部门任意项目费用的处理

如图 2-19 所示（见“文件 8：INDEX 的应用.xlsx”），只要在 B1 单元格选择部门、在 B2 单元格选择费用项目，在 B3 单元格就能显示某数据表中相应部门和项目的金额值。对于区域 A5：H13 的已知数据表，要得到上述查询金额的效果，操作过程如下：

1）设置 B1、B2 单元格的下拉按钮功能，用【数据有效性】实现。

如设置 B1 单元格的按钮功能方法：选择 B1 单元格，选“数据”选项卡，单击【数据有效性】按钮，打开数据有效性设置窗口，选“设置”选项卡，“允许”框中选“序列”，“来源”框中输入“=$B$5：$H$5”，【确定】即可。B2 单元格的设置方法相

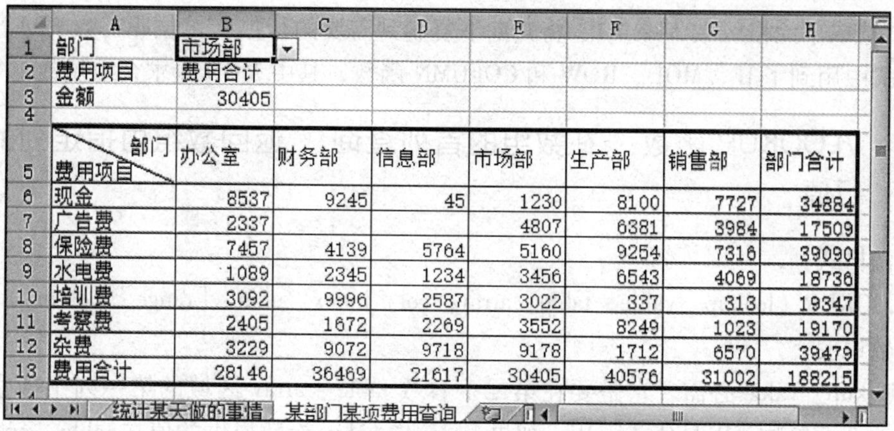

	A	B	C	D	E	F	G	H
1	部门	市场部						
2	费用项目	费用合计						
3	金额	30405						
4								
5	部门 费用项目	办公室	财务部	信息部	市场部	生产部	销售部	部门合计
6	现金	8537	9245	45	1230	8100	7727	34884
7	广告费	2337			4807	6381	3984	17509
8	保险费	7457	4139	5764	5160	9254	7316	39090
9	水电费	1089	2345	1234	3456	6543	4069	18736
10	培训费	3092	9996	2587	3022	337	313	19347
11	考察费	2405	1672	2269	3552	8249	1023	19170
12	杂费	3229	9072	9718	9178	1712	6570	39479
13	费用合计	28146	36469	21617	30405	40576	31002	188215

图 2-19　灵活查找某部门某项费用

同，“来源”框中输入“=\$A\$6：\$A\$13”。数据有效性设置及窗口图在第一章有详细介绍。

2）在 B3 单元格联合使用 INDEX 和 MATCH 函数构成公式查找。

选择 B3 单元格，输入公式：“=INDEX（B6：H13，MATCH（B2，A6：A13，0），MATCH（B1，B5：H5，0））”。

当然以上解决问题的方法只是方法之一，Excel 还有很多其他方法，如用 VLOOKUP 函数或者 HLOOKUP 函数查找、数据透视表等。

【例 2-6】制作工资条

第一章用非函数的方法制作了工资条，这里用函数的方法对工资清单数据制作如图 2-20 所示工资条（见“文件 9：工资表.xlsx”），制作过程如下：

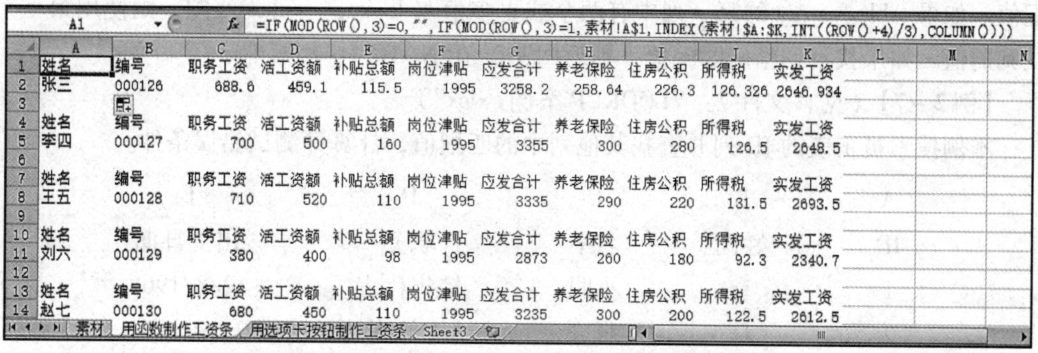

	A	B	C	D	E	F	G	H	I	J	K
1	姓名	编号	职务工资	活工资额	补贴总额	岗位津贴	应发合计	养老保险	住房公积	所得税	实发工资
2	张三	000126	688.6	459.1	115.5	1995	3258.2	258.64	226.3	126.326	2646.934
3											
4	姓名	编号	职务工资	活工资额	补贴总额	岗位津贴	应发合计	养老保险	住房公积	所得税	实发工资
5	李四	000127	700	500	160	1995	3355	300	280	126.5	2648.5
6											
7	姓名	编号	职务工资	活工资额	补贴总额	岗位津贴	应发合计	养老保险	住房公积	所得税	实发工资
8	王五	000128	710	520	110	1995	3335	290	220	131.5	2693.5
9											
10	姓名	编号	职务工资	活工资额	补贴总额	岗位津贴	应发合计	养老保险	住房公积	所得税	实发工资
11	刘六	000129	380	400	98	1995	2873	260	180	92.3	2340.7
12											
13	姓名	编号	职务工资	活工资额	补贴总额	岗位津贴	应发合计	养老保险	住房公积	所得税	实发工资
14	赵七	000130	680	450	110	1995	3235	300	200	122.5	2612.5

图 2-20　用函数实现工资条制作

1）激活工作表“用函数制作工资条”，将光标定位于单元格 A1；

2）在单元格 A1 中输入公式：“=IF（MOD（ROW（），3）=0，""，IF（MOD（ROW（），3）=1，素材！A\$1，INDEX（素材！\$A：\$K，INT（（ROW（）+4）/3），COLUMN（））））”；

3）选取 A1 单元格，将其向右复制到 K1；

4）选取单元格区域 A1：K1，将其向下复制到需要的行数（单位职工数 * 3）。

公式中用到了 IF、MOD、ROW 和 COLUMN 函数，其中 MOD 是求余数函数。

2.7.5 VLOOKUP 函数：在数组的首列查询，返回数组内指定列的对应行值

语法格式：

VLOOKUP（lookup_ value，table_ array，col_ index_ num，[range_ lookup]）

参数说明：

♦ lookup_ value 必需。它是要在第二个参数 table_ array 区域的第一列中搜索的值。lookup_ value 参数可以是值或引用。如果 lookup_ value 参数提供的值在 table_ array 参数提供的区域的第一列中找不到，则 VLOOKUP 将返回错误值#N/A。

♦ table_ array 必需。包含数据的单元格区域。可以使用对区域（例如，A2：D8）或区域名称的引用。table_ array 第一列中的值是由 lookup_ value 搜索的值。这些值可以是文本、数字或逻辑值。文本不区分大小写。

♦ col_ index_ num 必需。table_ array 参数中必须返回的匹配值的列号。col_ index_ num 参数为 1 时，返回 table_ array 第一列中的值；col_ index_ num 为 2 时，返回 table_ array 第二列中的值，依此类推。如果 col_ index_ num 参数小于 1，则 VLOOKUP 返回错误值#VALUE!。大于 table_ array 的列数，则 VLOOKUP 返回错误值#REF!。

♦ range_ lookup 可选。一个逻辑值，指定希望 VLOOKUP 查找精确匹配值还是近似匹配值：如果 range_ lookup 为 TRUE 或被省略，查找近似匹配值，所以必须按升序排列 table_ array 第一列中的值，否则，VLOOKUP 可能无法返回正确的值。如果 range_ lookup 为 FALSE，则不需要对 table_ array 第一列中的值进行排序，VLOOKUP 将只查找精确匹配值。如果 table_ array 的第一列中有两个或更多值与 lookup_ value 匹配，则使用第一个找到的值。如果找不到精确匹配值，则返回错误值#N/A。

【例 2－7】（见“文件 7：VLOOKUP 案例 . xlsx”）

本例搜索员工表的 ID 列并查找其他列中的匹配值，计算并测试错误条件。

A	B	C	D	E
ID	姓氏	名字	职务	出生日期
1	李	小明	销售代表	12/8/1968
2	林	彩瑜	销售部副总	2/19/1952
3	王	志东	销售代表	8/30/1963
4	潘	金	销售代表	9/19/1958
5	林	丹	销售经理	3/4/1955
6	苏	术平	销售代表	7/2/1963

公式及说明和结果：

= IF（ISNA（VLOOKUP（5，A2：E7，2，FALSE））= TRUE″未找到员工″，

VLOOKUP（5，A2：E7，2，FALSE））如果有 ID 为 5 的员工，则显示该员工的姓氏；否则，显示消息“未找到员工”。此公式的结果是“林”，当 VLOOKUP 函数返回错误值#N/A 时，ISNA 函数返回值 TRUE。

= IF（ISNA（VLOOKUP（15，A3：E8，2，FALSE））= TRUE,"未找到员工", VLOOKUP（15，A3：E8，2，FALSE））如果有 ID 为 15 的员工，则显示该员工的姓氏；否则，显示消息“未找到员工”，此公式的结果是“未找到员工”，当 VLOOKUP 函数返回错误值#N/A 时，ISNA 函数返回值 TRUE。

= VLOOKUP（4，A2：E7，2，FALSE）&" "& VLOOKUP（4，A2：E7，3，FALSE）&"是"& VLOOKUP（4，A2：E7，4，FALSE）&"。"对于 ID 为 4 的员工，将三个单元格的值连接为一个完整的句子，此公式的结果是“潘金是销售代表。”

【例 2－8】（文件见“文件 7：VLOOKUP 案例 . xlsx”）

	A	B	C	D
1	编号	姓名	工资	科室
2	2005001	张三	2870	办公室
3	2005002	李四	2750	人事科
4	2005006	郑化	2680	供应科
5	2005010	屠刚红	2980	销售科
6	2005019	王五	2530	财务科
7	2005036	孟小庭	2200	工会

A 列已排序（第四个参数缺省或用 TRUE）

VLOOKUP（2005001，A1：D7，2，TRUE）等于“张三”

VLOOKUP（2005001，A1：D7，3，TRUE）等于“2870”

VLOOKUP（2005001，A1：D7，4，TRUE）等于“办公室”

VLOOKUP（2005019，A1：D7，2，TRUE）等于“王五”

VLOOKUP（2005036，A1：D7，3，TRUE）等于“2200”

VLOOKUP（2005036，A1：D7，4，TRUE）等于“工 会”

VLOOKUP（2005036，A1：D7，4）等于“工 会”

若 A 列没有排序，要得出正确的结果，第四个参数必须用 FALAE。

补充说明：关于 TRUE 和 FALSE 的应用的理解。

先举个例子，假如让你在数万条记录的表格中查找给定编号的某个人，假如编号已按由小到大的顺序排序，你会很轻松地找到这个人；假如编号没有排序，你只好从上到下一条一条地查找，很费事。用 VLOOKUP 查找数据也是这样，当第一列已排序，第四个参数用 TRUE（或缺省），Excel 会很轻松地找到数据，效率较高。当第一列没有排序，第四个参数用 FALSE，Excel 会从上到下一条一条地查找，效率较低。个人觉得，若要精确查找数据，由于计算机运算速度很快，可省略排序操作，直接用第四个参数用 FALSE 即可。

2.7.6 HLOOKUP 函数：在数组的首行进行查询

语法格式：

HLOOKUP（lookup_ value，table_ array，row_ index_ num，[range_ lookup]）

功能说明：

在表格或数值数组的首行查找指定的数值，并在表格或数组中指定行的同一列中返回一个数值。当比较值位于数据表的首行，并且要查找下面给定行中的数据时，使用函数 HLOOKUP。当比较值位于要查找的数据左边的一列时，使用函数 VLOOKUP。

HLOOKUP 中的 H 代表“行”。

参数说明：同 VLOOKUP。

案例如图 2－21 HLOOKUP 函数的应用：获取利润率（见“文件 7：VLOOKUP 案例 . xlsx”）。

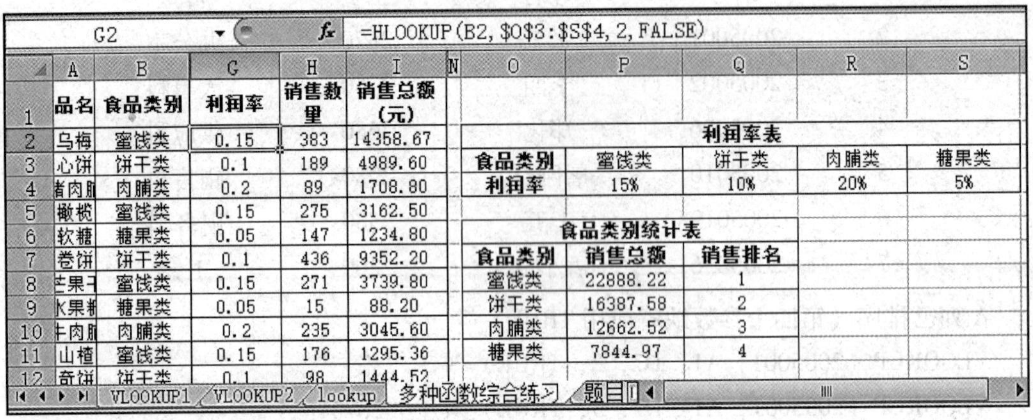

G2 =HLOOKUP(B2,$O$3:$S$4,2,FALSE)

	A	B	G	H	I
1	品名	食品类别	利润率	销售数量	销售总额（元）
2	乌梅	蜜饯类	0.15	383	14358.67
3	心饼	饼干类	0.1	189	4989.60
4	者肉脯	肉脯类	0.2	89	1708.80
5	橄榄	蜜饯类	0.15	275	3162.50
6	软糖	糖果类	0.05	147	1234.80
7	卷饼	饼干类	0.1	436	9352.20
8	芒果干	蜜饯类	0.15	271	3739.80
9	水果糖	糖果类	0.05	15	88.20
10	牛肉脯	肉脯类	0.2	235	3045.60
11	山楂	蜜饯类	0.15	176	1295.36
12	奇饼	饼干类	0.1	98	1444.52

利润率表

食品类别	蜜饯类	饼干类	肉脯类	糖果类
利润率	15%	10%	20%	5%

食品类别统计表

食品类别	销售总额	销售排名
蜜饯类	22888.22	1
饼干类	16387.58	2
肉脯类	12662.52	3
糖果类	7844.97	4

图 2－21　HLOOKUP 函数的应用：获取利润率

这里的题目要求是：使用 HLOOKUP 函数，填充利润率，并将结果填充到 G 列－“利润率”列中。在单元格 G2 中输入公式“= HLOOKUP（B2，$O$3：$S$4，2，FALSE）”，然后向下复制到对应的单元格。

2.7.7 LOOKUP 函数

LOOKUP 函数有两种形式：向量形式和数组形式。

（1）向量形式

语法格式：LOOKUP（lookup_ value，lookup_ vector，[result_ vector]）

功能说明：向量是只含一行或一列的区域。LOOKUP 的向量形式在单行区域或单列区域（称为“向量”）中查找值，然后返回第二个单行区域或单列区域中相同位置的值。当要指定包含要匹配的值的区域时，使用 LOOKUP 函数的这种形式。LOOKUP 函数的另一种形式即数组形式是自动在第一行或第一列中查找。

LOOKUP 函数向量形式语法具有以下参数：

lookup_ value 必需。lookup 在第一个向量中搜索的值。lookup_ value 可以是数字、文本、逻辑值、名称或对值的引用。

lookup_ vector　必需。只包含一行或一列的区域。lookup_ vector 中的值可以是文本、数字或逻辑值。

要点：lookup_ vector 中的值必须以升序排列，…，-2，-1，0，1，2，…，A-Z，FALSE，TRUE。否则，LOOKUP 可能无法返回正确的值。大写文本和小写文本是等同的。

result_ vector 可选，返回的结果所在区域。只包含一行或一列的区域。result_ vector 参数必须与 lookup_ vector 大小相同。

（2）数组形式

语法格式：LOOKUP（lookup_ value，array）

参数说明同上，这里 array 必需：包含要与 lookup_ value 进行比较的文本、数字或逻辑值和函数返回值的单元格区域。

LOOKUP 的数组形式在数组的第一行或第一列中查找指定的值，并返回数组最后一行或最后一列内同一位置的值。当要匹配的值位于数组的第一行或第一列中时，使用 LOOKUP 的这种形式。当要指定列或行的位置时，使用 LOOKUP 的另一种形式：向量形式。

一般而言，最好使用 HLOOKUP 或 VLOOKUP 函数而不是 LOOKUP 的数组形式。LOOKUP 的这种形式是为了与其他电子表格程序兼容而提供的。

说明：

如果 LOOKUP 函数找不到 lookup_ value，则它与 lookup_ vector 中小于或等于 lookup_ value 的最大值匹配。

如果 lookup_ value 小于 lookup_ vector 中的最小值，则 LOOKUP 会返回#N/A 错误值。

（3）案例

案例如图 2-22 所示（见“文件 7：VLOOKUP 案例 . xlsx”），单元格 H2 的公式“=LOOKUP（G2，E2：E7，B2：B7）&LOOKUP（G2，E2：E7，C2：C7）”，得到结果“林丹”。要注意到 E 列的出生日期是以升序排列了的。

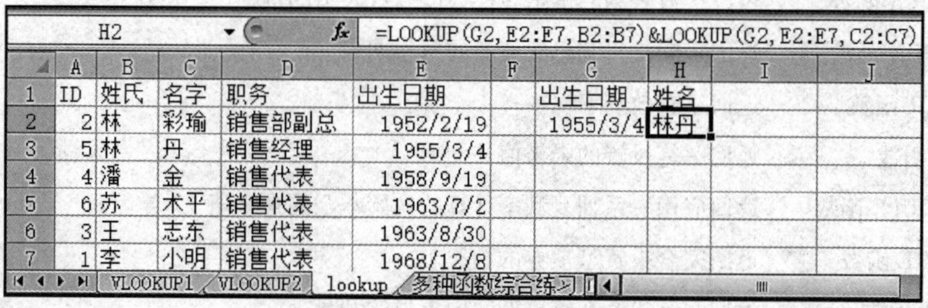

图 2-22　LOOKUP 查询案例

2.8 财务分析

Excel 为我们提供了大概 53 个财务函数（表 2 -4），利用它们，可以进行存贷款、固定资产、债券、金融等方面的计算、分析和决策。这里介绍一些常用的财务函数。

表 2 -4 财务函数一览表

函数	说明
ACCRINT 函数	返回定期支付利息的债券的应计利息
ACCRINTM 函数	返回在到期日支付利息的债券的应计利息
AMORDEGRC 函数	返回使用折旧系数的每个记账期的折旧值
AMORLINC 函数	返回每个记账期的折旧值
COUPDAYBS 函数	返回从付息期开始到成交日之间的天数
COUPDAYS 函数	返回包含成交日的付息期天数
COUPDAYSNC 函数	返回从成交日到下一付息日之间的天数
COUPNCD 函数	返回成交日之后的下一个付息日
COUPNUM 函数	返回成交日和到期日之间的应付利息次数
COUPPCD 函数	返回成交日之前的上一付息日
CUMIPMT 函数	返回两个付款期之间累积支付的利息
CUMPRINC 函数	返回两个付款期之间为贷款累积支付的本金
DB 函数	使用固定余额递减法，返回一笔资产在给定期间内的折旧值
DDB 函数	使用双倍余额递减法或其他指定方法，返回一笔资产在给定期间内的折旧值
DISC 函数	返回债券的贴现率
ACCRINT 函数	返回定期支付利息的债券的应计利息
DOLLARDE 函数	将以分数表示的价格转换为以小数表示的价格
DOLLARFR 函数	将以小数表示的价格转换为以分数表示的价格
DURATION 函数	返回定期支付利息的债券的每年期限
EFFECT 函数	返回年有效利率
FV 函数	返回一笔投资的未来值
FVSCHEDULE 函数	返回应用一系列复利率计算的初始本金的未来值
INTRATE 函数	返回完全投资型债券的利率
IPMT 函数	返回一笔投资在给定期间内支付的利息
IRR 函数	返回一系列现金流的内部收益率
ISPMT 函数	计算特定投资期内要支付的利息
MDURATION 函数	返回假设面值为 ¥100 的有价证券的 Macauley 修正期限

续表

函数	说明
MIRR 函数	返回正和负现金流以不同利率进行计算的内部收益率
NOMINAL 函数	返回年度的名义利率
NPER 函数	返回投资的期数
NPV 函数	返回基于一系列定期的现金流和贴现率计算的投资的净现值
ODDFPRICE 函数	返回每张票面为￥100 且第一期为奇数的债券的现价
ODDFYIELD 函数	返回第一期为奇数的债券的收益
ODDLPRICE 函数	返回每张票面为￥100 且最后一期为奇数的债券的现价
ODDLYIELD 函数	返回最后一期为奇数的债券的收益
PMT 函数	返回年金的定期支付金额
PPMT 函数	返回一笔投资在给定期间内偿还的本金
PRICE 函数	返回每张票面为￥100 且定期支付利息的债券的现价
PRICEDISC 函数	返回每张票面为￥100 的已贴现债券的现价
PRICEMAT 函数	返回每张票面为￥100 且在到期日支付利息的债券的现价
PV 函数	返回投资的现值
RATE 函数	返回年金的各期利率
RECEIVED 函数	返回完全投资型债券在到期日收回的金额
SLN 函数	返回固定资产的每期线性折旧费
SYD 函数	返回某项固定资产按年限总和折旧法计算的每期折旧金额
TBILLEQ 函数	返回国库券的等价债券收益
TBILLPRICE 函数	返回面值￥100 的国库券的价格
TBILLYIELD 函数	返回国库券的收益率
VDB 函数	使用余额递减法，返回一笔资产在给定期间或部分期间内的折旧值
XIRR 函数	返回一组现金流的内部收益率，这些现金流不一定定期发生
XNPV 函数	返回一组现金流的净现值，这些现金流不一定定期发生
YIELD 函数	返回定期支付利息的债券的收益
YIELDDISC 函数	返回已贴现债券的年收益，例如，短期国库券
YIELDMAT 函数	返回在到期日支付利息的债券的年收益

2.8.1 存贷款计算函数

对于所有参数，支出的款项，如银行存款（存入银行的），表示为负数；收入的款项（从银行取出的），如股息收入，表示为正数。

（1）PV 函数：计算投资的现值

现值为一系列未来付款的当前值的累积和。

语法格式：PV（rate，nper，pmt，[fv]，[type]）

参数说明：

♦ rate 必需。各期利率。例如，如果按 10% 的年利率借入一笔贷款来购买汽车，并按月偿还贷款，则月利率为 10%/12（即 0.83%）。可以在公式中输入 10%/12、0.83% 或 0.0083 作为 rate 的值。

♦ nper 必需。年金的付款总期数。例如，对于一笔 4 年期按月偿还的汽车贷款，共有 4＊12（即 48）个偿款期。可以在公式中输入 48 作为 nper 的值。

♦ pmt 必需。各期所应支付的金额，其数值在整个年金期间保持不变。通常，pmt 包括本金和利息，但不包括其他费用或税款。例如，￥10，000 的年利率为 12% 的四年期汽车贷款的月偿还额为￥263.33。可以在公式中输入 −263.33 作为 pmt 的值。如果省略 pmt，则必须包含 fv 参数。

♦ fv 可选。未来值，或在最后一次支付后希望得到的现金余额，如果省略 fv，则假设其值为 0（例如，一笔贷款的未来值即为 0）。例如，如果需要存￥50，000 以便在 18 年后为特殊项目付款，则￥50，000 就是未来值。可以根据保守估计的利率来决定每月的存款额。如果省略 fv，则必须包含 pmt 参数。

♦ type 可选。数字 0 或 1，用以指定各期的付款时间是在期初还是期末。0 或者省略是指期末。

应确认所指定的 rate 和 nper 单位的一致性。例如，同样是四年期年利率为 12% 的贷款，如果按月支付，rate 应为 12%/12，nper 应为 4＊12；如果按年支付，rate 应为 12%，nper 为 4。

PV 函数案例：如图 2−23（见“文件 10：财务函数 .xlsx”）用 PV 函数完成的现值计算。图中所描述的内容是：如果您打算从现在起连续 20 年在每月月末从银行提取 500 元保险费，那么，在银行按 8% 年利率复利计息的情况下，现在应一次性存入银行多少钱？单元格 A6 中的公式是“＝PV（A4/12，12＊A5，A3，，0）”，单元格 A4 里放的是年利率，单元格 A3 里放的是每月支出，单元格 A5 里放的是支出年数。

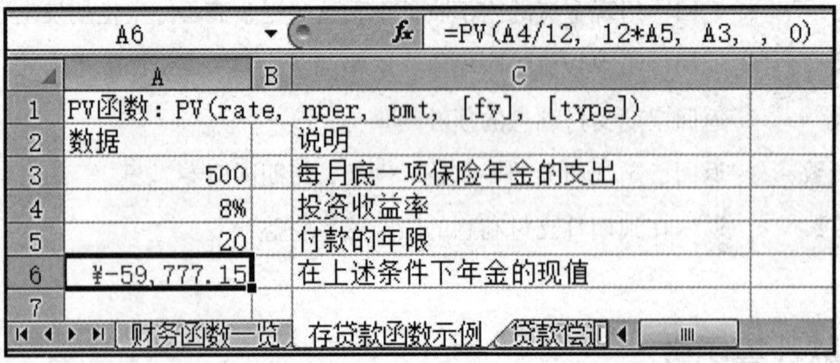

图 2−23 PV 函数：现值计算

（2）FV 函数：计算一笔投资的未来值

语法格式：FV（rate，nper，pmt，[pv]，[type]）

参数说明：

♦ rate 必需。各期利率。

◆ nper 必需。年金的付款总期数。

◆ pmt 必需。各期所应支付的金额，其数值在整个年金期间保持不变。通常，pmt 包括本金和利息，但不包括其他费用或税款。如果省略 pmt，则必须包括 pv 参数。

◆ Pv 可选。现值，或一系列未来付款的当前值的累积和。如果省略 pv，则假设其值为 0（零），并且必须包括 pmt 参数。

◆ type 可选。数字 0 或 1，用以指定各期的付款时间是在期初还是期末。如果省略 type，则假设其值为 0。

FV 函数案例：如图 2－24（见"文件 10：财务函数 . xlsx"）用 PV 函数完成的现值计算。

A16　　=FV(A11/12, A12, A13, A14, A15)

	A	B	C	D
9	FV函数：FV(rate,nper,pmt,[pv],[type])			
10	数据		说明	
11	6%		年利率	
12	12		付款期总数	
13	-100		各期应付金额	
14	-1000		现值	
15	1		各期的支付时间在期初	
16	¥2,301.40		在上述条件下投资的未来值	

图 2－24　FV 函数：终值计算

图中所描述的内容是：如果您现在存入银行 1000 元，之后每月月初存入银行 100 元，在银行年利率 6% 按复利计息的情况下，一年后您可以一次性取出 2301.40 元。图中所示：单元格 A11 里放的是年利率，单元格 A12 里放的是存入总期数，单元格 A13 里放的是每期存入金额（存入是负数），单元格 A14 里放的是现总值，A15 里放的是期初期末类型值。单元格 A16 里计算终值，公式是"＝FV（A11/12，A12，A13，A14，A15）"。

（3）NPER 函数：计算投资的期数

语法格式：NPER（rate，pmt，pv，[fv]，[type]）

参数说明：

◆ rate 必需。各期利率。

◆ pmt 必需。各期所应支付的金额，其数值在整个年金期间保持不变。通常，pmt 包括本金和利息，但不包括其他费用或税款。

◆ pv 必需。现值，或一系列未来付款的当前值的累积和。

◆ fv 可选。未来值，或在最后一次付款后希望得到的现金余额。如果省略 fv，则假设其值为 0（例如，一笔贷款的未来值即为 0）。

◆ type 可选。数字 0 或 1，用以指定各期的付款时间是在期初还是期末。

NPER 函数案例：如图 2－25（见"文件 10：财务函数 . xlsx"）用 NPER 函数完成的投资期数的计算。

A26 =NPER(A21/12, A22, A23, A24, 1)

	A	B	C	D
19	NPER函数：NPER(rate,pmt,pv,[fv],[type])			
20	数据		说明	
21	12%		年利率	
22	-100		各期所付的金额	
23	-1000		现值	
24	10000		未来值	
25	1		各期的支付时间在期初	
26	59.67386567		在上述条件下投资的总期数	
27	60.08212285		在上述条件下投资的总期数，不包括在期初的支付	
28	-9.57859404		在上述条件下投资的总期数，不包括未来值 0	

财务函数一览 / 存贷款函数示例 / 贷款偿还对比 / 固

图 2-25 NPER 函数：投资期数计算

图中所描述的内容是：

如果您现在存入银行 1000 元，之后每月月初存入银行 100 元，在银行年利率 12% 按复利计息的情况下，多少月以后您可以一次性取出 10000 元。图中所示：单元格 A21 里放的是年利率，单元格 A22 里放的是每期存入金额（存入是负数），单元格 A23 里放的是现总值，单元格 A24 里放的是终值（未来值），A25 里放的是期初期末类型值。投资总期数放单元格 A26 里，公式是" =NPER（A21/12，A22，A23，A24，1)"。若在上述条件下不包括在期初的支付，投资的总期数的计算公式如单元格 A27：" =NPER（A21/12，A22，A23，A24)"，若在上述条件下不包括未来值，既未来值是 0，则投资的总期数如单元格 A28，负数意味着什么读者思考下，公式是：" =NPER（A21/12，A22，A23)"。

（4）PMT 函数：计算分期支付的金额

语法格式：PMT（rate，nper，pv，[fv]，[type]）

参数说明：同上。

PMT 函数案例：如图 2-26（见"文件 10：财务函数 . xlsx"）用 PMT 函数计算分期支付的金额。

A37 =PMT(A33/12, A34, A35, 0, 1)

	A	B	C	D	E
31	PMT函数：PMT(rate, nper, pv, [fv], [type])				
32	数据		说明		
33	8%		年利率		
34	10		支付的月份数		
35	10000		贷款额		
36	¥-1,037.03		在上述条件下贷款的月支付额		
37	¥-1,030.16		在上述条件下贷款的月支付额，不包括支付期限在期初的支付额		
38					

财务函数一览 / 存贷款函数示例 / 贷款偿还对比 / 固定资产折

图 2-26 PMT 函数：分期支付金额计算

图中所描述的内容是：

如果您现在从银行贷款 10000 元，贷款年限是 10 个月，在银行贷款年利率 8% 按复利计息的情况下，您从现在起每月还贷多少元（包括本金和利息）。图中所示：单元格

A33 里放的是年利率，单元格 A34 里放的是还贷总期数，单元格 A35 里放的是现总值（贷款额），终值（未来值）是0，每期还贷金额（存入是负数）在单元格 A36，公式是："=PMT（A33/12，A34，A35）"，或者 A37，公式是"=PMT（A33/12，A34，A35，0，1）"。A36 显示的是期末还贷，A37 显示的是期初还贷。读者可以思考，单元格 A36、A37 的为什么不同？

（5）IPMT 函数：计算给定期数内对投资的利息偿还额

语法格式：IPMT（rate，per，nper，pv，[fv]，[type]）

参数说明：

◆ rate 必需。各期利率。

◆ per 必需。用于计算其利息数额的期数（第几期），必须在 1 到 nper。

◆ nper 必需。总投资期，即该项投资的付款期总数。

◆ pv 必需。现值，或一系列未来付款的当前值的累积和。

◆ fv 可选。未来值，或在最后一次付款后希望得到的现金余额。如果省略 fv，则假设其值为零（例如，一笔贷款的未来值即为零）。

◆ type 可选。数字 0 或 1，用以指定各期的付款时间是在期初还是期末。如果省略 type，则假设其值为零。

IPMT 函数案例：如图 2-27（见"文件 10：财务函数 . xlsx"）所示。

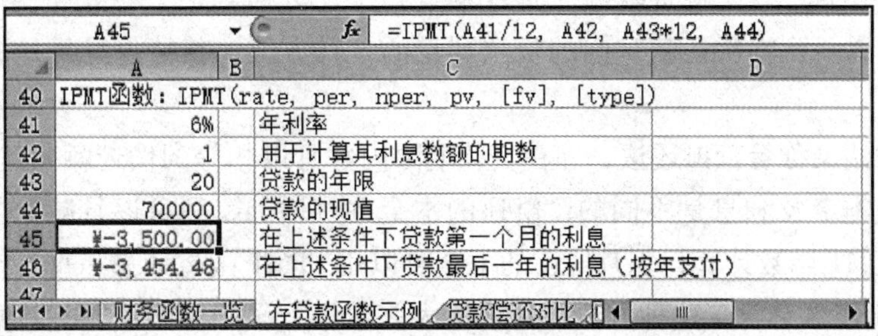
A45　=IPMT(A41/12, A42, A43*12, A44)

	A	B	C	D
40	IPMT函数：IPMT(rate, per, nper, pv, [fv], [type])			
41	6%		年利率	
42	1		用于计算其利息数额的期数	
43	20		贷款的年限	
44	700000		贷款的现值	
45	¥-3,500.00		在上述条件下贷款第一个月的利息	
46	¥-3,454.48		在上述条件下贷款最后一年的利息（按年支付）	
47				

财务函数一览　存贷款函数示例　贷款偿还对比

图 2-27　IPMT 函数：给定某期的利息计算

图中所描述的内容是：

如果您现在从银行贷款 700000 元，贷款年限是 20 年，在银行贷款年利率 6% 按复利计息的情况下，您第一个月还多少元利息，如图单元格 A45。图中所示：单元格 A41 里放的是年利率，单元格 A42 里放的是还利息的期数——第几期，单元格 A43 里放的是贷款年限，单元格 A44 里放的是现总值（贷款额），终值（未来值）是0，某期还利息金额（存入是负数）在单元格 A45，公式是："=IPMT（A41/12，A42，A43 * 12，A44）"，或者 A46 求贷款最后一年的利息，公式是"=IPMT（A41，20，A43，A44）"。

（6）PPMT 函数：计算投资在某一给定期间内的本金偿还额

基于固定利率及等额分期付款方式，返回投资在某一给定期间内的本金偿还额。

语法格式：PPMT（rate，per，nper，pv，[fv]，[type]）

参数说明：同上。

PPMT 函数案例：如图 2－28（见“文件 10：财务函数 . xlsx”）所示。

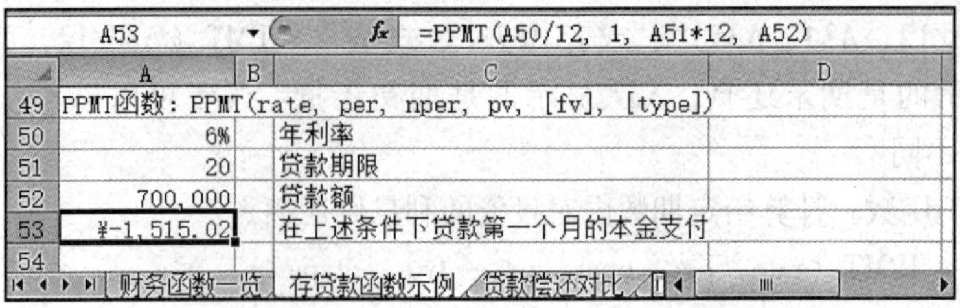
A53 =PPMT(A50/12, 1, A51*12, A52)

	A	B	C	D
49	PPMT函数：PPMT(rate, per, nper, pv, [fv], [type])			
50	6%		年利率	
51	20		贷款期限	
52	700,000		贷款额	
53	¥-1,515.02		在上述条件下贷款第一个月的本金支付	
54				

图 2－28　PPMT 函数：给定某期的本金计算

图中所描述的内容是：如果您现在从银行贷款 700000 元，贷款年限是 20 年，在银行贷款年利率 6% 按复利计息的情况下，您第一个月还多少元本金，如图单元格 A53。图中所示：单元格 A50 里放的是年利率，单元格 A51 里放的是贷款年限，单元格 A52 里放的是现总值（贷款额），终值（未来值）是 0，某期还本金金额（存入是负数）如单元格 A53，公式是：“＝PPMT（A50/12，1，A51＊12，A52）”。

2.8.2　存贷款综合案例：如何避开贷款买房陷阱

现在银行贷款还款方式主要有两种：等额本金还款法和等额还款法。

等额本金还款法就是将贷款额（贷款本金）平均分摊到整个还款期，每月归还，同时付清上一交易日到本次还款日间的贷款利息的一种方式，其特点是每月的偿还额逐月减少。

等额还款法又称等额摊还法，即在贷款期限内每月以相等的偿还额归还本金和利息。但每月偿还的本金及利息是不同的，偿还的本金逐月增加，利息逐月减少。每月偿还的利息可以用 IPMT 函数计算，每月偿还的本金可以用 PPMT 函数计算，每月偿还的本息总额可以用 PMT 函数计算，这种方法是目前绝大多数银行采用的方法。其特点是每月的偿还额相等。

下面以一案例分析比较一下两者的优劣，消费者什么情况下应该如何选择。

例如：某购房者需贷款七十万人民币 20 年，假设年利率为 5%，每月月底还款，比较两种方法每月还款及还款总额。如图 2－29 存贷款函数综合案例：贷款买房（见“文件 10：财务函数 . xlsx”）。

从图中可见，等额本金还款法比等额还款法的还款总额要少 6 万多，见图中单元格 H248 的值。各单元格的公式介绍如下：

B8 单元格公式：＝（B＄3－SUM（C＄8：C8））＊（B＄1/12）

C8 单元格公式：＝B＄3/（20＊12）

D8 单元格公式：＝B8＋C8

E8 单元格公式：＝IPMT（B＄1/12，A8，B＄2＊12，B＄3）

F8 单元格公式：＝PPMT（B＄1/12，A8，B＄2＊12，B＄3）

G8 单元格公式：＝PMT（B＄1/12，B＄2＊12，B＄3）

B8　f_x　=(B$3-SUM(C$8:C8))*(B$1/12)

	A	B	C	D	E	F	G	H
1	年利率：	5%						
2	期限(年)：	20						
3	贷款额：	700000						
4	还款方式：	每月底						
5								
6			等额本金法			等额摊还法		
7	月份	支付利息	偿还本金	还款总额	支付利息	偿还本金	还款总额	=F7+G7
8	1	2904.51	2916.67	5821.18	¥-2,916.67	¥-1,703.02	¥-4,619.69	¥-4,619.69
9	2	2892.36	2916.67	5809.03	¥-2,909.57	¥-1,710.12	¥-4,619.69	
10	3	2880.21	2916.67	5796.88	¥-2,902.45	¥-1,717.24	¥-4,619.69	
11	4	2868.06	2916.67	5784.72	¥-2,895.29	¥-1,724.40	¥-4,619.69	
12	5	2855.90	2916.67	5772.57	¥-2,888.11	¥-1,731.59	¥-4,619.69	
245	238	24.31	2916.67	2940.97	¥-57.27	¥-4,562.42	¥-4,619.69	
246	239	12.15	2916.67	2928.82	¥-38.26	¥-4,581.43	¥-4,619.69	
247	240	0.00	2916.67	2916.67	¥-19.17	¥-4,600.52	¥-4,619.69	多还的钱：
248	总计	348541.67	700000.00	1048541.67	-408725.64	-700000.00	-1108725.64	60183.98

存贷款函数示例　贷款偿还对比　固定资产折旧　Sheet5　Sheet6

图 2-29　存贷款函数综合案例：贷款买房

H248 单元格公式：= ABS（G248）– D248

将第 8 行的公式一直复制到第 248 行，求出两种还款方法 20 年共 240 期的每期应还的利息、本金、总额。

2.8.3　固定资产折旧

决定固定资产折旧的基本要素有：原始价值、残值、它的经济寿命及折旧的计算方法。

常用的折旧方法有：平均年限法（又称直线折旧法）、余额递减法、年数总和法。

直线折旧法是指按固定资产使用年限平均计算折旧额的计算方法，是我国使用最多的一种方法；余额递减法又分固定余额递减法与双倍余额递减法，是根据直线法下的几倍折旧率和每期期初固定资产账面净值计算折旧的一种快速折旧法，而用双倍余额递减法时，生命期最后两年用剩余的固定资产净值分摊；年数总和法是指原值减净值后乘以一个逐年递减的分数计算折旧的一种方法。

我国会计制度规定，当月购入的固定资产从下月起计提折旧。此外，一般按年计算折旧额然后平均分摊到 12 个月份。

（1）常用的折旧计算函数

◆ SLN 函数计算某项资产在一个期间中的线性折旧值，其语法格式如下：

SLN（cost，salvage，life）

◆ DB 函数，固定余额递减法，计算一笔资产在给定期间内的折旧值，其语法格式如下：

DB（cost，salvage，life，period，[month]）

◆ DDB 函数，双倍余额递减法，计算一笔资产在给定期间内的折旧值，其语法格式如下：

DDB（cost，salvage，life，period，[factor]）

◆ SYD 函数，某项资产按年限总和折旧法计算指定期间的折旧值，其语法格式如下：

SYD（cost，salvage，life，per）

上述函数的参数说明：

cost 必需。资产原值。

salvage 必需。资产在折旧期末的价值（也称为资产残值）。

life 必需。资产的折旧期数（也称作资产的使用寿命）。

period 必需。需要计算折旧值的期间。Period 必须使用与 life 相同的单位。

month 可选。第一年的月份数，如省略，则假设为 12。

factor 可选。余额递减速率。如果 factor 被省略，则假设为 2（双倍余额递减法）。

per 必需。期间，其单位与 life 相同。

（2）折旧计算案例

如图 2－30 固定资产折旧案例（见“文件 10：财务函数 . xlsx”），各种计算折旧值的方法的公式如下（已定义单元格 B1、B2、B3 的名称分别为原值、年限、残值率）：

B7　fx =SLN(原值, 原值*残值率, 年限)

	A	B	C	D	E	F	G	H	I	J
1	设备原值	200000								
2	预计使用年限	8								
3	预计净残值率	3%								
4										
5	各种方法按年折旧值表									
6	年份 / 折旧法	1	2	3	4	5	6	7	8	折旧加残值之和
7	直线法	¥24, 250	¥24, 250	¥24, 250	¥24, 250	¥24, 250	¥24, 250	¥24, 250	¥24, 250	¥200, 000
8	余额法	¥71, 000	¥45, 795	¥29, 538	¥19, 052	¥12, 288	¥7, 926	¥5, 112	¥3, 297	¥200, 009
9	双倍余额法	¥50, 000	¥37, 500	¥28, 125	¥21, 094	¥15, 820	¥11, 865	¥14, 798	¥14, 798	¥200, 000
10	年数总和法	¥43, 111	¥37, 722	¥32, 333	¥26, 944	¥21, 556	¥16, 167	¥10, 778	¥5, 389	¥200, 000

财务函数一览 / 存贷款函数示例 / 贷款偿还对比 / 固定资产折旧 / She

图 2－30　固定资产折旧案例

◆ 直线法 B7 单元格的公式：＝SLN（原值，原值＊残值率，年限），向右复制到其余单元格。

◆ 余额法（即固定余额法）B8 单元格的公式：＝DB（原值，原值＊残值率，年限，B6），向右复制到其余单元格。

◆ 双倍余额法 B9 单元格的公式：＝DDB（原值，原值＊残值率，年限，B6），向右复制到 C9 至 G9 单元格。

◆ 双倍余额法 H9、I9 单元格的公式：＝（原值＊（1－残值率）－SUM（$B9:$G9））/2。

◆ 年数总和法 B10 的公式：＝SYD（原值，原值＊残值率，年限，B6），向右复制到其余单元格。

财务函数还有很多，如固定资产投资决策方面的 NPV、IRR，债券投资计算方面的 PRICE、YIELD、ACCRINT 等，读者可参照 Excel 的帮助文件和前面函数的学习基础自学之。

2.9　练习——函数综合应用

1. 超市休闲食品销售管理

题目要求及素材如表2-5、表2-6、表2-7所示。

表2-5　　题目要求

序号	问题的内容	知识点
1	根据“食品类别”表，创建一个名称“食品类别”	创建名称（绝对引用）、附带可以说明单元格的引用
2	使用“食品类别”名称，在“类别”列中创建自定义下拉列表，并对各个商品进行类别填充	使用名称创建自定义下拉列表
3	在“库存量”列中，使用条件格式标出库存量低于50（包含50），将其单元格底色设置为红色	条件格式
4	使用IF函数，对“库存情况”列进行自动填充，内容根据以下条件进行填充： 1）如果库存数量等于0，表示商品库存量严重不足，填充“商品脱销” 2）如果库存数量小于50（包含50），表示商品库存量不足，填充“库存不足” 3）如果库存数量大于400（不包含400），表示商品库存量积累过多，填充“商品滞销” 4）如果库存量大于50，小于等于400，填充“库存正常”	IF函数及其嵌套使用
5	使用HLOOKUP函数，填充利润率，并将结果填充到“利润率”列中	HLOOKUP函数
6	根据进货单价、利润率和销售数量，使用数组公式计算销售总额。计算公式为：（进货单价+进货单价*利润率）*销售数量	数组公式的使用
7	统计每类食品的销售总额，并将结果填入到统计表中的相应单元格中	SUMIF函数
8	使用RANK函数，对各类食品进行销售排名	RANK函数
9	使用DCOUNT函数，对“糖果类”食品，“销售数量”>200包的食品种类数进行统计	数据库函数-DCOUNT函数

表 2-6　　题目素材 1

食品名称	食品类别	规格（g）	库存量（包）	库存情况	进货单价（元）	利润率	销售数量（包）	销售总额（元）
乌梅		500	157		32.60		383	
夹心饼干		320	230		24.00		189	
猪肉脯		160	341		16.00		89	
橄榄		500	65		10.00		275	
软糖		100	256		8.00		147	
蛋卷饼干		400	17		19.50		436	
芒果干		100	295		12.00		271	
水果糖		100	423		5.60		15	
牛肉脯		280	78		10.80		235	
山楂		300	23		6.40		176	
曲奇饼干		400	257		13.40		98	
苹果干		360	341		7.80		37	
椰子糖		240	0		3.90		654	
羊肉脯		300	195		13.20		236	
威化饼干		450	358		4.40		56	
奶糖		350	124		7.80		275	
烤鱼片		450	52		9.90		351	
压缩饼干		300	234		1.90		158	
瑞士糖		200	45		5.30		286	

表 2-7　　题目素材 2

食品类别
蜜饯类
饼干类
肉脯类
糖果类

利润率表

食品类别	蜜饯类	饼干类	肉脯类	糖果类
利润率	15%	10%	20%	5%

食品类别统计表

食品类别	销售总额	销售排名
蜜饯类		
饼干类		
肉脯类		
糖果类		

条件统计表

条　件	统计数
“糖果类”食品，“销售数量”>200包的食品种类：	

2. 房产中介信息管理

题目要求及素材如表2-8、表2-9、表2-10、表2-11所示。

表2-8 题目要求

序号	问题的内容	知识点
1	在“开发商”列中创建一个自定义下拉列表，列表内容为“楼盘信息表”中的四个开发商。创建完毕后，根据楼盘名称，填充“开发商”列	自定义下拉列表
2	根据“楼盘名称”，使用VLOOKUP函数，填充开发商代码，并将结果填充到“楼盘预定信息表”中的“开发商代码”列中	VLOOKUP函数
3	利用公式，计算房价，并将结果填充到“房价”列中。计算方法为：面积*房价	公式的使用
4	假设每个房屋的预定有效期为一个月，请根据预定日期计算预定截止日期，并将结果填充到相应的单元格中	时间函数及其计算
5	使用REPLACE函数，对“楼盘信息表”中的电话号码进行升级。升级要求为在第一位“8”后面添加“2”成为一个8位数的电话号码	REPLACE函数
6	使用统计函数，对各个客户所预定的房屋数量进行统计，并将结果填充到“预定房屋套数”中	COUNTIF函数
7	使用SUMIF函数，对各个客户所应支付的总房价进行统计，并将结果填充到“预定房屋总房价”中	SUMIF函数
8	使用财务函数，计算每个客户如果将总房价按利率1向银行贷款10年，每月（月末）应支付的还款金额	财务函数
9	根据客户的身份证号码，使用文本函数计算每个客户的出生年份，并计算客户的当前年龄	MID函数，时间函数
10	判定出生年份是否为闰年。说明：闰年定义：年数能被4整除而不能被100整除，或者能被400整除的年份	IF、OR、AND、MOD函数

表2-9 题目素材1 楼盘预定信息表

楼盘名称	开发商	代码	房号	面积（m^2）	单价 元/m^2	房价（元）	预定客户	预定日期	截止日期
星洲翠谷			5-2-302	101.21	7600		甘倩琪	2009/10/15	
峰华花苑			1-4-605	80.94	5000		许丹	2009/10/14	
林风御树			1-8-601	197.14	18100		吴仕	2009/10/14	
林风御树			5-3-701	243.30	19700		刘惠	2009/10/16	

续表

楼盘名称	开发商	代码	房号	面积（m^2）	单价 元/m^2	房价（元）	预定客户	预定日期	截止日期
峰华花苑			4-1-506	91.03	6300		许丹	2009/10/13	
江南文苑			9-4-802	141.25	9800		王勇	2009/10/12	
星洲翠谷			8-4-704	148.96	9800		甘倩琪	2009/10/18	
江南文苑			13-4-501	154.56	10500		吴仕	2009/10/17	
星洲翠谷			3-1-503	121.54	8600		吴小平	2009/10/16	
林风御树			6-1-503	211.42	20000		刘惠	2009/10/12	
江南文苑			11-4-703	166.62	11300		甘倩琪	2009/10/17	

表 2-10　　题目素材 2　楼盘信息表

楼盘名称	开发商	开发商代码	电话号码	升级后电话号码
星洲翠谷	浙江华盛地产开发有限公司	YH03121	8542547	
峰华花苑	杭州万能置业投资有限公司	FY47124	8451796	
林风御树	杭州金源房地产开发有限公司	HZ83618	8549758	
江南文苑	杭州兆祥房地产有限公司	HZ62852	8521493	

表 2-11　　题目素材 3　客户相关信息表

业主名称	身份证号	预定房屋套数	预定房屋总房价	每月（月末）偿还金额 10 年，5.94%	每月（月末）偿还金额 15 年，6.13%	出生年份	是否闰年	年龄
许丹	332501198508250047							
刘惠	332501198012251007							
吴仕	332501198401053054							
王勇	332501196902210827							
甘倩琪	332501197605052414							
吴小平	332501197507050171							

注：素材及答案在附带“练习包”文件中。

第 3 章

数据分析

Excel 对数据的分析处理是全方位的，方法和工具见于各个选项卡，其中“公式”选项卡（重点是其中的函数）、“数据”选项卡和“插入”选项卡（重点是其中的图表和数据透视表）比较集中地给出了分析和处理数据的方法和工具，所以分别于第 2、3、4 章介绍。“数据”选项卡以按钮的形式直接提供了分析处理数据的方式，如图 3－1 Excel 2010 数据选项卡。本章通过“获取外部数据”“数据的排序”“数据的筛选”“合并计算”“数据的分类汇总与分级显示”“数据透视表”“利用表格分析数据”几组功能按钮来进行数据分析和处理。

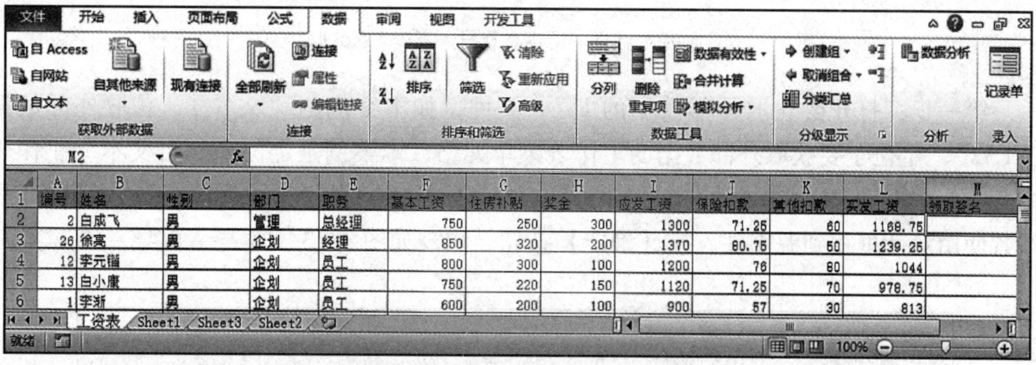

图 3－1　Excel 2010 数据选项卡

3.1　获取外部数据

从图 3－1 可知，获取外部数据有“自 ACCESS”“自网站”“自文本”“自其他来源”等，当然获取外部数据的方法还有很多，操作方法也基本相同，这里以用得较多的“自文本”为例说明其操作方法。案例文件“文件 1：获取外部数据 . XLSX”中还有“自 ACCESS”“自其他－XML”等实例及相应的源文件，读者可参照下列方法自行练习。

方法 1：若源文件已打开，且有规则的分隔符，则可直接选定所需数据复制，粘贴到 Excel 工作表某单元格开始的区域。

方法 2：若源文件没打开，或者分隔的规则待确定，则通过向导按如下步骤进行即可。

已知文本文件“文件2：数据.txt”（见第3章案例文件夹），内容如图3－2数据－记事本及导入Excel后数据（当然此文件按方法2操作时不用打开，此处只为说明其有如此内容）。

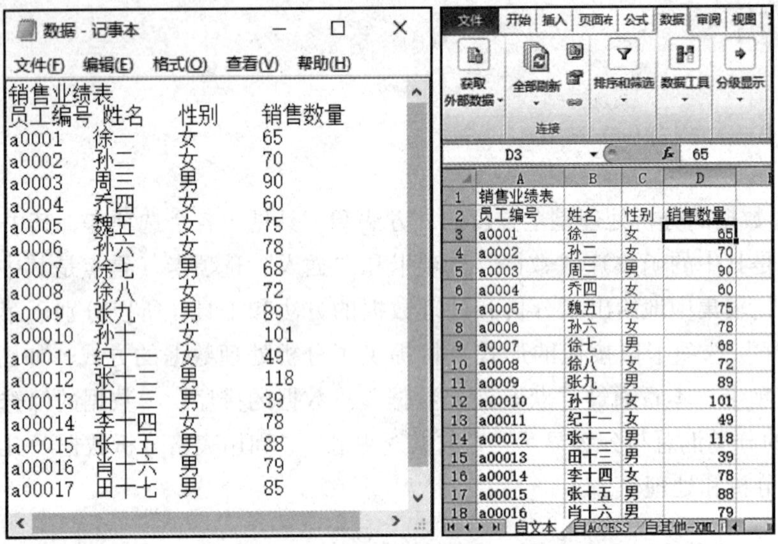

图3－2 数据－记事本及导入Excel后数据

第一步：打开要获取外部数据的Excel文件，如本案例的“文件1：获取外部数据.XLSX”，定位于要获取外部数据的工作表某单元格，本案例是定位于“自文本”工作表的A1单元格；单击“数据”选项卡的【自文本】按钮，会打开找源文件的对话框，操作者使用对话框找到源文件，按【确定】按钮，出现如图3－3文本导入向导－第1步。

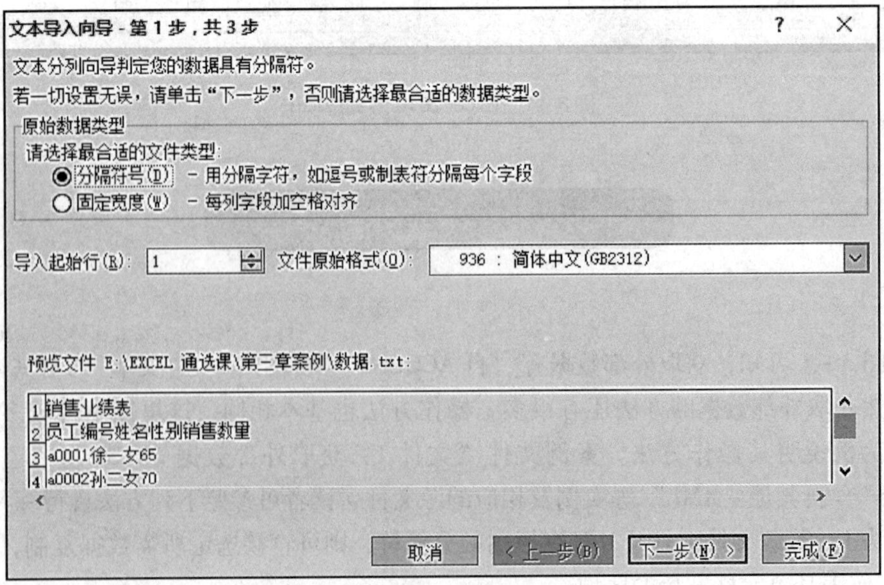

图3－3 文本导入向导－第1步

第二步：文本导入向导 - 第1步确定文件的列是分隔符分隔还是固定列宽，操作者对文本分列向导的判定作审定，无异议则按【下一步】，进入如图3-4文本导入向导-第2步。

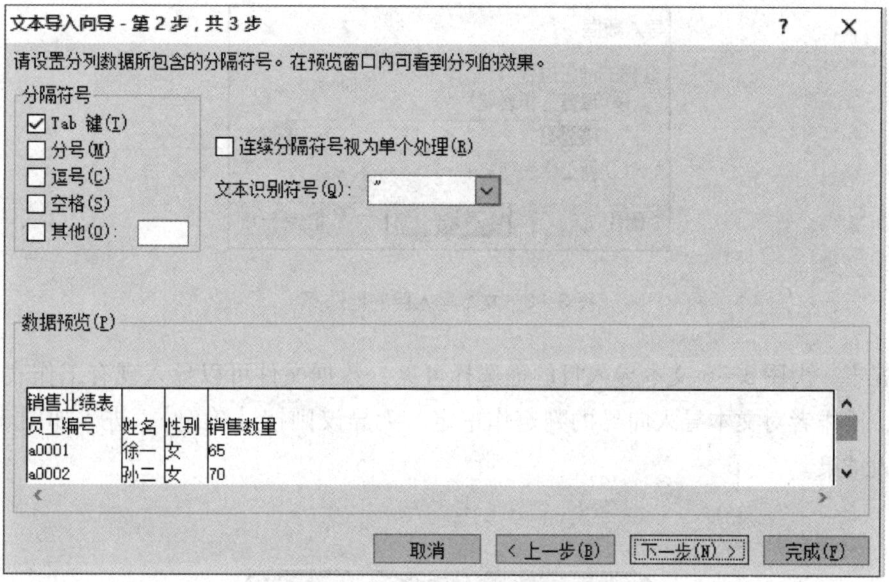

图3-4 文本导入向导-第2步

第三步：文本导入向导-第2步确定文件的列是什么分隔符分隔，操作者对文本导入向导的判定作审定，无异议则按【下一步】，进入如图3-5文本导入向导-第3步。

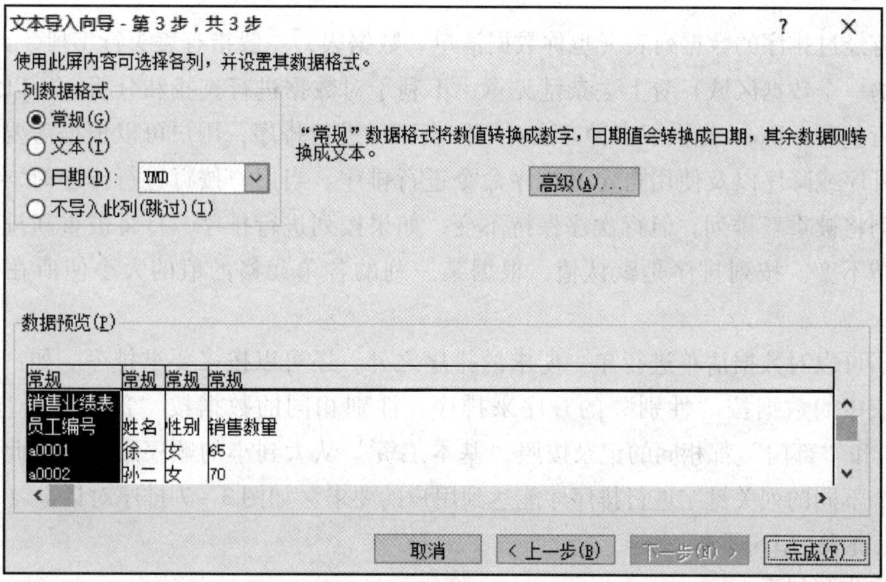

图3-5 文本导入向导-第3步

第四步：文本导入向导 - 第 3 步确定文件每列的数据类型及选择某列要不要导入，操作者对文本导入向导的判定作审定，无异议则按【完成】，进入如图 3 - 6 文本导入目的地选择。

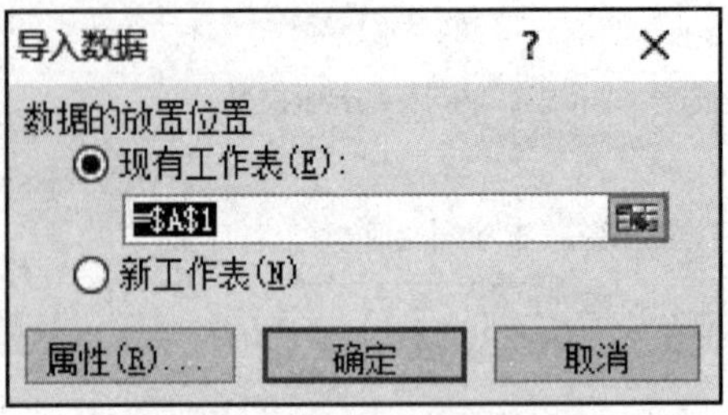

图 3 - 6　文本导入目的地选择

第五步：由图 3 - 6 文本导入目的地选择可见，数据文件可以导入现有工作表或者新工作表，操作者对文本导入向导的判定作审定，无异议则按【确定】，进入如图 3 - 2 右侧的导入结果。

3.2　数据的排序

3.2.1　基本概念

没有经过排序的数据列表（也称数据清单、数据表，一般指有表头行字段、无空行、无空列的一个数据区域）看上去杂乱无章，不利于对数据进行查找和分析，所以需要对数据进行整理。Excel 提供了多种方法对工作表区域进行排序，用户可以根据需要按行或列、按升序或降序以及使用自定义排序命令进行排序。当用户按行进行排序时，数据列表中的列将被重新排列，但行次序保持不变，如果按列进行排序，行将被重新排列而列次序保持不变。按列排序是默认值，根据某一列的各单元格的值的大小使所在行整行移动。

除了可以对数据清单进行单一要求的排序之外，还可以按多要求排序。如：用户希望对列表中的数据按“性别”的升序来排序、性别相同的数据按“部门”升序排序、“性别”和“部门”都相同的记录按照“基本工资”从大到小的顺序来排序，此时就要添加 3 个不同的列关键字进行排序才能达到用户的要求。如图 3 - 7 排序对话框（见“文件 3：工资表 . XLSX”）。

操作步骤如下：

首先，需要单击数据列表中的任意一个单元格，然后单击“数据”选项卡中的【排序】按钮，出现如图 3 - 7 所示的排序对话框。

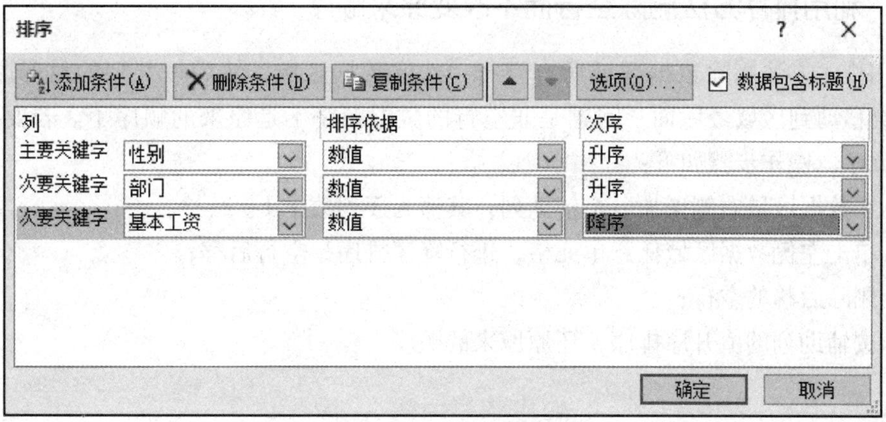

图3-7 排序对话框

其次，在弹出的排序对话框中，单击“主要关键字”下拉列表，选择“性别”，在添加好主要关键字后，单击【添加条件】按钮，此时在对话框中显示“次要关键字”，同设置“主要关键字”方法相同，在下拉列表中选择“部门”，然后再点击【添加条件】添加第三个排序条件，选择“基本工资”。在设置好多列排序的条件后，单击确定即可看到多列排序后的数据清单。在 Excel 2010 中，排序条件最多可以支持 64 个关键字。

3.2.2 让一些行不参与排序

如果不想让一些行参与排序，可以先将这些行隐藏起来。即不论如何对其他行排序，这些隐藏起来的行的位置是不变的，如图 3-8 隐藏行不被排序对比图（见“文件 3：工资表 . XLSX”）。

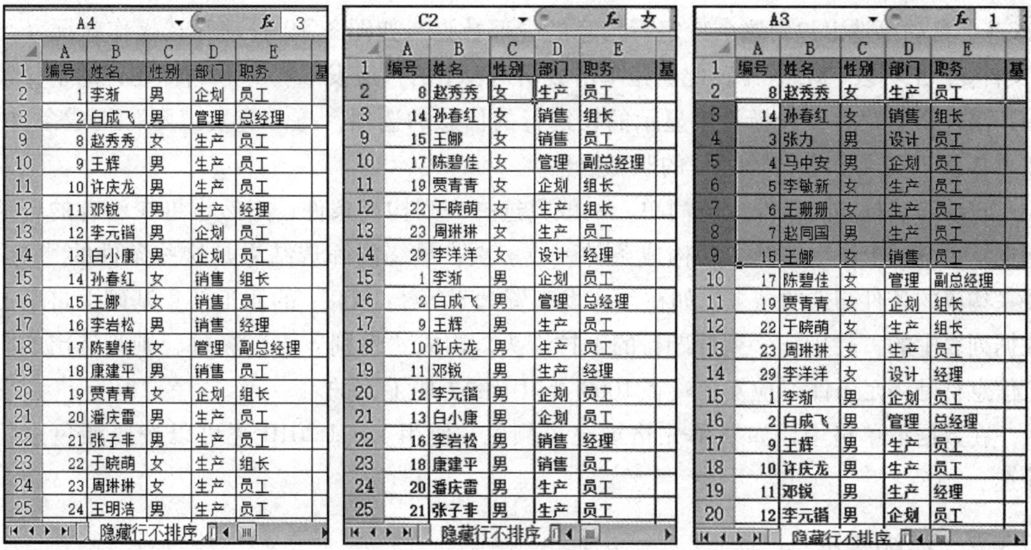

隐藏了4~8行之后　　按性别降序排序　　取消隐藏的4~8行

图3-8 隐藏行不被排序对比图

3.2.3 利用排序方法删除空行而不改变原来顺序

利用排序方法删除数据区域所有空行：选定数据区域，然后按某列的值降序排序，空行就会移动到区域最后面，问题是非空行的数据顺序不是原来的顺序了。若要不改变原来的顺序，操作步骤如下：

1）在数据区域右侧增加一个辅助列，其值为序列数字1、2、3、…；

2）单击左侧数据区域任意单元格，进行降序排序，空行后移；

3）删除后移的空行；

4）按辅助列的值升序排序，还原原来的顺序。

3.3 数据的筛选

筛选数据列表的意思就是将不符合用户特定条件的行隐藏起来，这样可以更方便地让用户对数据进行查看。Excel提供了两种筛选数据列表的命令。

自动筛选：适用于简单的筛选条件。

高级筛选：适用于复杂的筛选条件。

3.3.1 自动筛选

想要使用Excel的自动筛选功能，首先要单击数据列表中的任意单元格，然后选择“数据”选项卡，单击【筛选】按钮即可。

单击数据列表中的任何一列标题行的下拉箭头，选择希望显示的特定行的信息，Excel会自动筛选出包含这个特定行信息的全部数据。如图3-9自动筛选操作状况（见“文件3：工资表.XLSX”），此例是单击数据列表中的“应发工资”一列标题行的下拉箭头，出现相应菜单，选择希望显示的特定行的信息的选项，与“应发工资”构成条件，如“应发工资大于等于1000”的职工信息。

自动筛选描述的条件比较简单，一般只选择一列构成条件；当然也可在已有的自动筛选结果基础上再次选择一列构成条件，或多次，最终的筛选结果是这些条件的“与”关系构成的条件筛选的结果。如在“应发工资大于等于1000”的职工信息基础上再单击数据列表中的“性别”一列标题行的下拉箭头，构成“性别=男”条件，则筛选出的职工信息行是满足条件“应发工资在1000及以上的男职工”的。

在数据清单格中，如果单元格填充了颜色，使用Excel 2010还可以按照颜色进行筛选。

3.3.2 高级筛选

如果条件比较多，可以使用“高级筛选”来进行。使用高级筛选功能可以一次把想

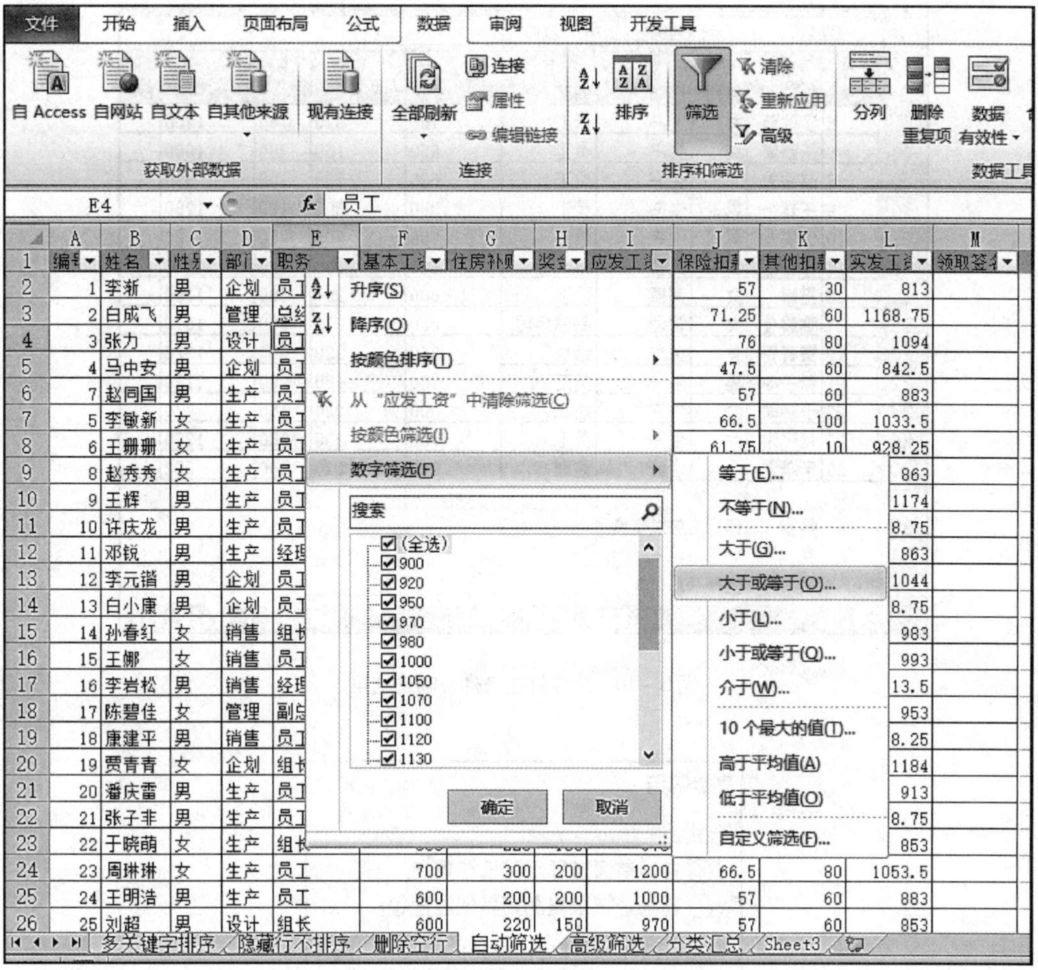

图3-9 自动筛选操作状况

要看到的数据都找出来。而且“与”“或”关系的条件都可以描述。

例如数据清单中想要把性别为女或者部门为生产且应发工资大于1000的人显示出来。

可以这么来做：先设置一个条件区域，第一行输入构成条件的字段（即表头名）名称，在第二行和第三行对应字段下输入构成条件的运算符和值，建立一个条件区域 B33：D35。如图3-10高级筛选条件区域及筛选结果（见“文件3：工资表.XLSX”）。

然后选中数据区域中的一个单元格，单击“数据”选项卡中的【高级筛选】按钮。出现如图3-11高级筛选对话框，一般Excel自动选择好了筛选的区域——列表区域，单击这个对话框中条件区域框中的拾取按钮，选中刚才设置的条件区域，单击拾取框中的按钮返回高级筛选对话框，单击【确定】按钮，就可以看到如图3-10所示结果，请注意图中不连续的行号，符合筛选条件的行号数据才显示出来。

也可以将筛选结果直接放到其他位置而不是留在原数据区域，操作上在“方式”选择“将筛选结果复制到其他位置”，在“复制到:”拾取框填打算放筛选结果的第一个单元格即可；另外复选框“选择不重复的记录”可以用来去掉重复记录，而当条件区域没填条件时，复选框“选择不重复的记录”就可以用来去掉数据清单中的重复记录，这点

	A	B	C	D	E	F	G	H	I	
1	编号	姓名	性别	部门	职务	基本工资	住房补贴	奖金	应发工资	保险
7	5	李敏新	女	生产	员工	700	320	180	1200	
8	6	王珊珊	女	生产	员工	650	150	200	1000	
9	8	赵秀秀	女	生产	员工	600	220	100	920	
10	9	王辉	男	生产	员工	800	300	180	1280	
11	10	许庆龙	男	生产	员工	750	200	200	1150	
15	14	孙春红	女	销售	组长	600	300	200	1100	
16	15	王娜	女	销售	员工	600	200	300	1100	
18	17	陈碧佳	女	管理	副总经理	600	220	250	1070	
20	19	贾青青	女	企划	组长	800	220	300	1320	
22	21	张子非	男	生产	员工	750	180	200	1130	
23	22	于晓萌	女	生产	组长	600	220	150	970	
24	23	周琳琳	女	生产	员工	700	300	200	1200	
30	29	李洋洋	女	设计	经理	500	220	180	900	
32										
33		性别	部门	应发工资						
34		女								
35			生产	>1000						

图 3－10 高级筛选条件及筛选结果

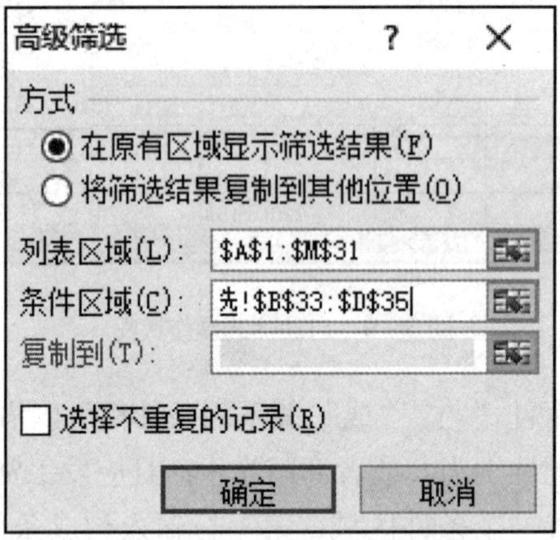

图 3－11 高级筛选对话框

对查重复记录很有用。

关于设置高级筛选条件的说明：

高级筛选的条件区域应该至少有两行，第一行一般用来放置列标题，下面的行则放置筛选条件，需要注意的是，这里的列标题名一定要与数据清单中的列标题名一样才行。在条件区域的筛选条件的设置中，同一行上的条件认为是“与”关系条件，而不同行上的条件认为是“或”关系条件。

3.3.3 案例：筛选优质潜力股票

一般认为，优质潜力股票是既有社保持股又有 QFII 持股的股票。

这就容易处理了，因为利用高级筛选与函数结合可以做到从两列数据中筛选出重复（不重复）数据行：筛选出在一列有而另外一列没有的数据，或者筛选出在两列数据中都有的数据。这里结合案例来说明如何解决这样的问题。

如图3－12用高级筛选比对两列数据（见“文件3：工资表.XLSX！用筛选比对两列数”）所示，两个数据清单：2016年中报社保机构持股一览表（左边数据清单，区域为A2：I404）和2016年中报QFII机构持股一览表（右边数据清单区域为K2：S194），注意行号大小，用了冻结窗格。

L202 =COUNTIF($L$3:$L$198, $B3)=0

行	A	B	C	D	E	F	G	H	I
1	2016年中报社保机构持股一览表								
2	序号	股票代码	股票简称	持有社保家数	持股总数(万股)	占总股本比例(%)	持股变化	持股变动数值(万股)	持股变动比例(%)
197	195	600477	杭萧钢构	1	1031.03	0.98	增持	67.93	7.05
198	196	300294	博雅生物	1	207.38	0.78	增持	207.38	100
199	197	600992	贵绳股份	1	835.58	3.41	增持	44.87	5.67
200	198	600059	古越龙山	1	2699.85	3.34	增持	500	22.73
201	199	2412	汉森制药	1	400.5	1.35	增持	400.5	100
202	200	2229	鸿博股份	1	663.68	2.23	增持	249.26	60.15
203	201	603005	晶方科技	1	95.88	0.42	增持	25.5	36.24
204	202	2303	美盈森	1	3369.68	2.36	增持	369.69	12.32
205	203	300234	开尔新材	1	516.48	1.78	增持	124.67	31.82
206	204	2127	南极电商	1	2053.23	1.33	增持	1026.61	100
207	205	702	正虹科技	1	754.98	2.83	增持	54.99	7.86
208	206	600006	东风汽车	1	1388.12	0.69	增持	1388.12	100
209	207	662	天夏智慧	1	486.99	0.58	增持	290	147.21
210	208	2544	杰赛科技	1	1820.89	3.53	增持	1820.89	100
211	209	600323	瀚蓝环境	1	700.38	0.91	增持	700.38	100
212	210	300284	苏交科	1	2003.41	3.61	增持	185.32	10.19
213	211	300199	翰宇药业	1	788.77	0.89	增持	107.2	15.73
214	212	300378	鼎捷软件	1	91.25	0.35	增持	8.25	9.94
215	213	2572	索菲亚	1	412.59	0.94	增持	412.59	100
216	214	600305	恒顺醋业	1	900	1.49	增持	200	28.57
217	215	601898	中煤能源	1	1947.61	0.15	增持	1947.61	100
218	216	300251	光线传媒	1	600	0.2	增持	180	42.86

行	K	L	M	N	O	P	Q	R
1	2016年中报QFII机构持股一览表							
2	序号	股票代码	股票简称	持有QFII家数	持股总数(万股)	占总股本比例(%)	持股变化	持股变动数值(万股)
197	195	603828	柯利达	1	34.46	0.28	增持	34.46
198	196	601968	宝钢包装	1	125.82	0.15	增持	125.82
200	社保有QFII没有的：			社保没有QFII有的，			社保和QFII都有的：	
202		TRUE			TRUE			FALSE
204	股票代码	股票简称		股票代码	股票简称		股票代码	股票简称
205	28	国药一致		49	德赛电池		68	华控赛格
206	32	深桑达A		89	深圳机场		418	小天鹅A
207	50	深天马A		401	冀东水泥		534	万泽股份
208	55	方大集团		402	金融街		759	中百集团
209	59	华锦股份		404	华意压缩		778	新兴铸管
210	60	中金岭南		501	鄂武商A		789	万年青
211	407	胜利股份		524	岭南控股		895	双汇发展
212	421	南京公用		581	威孚高科		976	春晖股份
213	516	国际医学		589	黔轮胎A		2001	新和成
214	523	广州浪奇		613	大东海A		2008	大族激光
215	528	柳工		619	海螺型材		2081	金螳螂
216	530	大冷股份		651	格力电器		2086	东方海洋
217	531	穗恒运A		695	滨海能源		2142	宁波银行

图3－12 用高级筛选比对两列数据

要求分别找出社保持有而QFII没持有的股票、社保没持有而QFII持有的股票、社保持有且QFII也持有的股票。三种情况的操作分别说明如下。

（1）找出社保持有而QFII没持有的股票

步骤1：首先设置条件，在单元格L202输入“=COUNTIF（$L$3：$L$198，$B3）=0”；

步骤2：单击左边数据清单内任意单元格，打开高级筛选对话框，在“列表区域”框中输入“$B$2：$C$404”，在“条件区域”框中输入“$L$201：$L$202”，选择“将筛选结果复制到其他位置”单选按钮，在“复制到”框中输入“$K$204”，单击【确定】按钮得到如图3－12所示效果。

（2）找出社保没有而QFII持有的股票

步骤1：首先设置条件，在单元格O202输入“=COUNTIF（$B$3：$B$404，$L3）=0”；

步骤2：单击右边数据清单内任意单元格，打开高级筛选对话框，在“列表区域”框中输入“$L$2：$L$198”，在“条件区域”框中输入“$O$201：$O$202”，选择“将筛选结果复制到其他位置”单选按钮，在“复制到”框中输入“$N$204”，单击【确定】按钮得到如图3－12所示效果。

（3）找出社保持有且 QFII 也持有的股票

步骤1：首先设置条件，在单元格 R202 输入“=COUNTIF（$L$3：$L$198，$B3）>0”；

步骤2：单击左边数据清单内任意单元格，打开高级筛选对话框，在“列表区域”框中输入“$B$2：$C$404”，在“条件区域”框中输入“$R$201：$R$202”，选择“将筛选结果复制到其他位置”单选按钮，在“复制到”框中输入“$Q$204”，单击【确定】按钮得到如图 3-12 所示效果。

（4）进一步分析找出优质潜力股的方法

如图 3-13 2016 年第三季度机构持股情况分析所示（见“文件 4：2016 年三季度 QFII 及社保都持股. xlsx”），高级筛选的意思是“以“=COUNTIF（QFII！B3：B286，'社保'！B3）>0”为条件在社保区域里找，社保区域作为“区域列表”，在此区域一条条记录的股票代码与条件中"QFII！B3：B286"的值比较”，即条件中的'社保'！B3 会换成'社保'！B4、……、直到'社保'！B698。如果条件成立，则 QFII 持有且社保也持有。这里用到第 3.3.4 节知识点。

B2 =COUNTIF(QFII!B3:B286,社保!B3)>0

B2: FALSE　　K2: TRUE

以“=COUNTIF(QFII!B3:B286,'社保'!B3)>0”为条件在社保里找，社保作为“区域列表”，在此区域一条条记录的股票代码与条件中"QFII! B3：B286"的值比较

序号	股票代码	股票简称	持有社保家数(家)	持股总数(万股)	占总股本比例(%)	持股变动数值(万股)	持股变动比例(%)
513	2468	艾迪西	1	212.07	0.64	-259.46	-55.02
97	300015	爱尔眼科	2	1548.71	1.53	348.76	29.06
646	600299	安迪苏	1	328.97	0.12	328.97	100
273	600298	安琪酵母	1	1130	1.37	-569.99	-33.53
57	2292	奥飞娱乐	2	1228.83	0.94	596.4	94.3
233	600827	百联股份	1	3099.97	1.74	299.99	10.71
243	300070	碧水源	1	3069.56	0.98	-3229.33	-51.27
393	976	春晖股份	1	970.59	0.61	-	-
15	601021	春秋航空	3	2900.55	3.63	-112.45	-3.73
79	719	大地传媒	2	1672.06	1.63	101.02	6.43
388	2236	大华股份	1	3437.44	1.19	-2635.36	-43.4
316	910	大亚圣象	1	1653.16	3.11	-	-
47	2008	大族激光	2	2202.9	2.06	799.99	57.02
262	600178	东安动力	1	280.48	0.61	280.48	100
338	2027	分众传媒	1	313.92	0.04	313.92	100
22	600498	烽火通信	3	3058.38	2.92	735.57	31.67

以“=COUNTIF('社保'!B3:B688, QFII!B3)>0”为条件在QFII里找

序号	股票代码	股票简称	持有QFII家数(家)	持股总数(万股)	占总股本比例(%)	持股变动数值(万股)	持股变动比例(%)
57	2468	艾迪西	2	594.77	1.79	-173.14	-22.55
153	300015	爱尔眼科	1	925.69	0.92	-23.7	-2.5
262	600299	安迪苏	1	278.26	0.1	80.85	40.96
109	600298	安琪酵母	1	719.29	0.87	719.29	100
97	2292	奥飞娱乐	1	357.78	0.27	-286.61	-44.48
89	600827	百联股份	1	1295.69	0.73	175.98	15.72
95	300070	碧水源	1	3750.77	1.2	-	-
43	976	春晖股份	2	1267.63	0.79	-484.52	-27.65
25	601021	春秋航空	2	729.69	0.91	-82.31	-10.14
138	719	大地传媒	1	185.72	0.18	[illegible]	[illegible]
162	2236	大华股份	1	2660.03	0.92	2660.03	100
129	910	大亚圣象	1	593.99	1.12	593.99	100
11	2008	大族激光	3	2077.81	1.95	407.9	24.43
33	600178	东安动力	2	606.49	1.31	606.49	100
141	2027	分众传媒	1	556.27	0.06	-907.99	-62.01
152	600498	烽火通信	1	1011.99	0.97	-	-

QFII　社保　都有的

图 3-13　2016 年第三季度机构持股情况分析

其实 3.3.3 节描述的也是所谓根据计算条件进行高级筛选的案例，不同形式的计算条件可以完成不同的任务，如：筛选出大于实发工资平均值的职工，条件区域“$B$16：$B$17”，（见“文件 5：工资表 1. XLSX！高于平均值的人高级筛选”）工作表单元格 B17 里放的条件：“=L2>AVERAGE（$L$2：$L$14）”。一般情况下，高级筛选的条件是由标题和运算符及常数构成。

3.3.4　将高级筛选结果放到其他工作表

一般情况下，将高级筛选结果放在源数据清单的同一工作表的原数据区域或者某单元格开始的另一区域中，但有时需要将筛选结果直接筛选到另一工作表的某位置，不能想当然地以为在高级筛选对话框中选择“将筛选结果复制到其他位置”单选按钮，在“复制到”框中输入另一工作表的某位置即可。这里有着关键的第一步：单击另一工作表（复制到的目的地）的某位置，打开高级筛选对话框；其余操作步骤基本同上面介绍的，完成对话框的填写即可。

3.4 合并计算

Excel 2010 中若要汇总和报告多个单独工作表的结果，可以将每个单独工作表中的数据合并计算到一个主工作表中。这些工作表可以与主工作表在同一个工作簿中，也可以位于其他工作簿中。对数据进行合并计算就是组合数据，以便能够更容易地对数据进行定期或不定期的更新和汇总，对于单表来说其功能同按条件汇总函数 SUMIF、AVERAGEIF 等，但使用合并计算，可以实现对多个表的汇总，并且不需要写函数，更为快速。

3.4.1 多个数据区域的数据合并计算

例：工资表分别存在几个数据清单内，汇总几个表中各部门各项工资的和，如图 3－14 合并计算 1_ 多个数据清单合并所示（见“文件 3：工资表 . XLSX！合并计算 1”）。操作方法如下：

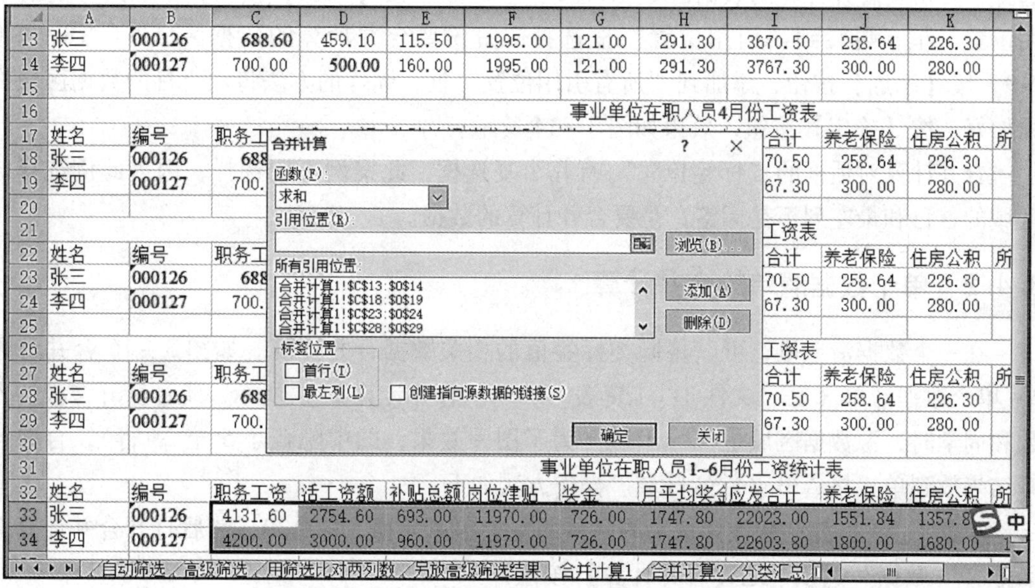

图 3－14 合并计算 1_ 多个数据清单合并

步骤 1：单击放合并计算结果的区域的左上角单元格，即 C33，然后打开合并计算对话框（“数据”选项卡——【合并计算】按钮）出现如图 3 - 15 合并计算。

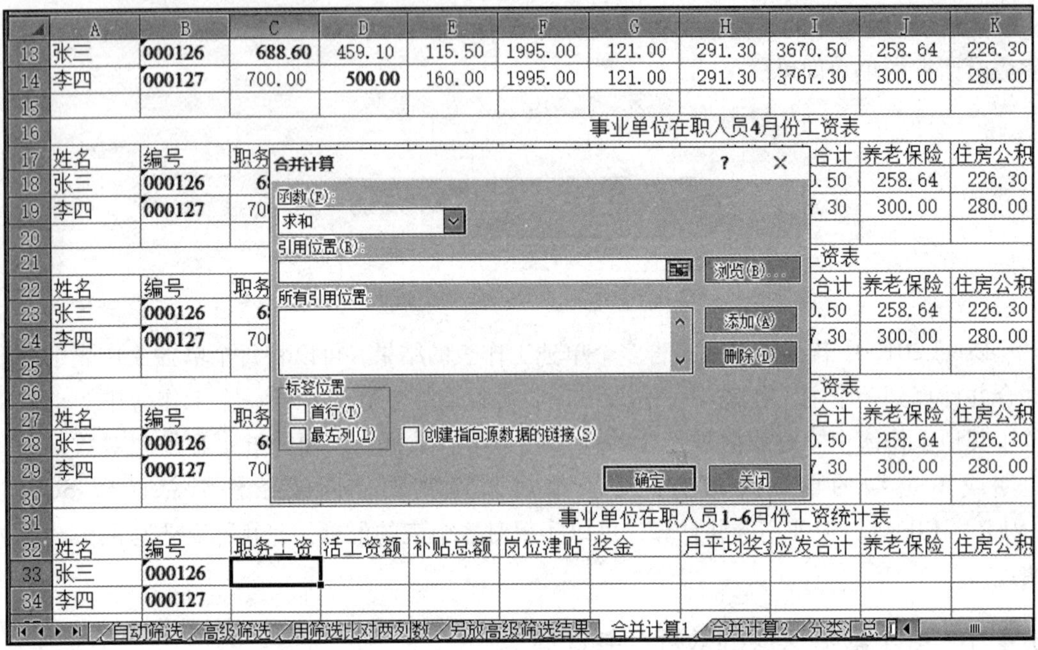

图 3 - 15　合并计算

步骤 2：完成“合并计算”对话框中信息的填充。如图所示，“函数”框中选择“求和”（此处有“求和”“计数”“平均值”等所有聚合函数可选），转到“引用位置”框选择一月份要合并计算的数据区域 $C$3：$O$4，按【添加】按钮，添加到“所有引用位置”框，再转到“引用位置”框选择二月份要合并计算的数据区域 $C$8：$O$9，按【添加】按钮，添加到“所有引用位置”框，同样的方法将六个月的数据区域都添加好，按【确定】按钮，效果如图 3 - 14 所示。

合并计算对话框的“标签位置”有几个复选框，此案例不用选择，因为此例选择的区域的首行和最左列不是标签，是要合并计算的数据。

3.4.2　单个数据清单的合并计算

在一个数据清单里，可以将同类标签值的相关数据合并计算。如图 3 - 16 合并计算 2 - 单个数据清单（见“文件 3：工资表 . XLSX！合并计算 2”）所示，统计所开课程的人数和周学时，源数据区域是 B2：D26（为了图片效果，图中隐藏了 5 至 25 行），合并计算结果放到单元格 A30 开始的区域。操作方法如下：

步骤 1：单击放合并计算结果的区域的左上角单元格，即 A30，然后打开合并计算对话框（“数据”选项卡之【合并计算】按钮）。

步骤 2：完成“合并计算”对话框中信息的填充。如图 3 - 15 所示，“函数”框中选择“求和”，转到“引用位置”框选择要合并计算的数据区域 $B$3：$C$26，按【添加】按钮，添加到“所有引用位置”框（当然单个合并计算区域的话，可以不【添加】）。

步骤 3：合并计算对话框的“标签位置”有几个复选框，此案例必须选择“最左列”作为标签，因为此例选择的区域最左列是标签，而首行不是标签是要合并计算的数据。按【确定】按钮，效果如图 3－16 所示。

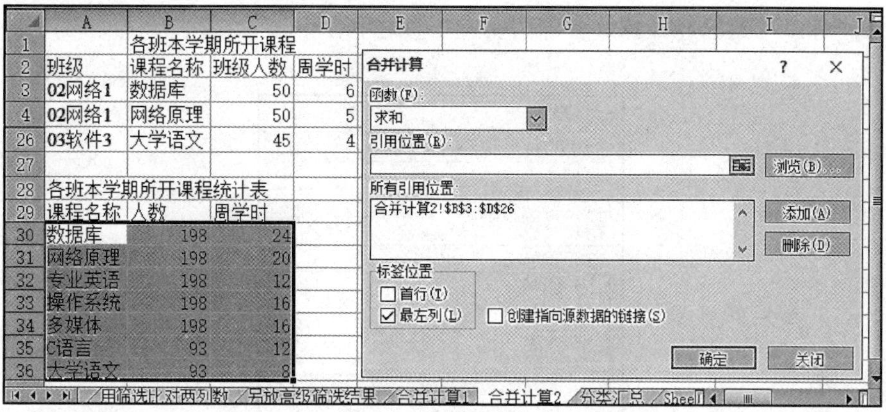

图 3－16　合并计算 2－单个数据清单

3.5　数据的分类汇总与分级显示

数据的分类汇总方法很丰富，前面章节介绍了相关的函数对分类汇总功能的实现，如 SUMIF 函数等，其特点是能灵活处理较复杂的任务，但要运用函数构造复杂公式也是比较麻烦的，这里介绍的分类汇总方法是 Excel 中最常用的功能之一，它能够快速地以某一个字段为分类项，对数据列表中的数值字段进行各种统计计算，如求和、计数、平均值、最大值、最小值、乘积等，用按钮就能完成，操作简单。

比如图 3－17 分类汇总源数据（见“文件 3：工资表 . XLSX！分类汇总”）这张各部门工资统计表，希望可以得出数据清单中每个部门的实发工资之和。

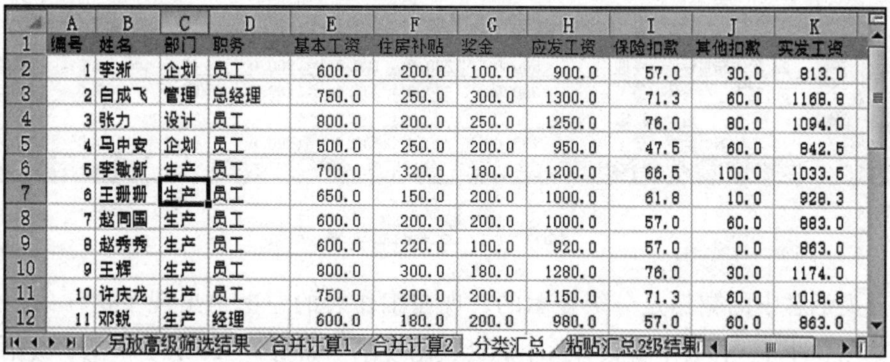

编号	姓名	部门	职务	基本工资	住房补贴	奖金	应发工资	保险扣款	其他扣款	实发工资
1	李淅	企划	员工	600.0	200.0	100.0	900.0	57.0	30.0	813.0
2	白成飞	管理	总经理	750.0	250.0	300.0	1300.0	71.3	60.0	1168.8
3	张力	设计	员工	800.0	200.0	250.0	1250.0	76.0	80.0	1094.0
4	马中安	企划	员工	500.0	250.0	200.0	950.0	47.5	60.0	842.5
5	李敏新	生产	员工	700.0	320.0	180.0	1200.0	66.5	100.0	1033.5
6	王珊珊	生产	员工	650.0	150.0	200.0	1000.0	61.8	10.0	928.3
7	赵同国	生产	员工	600.0	200.0	200.0	1000.0	57.0	60.0	883.0
8	赵秀秀	生产	员工	600.0	220.0	100.0	920.0	57.0	0.0	863.0
9	王辉	生产	员工	800.0	300.0	180.0	1280.0	76.0	30.0	1174.0
10	许庆龙	生产	员工	750.0	200.0	200.0	1150.0	71.3	60.0	1018.8
11	邓锐	生产	经理	600.0	180.0	200.0	980.0	57.0	60.0	863.0

图 3－17　分类汇总源数据

现在用分类汇总来做：首先单击部门列某单元格，单击“数据”选项卡中的升序按钮，把数据清单按照“部门”进行排序，然后单击【分类汇总】按钮，出现如图 3－18 分类汇总对话框，在这里的分类字段的下拉列表框中选择分类字段为“部门”，选择汇总方式为“求和”，选定汇总项选“实发工资”，单击【确定】按钮。结果如图 3－19 分类汇总结果。可以看到已经计算好各部门实发工资之和了。

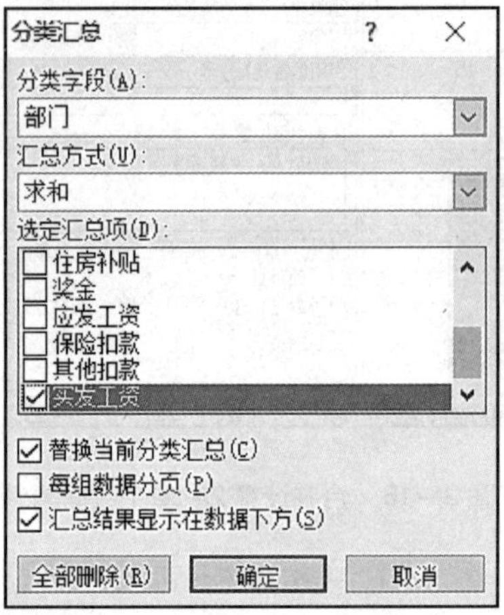

图 3－18 分类汇总对话框

	A	B	C	D	E	F	G	H	I	J	K
1	编号	姓名	部门	职务	基本工资	住房补贴	奖金	应发工资	保险扣款	其他扣款	实发工资
2	2	白成飞	管理	总经理	750.0	250.0	300.0	1300.0	71.3	60.0	1168.8
3	17	陈碧佳	管理	副总经理	600.0	220.0	250.0	1070.0	57.0	60.0	953.0
4			**管理**	**汇总**							2121.8
5	1	李渐	企划	员工	600.0	200.0	100.0	900.0	57.0	30.0	813.0
6	4	马中安	企划	员工	500.0	250.0	200.0	950.0	47.5	60.0	842.5
7	12	李元锴	企划	员工	800.0	300.0	100.0	1200.0	76.0	80.0	1044.0
8	13	白小康	企划	员工	750.0	220.0	150.0	1120.0	71.3	70.0	978.8
9	19	贾青青	企划	组长	800.0	220.0	300.0	1320.0	76.0	60.0	1184.0
10	26	徐高	企划	经理	850.0	320.0	200.0	1370.0	80.8	50.0	1239.3
11	27	沙靖松	企划	员工	550.0	300.0	200.0	1050.0	52.3	20.0	977.8
12			**企划**	**汇总**							7079.3
13	3	张力	设计	员工	800.0	200.0	250.0	1250.0	76.0	80.0	1094.0
14	25	刘超	设计	组长	600.0	220.0	150.0	970.0	57.0	60.0	853.0
15	28	魏宏明	设计	员工	600.0	200.0	200.0	1000.0	57.0	60.0	883.0
16	29	李洋洋	设计	经理	500.0	220.0	180.0	900.0	47.5	70.0	782.5
17	30	赵杰	设计	员工	900.0	300.0	200.0	1400.0	85.5	60.0	1254.5
18			**设计**	**汇总**							4867.0
19	5	李敏新	生产	员工	700.0	320.0	180.0	1200.0	66.5	100.0	1033.5

图 3－19 分类汇总结果

在分类汇总中的数据是分级显示的，现在工作表的左上角出现了这样的一个区域 123 单击这个 1，在表中就只有这个总计项出现了，如图 3－20 分类汇总 1 级结果。

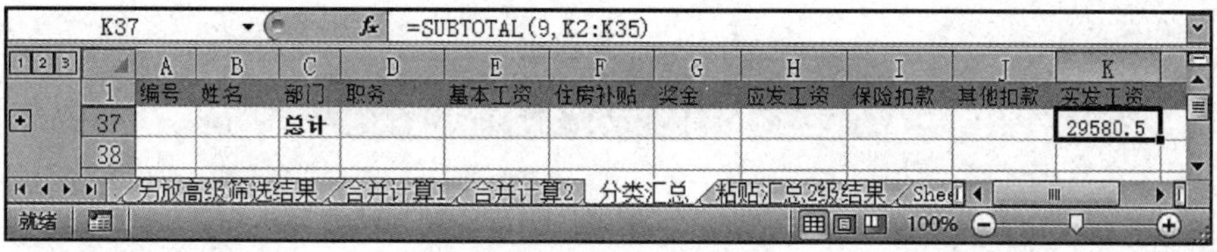

图3-20 分类汇总1级结果

单击这个2，出现的各部门的汇总，如图3-21分类汇总2级结果。

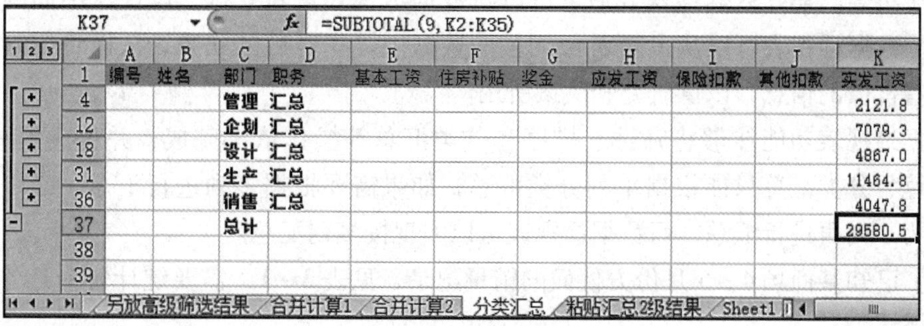

图3-21 分类汇总2级结果

单击3，显示所有的内容及汇总结果，如图3-19所示。

复制汇总结果

当使用分类汇总后，往往希望将汇总的2级结果复制到一个新的数据清单中。但当直接进行复制粘贴时，无法只得到汇总的2级结果，而是所有内容。此时就需要使用“Alt+;”组合键选取当前屏幕中已选定的内容（若没选定区域则默认整个工作表），然后再进行复制和粘贴。如图3-22复制的分类汇总2级结果。请大家仔细比较图3-21与图3-22的不同之处，可知图3-22只是2级汇总结果的复制粘贴，不能展开3级汇总结果。

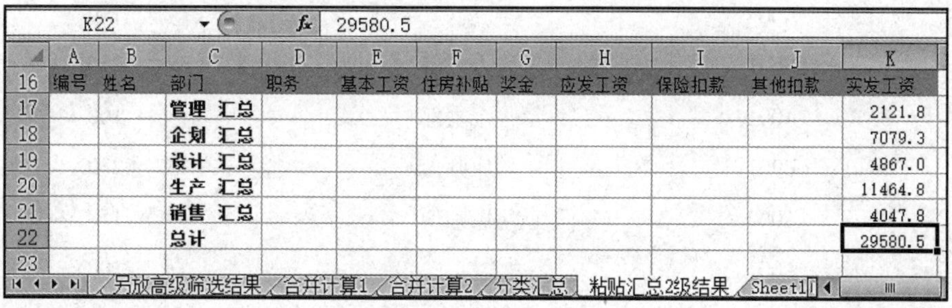

图3-22 复制的分类汇总2级结果

思考：以上用合并计算可以达到同样的效果吗？合并计算与分类汇总的处理对象有何异同？

3.6 数据透视表

数据透视表是 Excel 非常优秀的功能和工具之一。

数据透视表是一种对大量数据快速汇总和建立交叉列表的交互式动态表格，能帮助用户分析、组织数据。例如，计算平均数、标准差，建立列联表、计算百分比、建立新的数据子集等。建好数据透视表后，可以对数据透视表重新安排，以便从不同的角度查看数据。数据透视表可以从大量看似无关的数据中寻找背后的联系，从而将纷繁的数据转化为有价值的信息，以供研究和决策所用。

数据透视表功能能够将筛选、排序和分类汇总等操作依次完成，并生成汇总表格，合并计算、分类汇总只能根据单列分类汇总，如果需要根据多列进行汇总，必须先将两列合并为一列再进行汇总，而数据透视表可以实现按多列汇总。

例：已知某商场 4 ~6 月份方便面的销量纪录，见表 3 -1，需要统计每个月各品牌的销售量。

分析：如果采用分类汇总或者合并计算，只能按单一列的内容进行汇总，显然无法完成要求，数据透视表可以按多列进行分类汇总。

表 3 -1　　方便面销量纪录

月份	工号	商品	销售量
4 月	B001	今麦郎	120
4 月	A002	今麦郎	130
4 月	A001	康师傅	210
4 月	B001	统一	140
4 月	B002	统一	250
4 月	A002	统一	190
5 月	B001	今麦郎	210
5 月	A001	今麦郎	160
5 月	B001	康师傅	230
5 月	A002	康师傅	150
5 月	A001	统一	100
5 月	B002	统一	120
6 月	A001	今麦郎	210
6 月	B001	今麦郎	220
6 月	B002	康师傅	200

续表

月份	工号	商品	销售量
6月	B001	康师傅	240
6月	A002	统一	190
6月	B002	统一	230

操作方法如下：（先复制表格到Excel，见文件6：数据透视表.XLSX！方便面销售）

步骤1：选定制作数据透视表的数据源。将光标定位于数据源的任意单元格。

步骤2：打开数据透视表对话框。进入“插入”选项卡，单击【数据透视表】，弹出如图3-23创建数据透视表对话框。

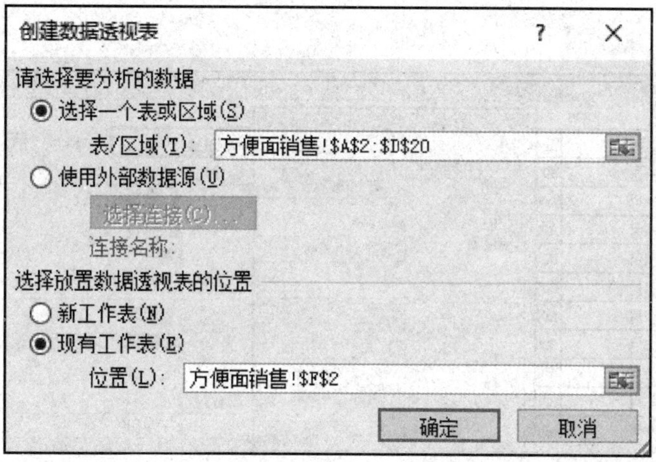

图3-23 创建数据透视表

步骤3：完成对话框中的选择任务。“请选择要分析的数据”项目：默认“选择一个表或区域”，“表/区域”框的内容默认为当前表的数据清单区域或表格或定义的名称；“选择放置数据透视表的位置”项目：默认为“新工作表”，这里选“现有工作表”，填写好“位置”框的内容——某单元格名。各项目一般用默认值，也可根据情况选其他。

步骤4：单击“确定”按钮后出现如图3-24数据透视表字段列表框及数据透视表位置框中的提示。

步骤5：完成数据透视表字段列表对话框的操作。

在图3-24数据透视表字段列表对话框中，选择月份、商品、销售量复选框，出现如图3-25选择字段后的状态1，在状态1“行标签”中按住鼠标左键拖动“商品”到“列标签”，出现如图3-26调整字段后的状态2，在“数值”区，单击“求和项”右侧下拉按钮，在弹出的对话框中选择“值字段设置”可以更改汇总方式，如可以更改为求平均值等。

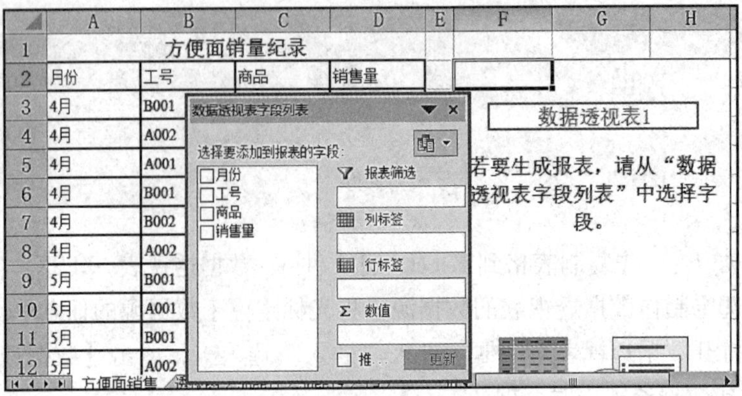

图 3－24　数据透视表字段列表框及数据透视表位置框

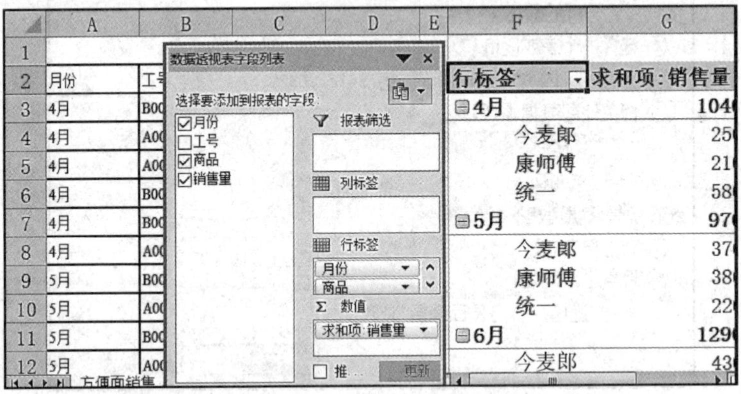

图 3－25　数据透视表字段列表框及数据透视表状态 1

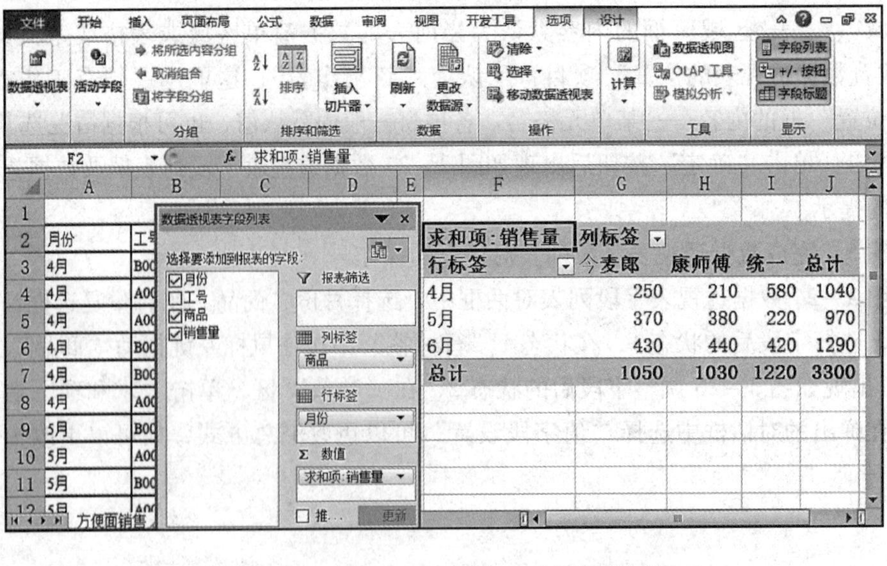

图 3－26　数据透视表字段列表框及数据透视表状态 2

单击非数据透视表区域任意单元格，退出数据透视表制作。此例将数据透视表与源数据放在同一工作表。对于生成的数据透视表，还可做进一步的设置及操作，单击数据透视表区域中任意单元格会出现设置对话框及相应的工具菜单，如图中工具区的右上角“工具”和“显示”两组按钮，如其中“工具”组中有按钮【数据透视图】，点击可插入以此数据透视表为数据源的图表，等等，利用这些设置可灵活进行更多的数据分析，这里就不展开了，读者可自行练习。

若在菜单行“插入”选项卡点击【数据透视表】的下拉按钮，再点击【数据透视图】，则同时会创建出数据透视表和数据透视图。步骤类似。

3.7 利用表格分析数据

在 Excel 2003 版本中称为“列表”，Excel 2010 版本称为“表格”。在“插入”选项卡快捷按钮区的最左边“表格”组，有【数据透视表】按钮和【表格】按钮。利用“表格”作数据分析更加方便。

3.7.1 创建表格

将数据清单转换为表格的方法和步骤如下：（见“文件 1：获取外部数据 . xlsx！表格”）

步骤 1：将光标放在数据清单的任意单元格，选择“插入”选项卡，单击【表格】按钮，出现如图 3－27 创建表对话框。也可以按【Ctrl＋L】组合键实现。

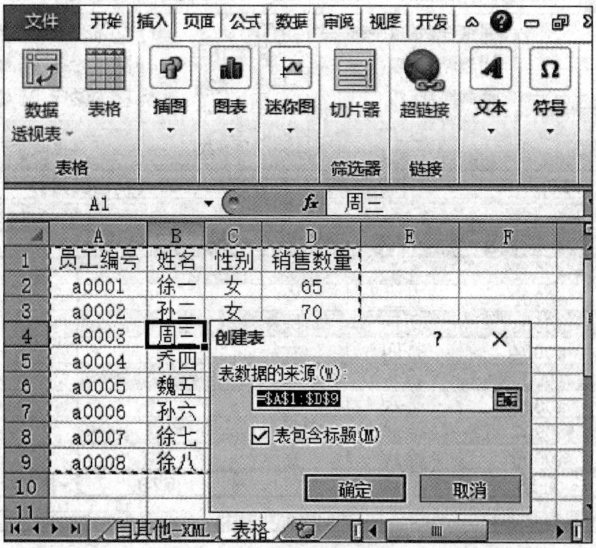

图 3－27　创建表

步骤 2：完成对话框的填写。“表数据来源”框中填入要转成表格的数据清单区域，如图中的“=$A$1：$D$9”默认值（先将光标放在数据清单的任意单元格就会有此清单区域的默认值），选择复选框“表包含标题”。

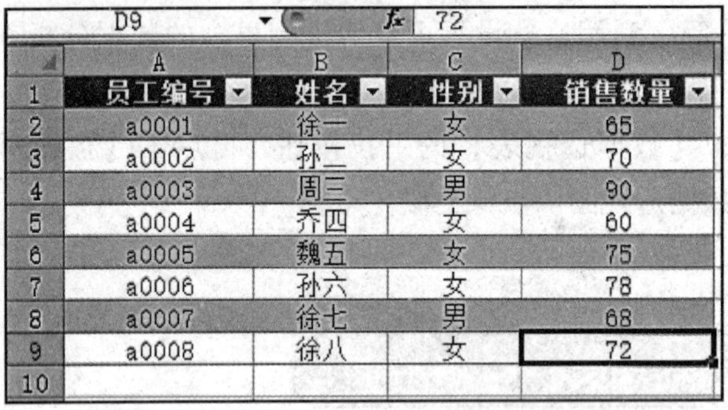

图 3－28　创建的表格

步骤 3：单击【确定】按钮，表格创建完成。如图 3－28 创建的表格。

没有数据清单时创建表格的操作方法一样，创建完后在表格里填入数据即可。创建了的表格在“名称管理器”中会自动增加一个名为“表$_n$”的名称，代表整个表格区域，n 为序列数字 1，2，3，…。

3.7.2　用表格分析数据

创建好的表格在默认情况下每列会启用自动筛选功能，用户可以快速筛选或排序数据。

用户还可以为表格添加汇总行，方法是点开表格工具的“设计”选项卡，在快捷按钮区的“表格样式选项”组勾选复选框“汇总行”即可，如图 3－29 给表格添加了汇总行。单击汇总行的任意单元格时，都可以从其下拉列表中选择平均值、计数、最大值、最小值、求和、标准偏差、方差等函数来进行数据分析。

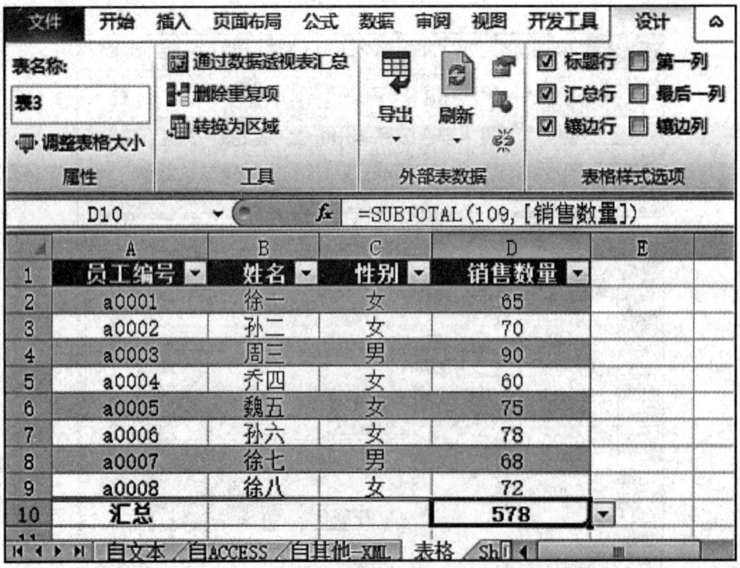

图 3－29　给表格添加了汇总行

从图3－29还可以看出，在“设计”选项卡的快捷按钮区“工具”选项组，有【通过数据透视表汇总】【删除重复项】按钮可以进行数据分析，有【转换为区域】工具，单击【转换为区域】按钮，可以将“表格”转换为数据清单区域。

3.8 练习

以下练习素材和答案见文件夹“Excel习题”。单元5不作要求。

1. 对应聘人员成绩表，请完成以下操作

素材如表3－2所示应聘人员成绩表。

（1）使用自定义下拉列表完成“应聘人员成绩表”中“学历”栏的填写，具体数据依照表3－3。

（2）使用VLOOKUP函数完成“应聘人员成绩表”中“学位”栏的填写，具体数据依照表3－4。

（3）使用数组公式填写“应聘人员成绩表”中“总成绩”栏，计算方法：总成绩＝笔试成绩×40%＋面试成绩×60%。

（4）使用RANK函数，对“应聘人员成绩表”中的全部应聘者根据总成绩排位，结果填在“排名”栏中。

（5）对应聘人员成绩表进行高级筛选，筛选条件为：“工作地点”－上海；“报考职位”－WEB开发；“性别”－女。结果保存到Sheet2中。

（6）在Sheet3中新建一数据透视表。要求：

a. 显示每个报考职位不同学位的应聘总人数；

b. 行区域设置为“报考职位”；

c. 列区域设置为“学位”；

d. 数据区域设置为“学位”；

e. 计数项为学位。

表3－2　应聘人员成绩表

工作地点	报考职位	姓名	性别	出生年月	学历	学位	笔试成绩	面试成绩	总成绩	排名
北京	C开发	童健宏	男	1974/04/21			219.00	72.40		
宁波	VB开发	吴德泉	男	1974/08/29			201.00	93.65		
上海	WEB开发	陈静	女	1973/01/17			199.00	93.40		
北京	C开发	林寻	女	1970/06/18			207.00	79.65		
北京	VB开发	吴心	女	1975/09/26			213.50	79.40		
深圳	Java开发	李伯仁	男	1981/09/11			212.00	93.40		

续表

工作地点	报考职位	姓名	性别	出生年月	学历	学位	笔试成绩	面试成绩	总成绩	排名
北京	VB 开发	陈醉	男	1980/10/18			199.50	80.40		
宁波	Java 开发	李军	男	1980/08/29			209.00	93.15		
北京	VB 开发	李童	女	1974/12/19			208.00	81.65		
深圳	Java 开发	梁远	男	1974/01/25			208.00	93.90		
上海	Java 开发	金丽勤	女	1971/09/13			199.00	90.15		
上海	WEB 开发	袁梅	女	1980/04/01			218.50	94.32		
上海	WEB 开发	齐梓宁	男	1973/12/15			198.50	88.65		
深圳	Java 开发	慕秀清	女	1973/07/22			193.00	71.15		
宁波	VB 开发	杨敏芳	女	1975/05/29			182.50	81.65		
宁波	C 开发	郑含因	女	1978/04/18			196.50	61.82		

表 3-3

姓名	学历
童健宏	博士研究生
吴德泉	本科
陈静	博士研究生
林寻	本科
吴心	硕士研究生
李伯仁	本科
陈醉	硕士研究生
李军	硕士研究生
李童	博士研究生
梁远	本科
金丽勤	硕士研究生
袁梅	硕士研究生
齐梓宁	博士研究生
慕秀清	本科
杨敏芳	硕士研究生
郑含因	硕士研究生

表 3-4

学历	学位
博士研究生	博士
硕士研究生	硕士
本科	学士

2. 对房产销售表，请完成以下操作

素材如表3－5所示房产销售表。

（1）使用IF函数自动填写“契税栏”，标准：面积小于140的，契税1.5%；小于200但大于等于140的，契税3%；其他面积的契税为5%。

（2）使用公式自动填写“房价总额”，使用数组公式填写“契税总额”。

（3）使用COUNTIF和SUMIF函数统计不同面积房屋的户数和契税总额，结果填入契税统计表。

（4）将“联系电话”升位并填入“新电话号码”栏，做法是在原电话号码的第一位后插入一个8。

（5）判断客户的出生年份是否为闰年，将结果“是”或者“否”填入“闰年”栏。

（6）先将“房产销售表”拷贝到Sheet2中，然后汇总各销售代表销售房屋的销售总价。

（7）根据“房产销售表”的结果，创建一张数据透视图Chart1，要求：

a. 显示每个销售人员销售房屋所缴纳契税总额；

b. 行区域设置为“销售人员”；

c. 计数项设置为契税总额；

d. 将对应的数据透视表保存在Sheet3中。

表3－5 房产销售表

姓名	联系电话	新电话号码	出生日期	闰年	楼号	面积	单价	契税	房价总额	契税总额	销售代表
郎怀民	5782874		1965/11/12		7－101	125.12	6821				赵倩蓉
谷金力	5779512		1973/1/31		7－102	158.23	7024				王思文
张南玲	5755735		1962/5/21		7－201	125.12	7227				赵倩蓉
邓云	5754110		1960/6/26		7－202	158.23	7430				罗天明
贾丽娜	5763371		1964/4/17		7－301	125.12	7633				王思文
万基莹	5743343		1969/9/5		7－302	158.23	7836				王思文
吴冬玉	5759008		1976/4/9		7－401	125.12	8039				李艳秋
项文双	5808998		1970/1/20		7－402	158.23	8242				李艳秋
徐华	5805148		1975/5/10		7－501	125.12	8445				罗天明
罗金梅	5714219		1962/6/9		7－502	158.23	8648				赵倩蓉
齐明	5712941		1958/9/9		7－601	125.12	8851				王思文
赵援	5766408		1949/8/21		7－602	158.23	9054				赵倩蓉
罗颖	5722745		1948/10/6		7－701	125.12	9257				罗天明
张永和	5734228		1977/1/6		7－702	158.23	9460				赵倩蓉
陈平	5748238		1965/1/23		7－801	125.12	9663				罗天明
谢彦	5787544		1968/4/23		7－802	158.23	9866				王思文

续表

姓名	联系电话	新电话号码	出生日期	闰年	楼号	面积	单价	契税	房价总额	契税总额	销售代表
明小莉	5715830		1954/2/24		7-901	125.12	10069				赵倩蓉
张立娜	5752751		1970/1/3		7-902	158.23	10272				赵倩蓉
董江波	5746176		1948/8/1		7-1001	125.12	10475				李艳秋
张力宏	5801702		1968/10/2		7-1002	158.23	10678				李艳秋
简红强	5728988		1976/3/3		7-1101	216.65	10881				王思文
何再前	5725276		1960/1/10		7-1102	259.28	11084				赵倩蓉
蔡立	5753690		1956/5/1		7-1201	216.65	11287				王思文
黄芯	5715138		1956/4/9		7-1202	259.28	11490				李艳秋

契税统计

面积	户数	契税总额
125.12		
158.23		
216.65		
259.28		

3. 对教师信息表，请完成以下操作

素材如表 3-6 所示教师人事信息表。

（1）使用 IF 函数，对 Sheet1 中的“学位”列进行自动填充。

要求：填充的内容根据“学历”列的内容来确定（假定均已获得相应学位）：

- 博士研究生—博士
- 硕士研究生—硕士
- 本科—学士
- 其他—无

（2）使用时间函数，对 Sheet1 中教师的“工龄”进行计算。

（3）使用 AND 函数，判断 Sheet1 中的“工龄 30 年以上的男性”，将结果保存在“是否工龄 > =30 男性”。

（4）对 Sheet1 中的数据，根据以下条件，利用函数进行统计：

a. 统计性别为“男”的教师人数，将结果填入 Sheet2 的 B1 单元格中；

b. 统计工龄大于等于 30 年的教师人数，将结果填入 Sheet2 的 B2 单元格中。

（5）将 Sheet1 复制到 Sheet3，并对 Sheet3 进行高级筛选。

a. 筛选条件为：“性别” -女、“部门” -法学院；

b. 将筛选结果保存在 Sheet3 中。（注：无需考虑是否删除筛选条件）

（6）根据 Sheet1 的结果，创建一数据透视图 Chart1，要求：

a. 显示每个部门的教师数量；

b. x 坐标设置为“部门”；

c. 计数项为“部门”；

d. 将对应的数据透视表保存在 Sheet4 中。

表 3－6　　　　　　　　　教师人事信息表 （Sheet1）

姓名	部门	职称	性别	出生日期	学历	学位	到职日期	工龄	是否工龄 ＞＝30 男性
郑军	信息学院	教授	男	1951/04/21	硕士研究生		1977/09/01		
方海峰	信息学院	副教授	男	1974/08/29	硕士研究生		1999/08/01		
俞飞飞	信息学院	教授	女	1968/01/17	博士研究生		1998/08/01		
阮小波	信息学院	讲师	女	1978/06/18	硕士研究生		2004/08/01		
徐海冰	计算机学院	教授	男	1970/09/26	博士研究生		2000/08/01		
赵大伟	计算机学院	副教授	男	1977/09/11	硕士研究生		2003/08/01		
李建强	计算机学院	副教授	男	1976/10/18	博士研究生		2002/08/01		
沈林海	机电学院	教授	男	1952/08/29	博士研究生		1978/10/01		
林俊华	机电学院	讲师	女	1977/12/19	硕士研究生		2004/08/01		
张怡	机电学院	副教授	女	1974/01/25	博士研究生		2001/08/01		
姜海峰	机电学院	教授	男	1971/09/13	博士研究生		1998/08/01		
蒋学军	化材学院	副教授	男	1975/04/01	硕士研究生		2000/08/01		
黄海鸿	化材学院	讲师	男	1979/12/15	硕士研究生		2004/08/01		
李平	化材学院	教授	女	1970/07/22	博士研究生		1998/08/01		
戴斌	化材学院	教授	男	1955/05/29	硕士研究生		1978/05/01		
赵毅	化材学院	副教授	男	1973/04/18	硕士研究生		1999/08/01		
郭菁	人文学院	教授	女	1954/08/02	硕士研究生		1978/10/01		
何东	人文学院	教授	男	1966/09/29	博士研究生		1996/08/01		
周俊明	人文学院	副教授	男	1974/10/24	博士研究生		2002/08/01		
王艳	法学院	教授	女	1964/01/02	博士研究生		1994/08/01		
李菁	法学院	副教授	女	1974/07/19	博士研究生		2001/08/01		
张虎	生环学院	教授	男	1965/05/30	博士研究生		1995/10/01		
魏伟	生环学院	讲师	男	1980/08/22	硕士研究生		2005/08/01		
郑军飞	生环学院	教授	男	1970/09/29	博士研究生		2000/08/01		
方海	体军部	副教授	男	1977/11/11	博士研究生		2004/08/01		
俞庆梅	体军部	讲师	女	1983/12/21	本科		2006/08/01		

Sheet2：

情况	计算结果
男教师数量：	
30 年工龄以上的教师数量：	

4. 对员工工资表，请完成以下操作

素材如表 3－7 所示员工工资表。

（1）使用 IF 函数，对 Sheet1 中的“基本工资”列进行自动填充。

要求：填充的金额根据“学历”列的内容来确定：

- 博士—6000
- 硕士—4000
- 本科—2000
- 其他—1200

（2）使用 VLOOKUP 函数，对 Sheet1 中的“岗位工资”进行自动填充。

要求：根据“岗位工资表（表 3－8）”中对应职位的岗位工资，利用 VLOOKUP 函数，将其金额自动填充到员工工资表中的“岗位工资”列中。

注意：函数中参数如果需要用到绝对地址的，请使用绝对地址解答，其他方式无效。

（3）利用公式，计算 Sheet1 中的“应发工资”。

计算公式：应发工资＝基本工资＋岗位工资。

（4）使用 SUMIF 函数，统计各部门的应发工资总金额，将结果保存在 Sheet1 中的“各部门工资统计表（表 3－9）”中。

（5）对 Sheet2 中的员工工资表进行高级筛选。

a. 筛选条件为：“性别”－男、“应发工资”＞＝8000；

b. 将筛选结果保存在 Sheet2（表 3－10）中。（注：无需考虑是否删除筛选条件）

（6）根据 Sheet1 的结果，创建一数据透视图 Chart1，要求：

a. 显示各部门的平均应发工资；

b. x 坐标设置为“部门”；

c. 平均值项为“应发工资”；

d. 将对应的数据透视表保存在 Sheet3 中。

表 3－7　　员工工资表（Sheet1）

姓名	部门	职位	性别	学历	基本工资	岗位工资	应发工资
郑军	研发部	经理	男	博士			
方海峰	研发部	副经理	男	博士			
俞飞飞	研发部	职员	女	博士			
阮小波	研发部	职员	女	硕士			
徐海冰	研发部	职员	男	博士			

续表

姓名	部门	职位	性别	学历	基本工资	岗位工资	应发工资
赵大伟	研发部	职员	男	硕士			
李建强	业务部	经理	男	博士			
沈林海	业务部	副经理	男	硕士			
林俊华	业务部	职员	女	硕士			
张怡	业务部	职员	女	本科			
姜海峰	业务部	职员	男	本科			
蒋学军	业务部	职员	男	硕士			
黄海鸿	业务部	职员	男	硕士			
李平	财务部	经理	女	硕士			
戴斌	财务部	职员	男	本科			
赵毅	财务部	职员	男	本科			
郭菁	财务部	职员	女	本科			
何东	财务部	职员	男	本科			
周俊明	人事部	经理	男	硕士			
王艳	人事部	职员	女	本科			
李菁	人事部	职员	女	本科			
张虎	人事部	职员	男	本科			

表3－8　　岗位工资表

职位	岗位工资
经理	8000.00
副经理	5000.00
职员	3000.00

表3－9　　各部门工资统计表

部门	应发工资总额
研发部	
业务部	
财务部	
人事部	

表3－10　　员工工资表（Sheet 2）

姓名	部门	职位	性别	学历	基本工资	岗位工资	应发工资
郑军	研发部	经理	男	博士	8000.00	8000.00	16000.00
方海峰	研发部	副经理	男	博士	8000.00	5000.00	13000.00

续表

姓名	部门	职位	性别	学历	基本工资	岗位工资	应发工资
俞飞飞	研发部	职员	女	博士	8000.00	3000.00	11000.00
阮小波	研发部	职员	女	硕士	4000.00	3000.00	7000.00
徐海冰	研发部	职员	男	博士	8000.00	3000.00	11000.00
赵大伟	研发部	职员	男	硕士	4000.00	3000.00	7000.00
李建强	业务部	经理	男	博士	8000.00	8000.00	16000.00
沈林海	业务部	副经理	男	硕士	4000.00	5000.00	9000.00
林俊华	业务部	职员	女	硕士	4000.00	3000.00	7000.00
张怡	业务部	职员	女	本科	2000.00	3000.00	5000.00
姜海峰	业务部	职员	男	本科	2000.00	3000.00	5000.00
蒋学军	业务部	职员	男	硕士	4000.00	3000.00	7000.00
黄海鸿	业务部	职员	男	硕士	4000.00	3000.00	7000.00
李平	财务部	经理	女	硕士	4000.00	8000.00	12000.00
戴斌	财务部	职员	男	本科	2000.00	3000.00	5000.00
赵毅	财务部	职员	男	本科	2000.00	3000.00	5000.00
郭菁	财务部	职员	女	本科	2000.00	3000.00	5000.00
何东	财务部	职员	男	本科	2000.00	3000.00	5000.00
周俊明	人事部	经理	男	硕士	4000.00	8000.00	12000.00
王艳	人事部	职员	女	本科	2000.00	3000.00	5000.00
李菁	人事部	职员	女	本科	2000.00	3000.00	5000.00
张虎	人事部	职员	男	本科	2000.00	3000.00	5000.00

注：本章所用数据文件在文件夹“第 3 章案例”里，可联系获取。

第4章

数据图表

图表是图形化的数据，它由点、线、面等图形与数据文件按特定的方式组合而成。图表工具是Excel的数据分析的重要手段，具有直观形象、双向联动、二维坐标等特点。

4.1 图表的类型和选择规则

Excel提供了十几种标准的图表类型，每一种都具有多种组合和变换，如图4－1插入图表。

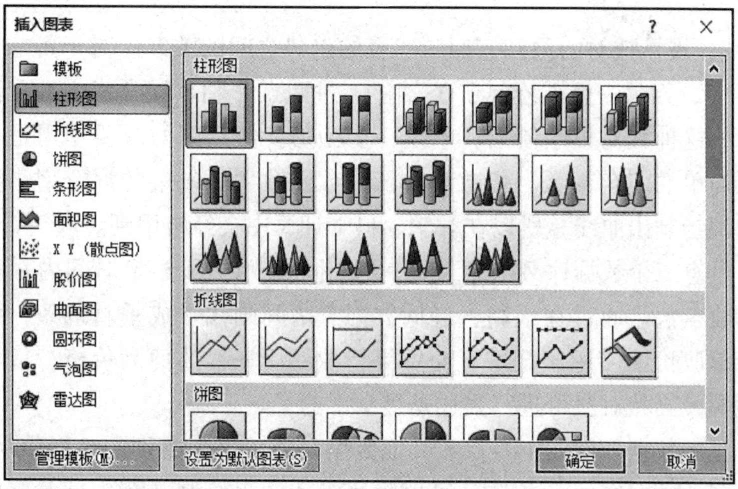

图4－1 插入图表

在众多的图表类型中，选用哪一种图表更好呢？根据数据的不同和使用要求的不同，可以选择不同类型的图表。图表类型的选择主要依据数据分析的要求，其次才考虑感觉效果和美观性。下面给出了一些常见的规则。

柱形图：由一系列垂直条组成，通常用来比较一段时间中两个或多个项目的相对尺寸。例如：不同产品季度或年销售量对比、在几个项目中不同部门的经费分配情况、每年各类资料的数目等。条形图是应用较广的图表类型，很多人用图表都是从它开始的。

折线图：被用来显示一段时间内的趋势。比如：数据在一段时间内是呈增长趋势的，另一段时间内处于下降趋势，可以通过折线图，对将来做出预测。例如：速度 - 时间曲线、推力 - 耗油量曲线、升力系数 - 马赫数曲线、压力 - 温度曲线、疲劳强度 - 转数曲线、转输功率代价 - 传输距离曲线等，都可以利用折线图来表示，一般在工程上应用较多，若是其中一个数据有几种情况，折线图里就有几条不同的线，比如五名运动员在万米过程中的速度变化，就有五条折线，可以互相对比，也可以添加趋势线对速度进行预测。

饼形图：在用于对比几个数据在其形成的总和中所占百分比值时最有用。整个饼代表总和，每一个数用一个楔形或薄片代表。比如：表示不同产品的销售量占总销售量的百分比。各单位的经费占总经费的比例、收集的藏书中每一类占多少等。饼形图虽然只能表达一个数据列的情况，但因为表达得清楚明了，又易学好用，所以在实际工作中用得比较多。如果想表达多个系列的数据时，可以用环形图。

条形图：由一系列水平条组成。使得对于时间轴上的某一点，两个或多个项目的相对尺寸具有可比性。比如：它可以比较每个季度、三种产品中任意一种的销售数量。条形图中的每一条在工作表上是一个单独的数据点或数。因为它与柱形图的行和列刚好是调过来了，所以有时可以互换使用。

面积图：显示一段时间内变动的幅值。当有几个部分正在变动，而对那些部分总和感兴趣时，它们特别有用。面积图使你看见单独各部分的变动，同时也看到总体的变化。

XY 散点图：展示成对的数和它们所代表的趋势之间的关系。对于每一数对，一个数被绘制在 X 轴上，而另一个被绘制在 Y 轴上。过两点作轴垂线，相交处在图表上有一个标记。当大量的这种数对被绘制后，出现一个图形。散点图的重要作用是可以用来绘制函数曲线，从简单的三角函数、指数函数、对数函数到更复杂的混合型函数，都可以利用它快速准确地绘制出曲线，所以在教学、科学计算中会经常用到。

股价图：具有三个数据序列的折线图，被用来显示一段给定时间内一种股票的最高价、最低价和收盘价。通过在最高、最低数据点之间画线形成垂直线条，而轴上的小刻度代表收盘价。股价图多用于金融、商贸等行业，用来描述商品价格、货币兑换率和温度、压力测量等，当然对股价进行描述是最拿手的了。

雷达图：显示数据如何按中心点或其他数据变动。每个类别的坐标值从中心点辐射。来源于同一序列的数据同线条相连。可以采用雷达图来绘制几个内部关联的序列，很容易做出可视的对比。比如：有三台具有五个相同部件的机器，在雷达图上就可以绘制出每一台机器上每一部件的磨损量。

还有其他一些类型的图表，比如圆柱图、圆锥图、棱锥图，只是条形图和柱形图变化而来的，没有突出的特点，而且用得相对较少，这里就不一一赘述了。这里要说明的是：以上只是图表的一般应用情况，有时一组数据，可以用多种图表来表现，那时就要根据具体情况加以选择。对有些图表，如果一个数据序列绘制成柱形，而另一个则绘制成折线图或面积图，则该图表看上去会更好些。

4.2 图表的建立与修改

一般情况下，用户使用 Excel 工作簿内的数据制作图表，生成的图表可以以对象的形式嵌入在工作表中或者以新工作表的形式存放于本工作簿中。大家可能已经非常熟悉图表的制作步骤以及格式化图表的方法了，所以本节作为预热简单介绍一下制作步骤以及格式化图表的一般方法。

4.2.1 图表的建立

先来看一个例子。表 4－1 销售情况表数据为一个企业四种产品的销售计划和销售业绩统计表，请用图表形式可视化显示四种产品销售计划和销售实绩的对比。

表 4－1 销售情况表

产品	销售计划	销售实绩
产品 A	2，000	2，010
产品 B	2，200	2，546
产品 C	2，400	2，386
产品 D	2，600	2，678

分析：若销售计划和销售实绩都采用同一种图表类型显示，可能会造成视觉上混淆，在同一图表上分别采用两种类型表示两类数据更为直观，本例采用柱形图表示销售实绩，用折线图表示销售计划。

操作步骤：（见“文件 1：销售情况表 . xlsx”）

第一步：复制数据放到 Excel 工作簿文件“文件 1：销售情况表 . xlsx”的某一工作表，如“销售”。

第二步：打开 Excel 工作表，选择整个数据区域（包括标题行），进入“插入”选项卡的“图表”快捷按钮区，单击【柱形图】快捷按钮，选择“二维簇状柱形图”，自动生成一个柱形图表，此时销售计划和销售实绩均用柱形图表示。

第三步：更改销售计划图表类型：单击图表中销售计划数据系列，此时选择整个系列，单击鼠标右键，在弹出的菜单中选择“更改系列图表类型”，选择“带有数据点的折线图”，销售计划数据系列更改为折线图。当然更改图表类型还有其他方法。

第四步：选中对应系列，单击鼠标右键，在弹出的菜单中选择“设置数据系列格式”，对系列图表的颜色、形状等做适当的修改，增加两个系列的对比。

第五步：进入“图表工具”→“布局”选项卡，分别单击“图表标题”“坐标轴标题”为图表设置相应标题，图 4－2 销售计划与销售实绩对比所示为最终图表。

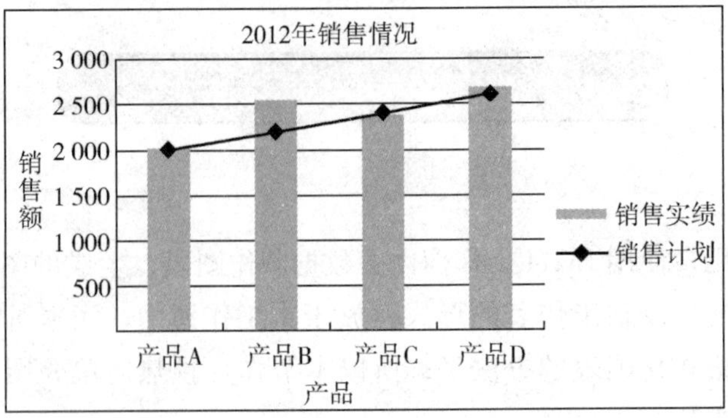

图 4-2　销售计划与销售实绩对比

4.2.2　图表的修改

经常需要对建立的图表进行修改，修改的内容和方法都有很多，比较正规的全面的修改方式应该是打开图表工具，利用其“设计”“布局”“格式”三个选项卡所提供的大量快捷按钮完成修改要求。点击建立好的图表就打开了如图 4-3 所示的图表工具按钮组。

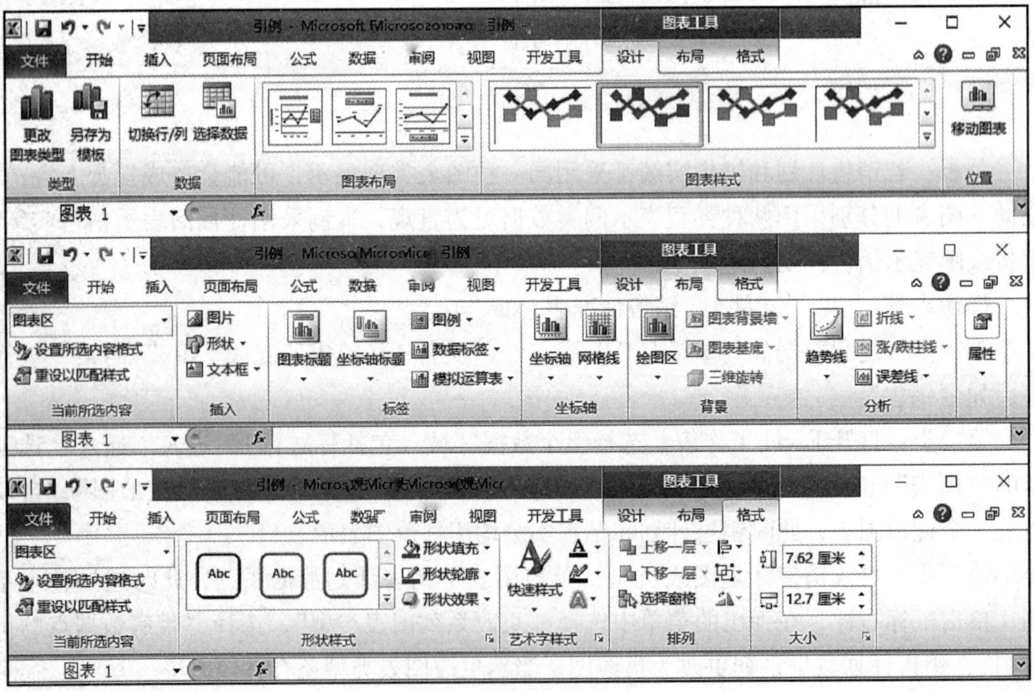

图 4-3　图表工具按钮组

从图中可以看出，“设计”选项卡主要修改图表类型、图表所表示的数据范围、图表样式，以及图表位置（通过【移动图表】按钮实现将图表放到另一工作表或者作为一新工作表)。“布局”选项卡主要在图表上添加或修改一些项目，如标注、背景等。“格式”选项卡主要修改图表上的各个项目的颜色、大小及填充效果等的各种格式。还可以看出，“设计”是对整个图表进行整体修改，“布局”和“格式”是对图表的选定内容进行修改，可以单击左上“当前所选内容”框中的下拉按钮改变所选内容，然后单击“设置所选内容格式”，可以打开相应的格式设置窗口做进一步的设置，如图 4－4 设置所选内容格式。

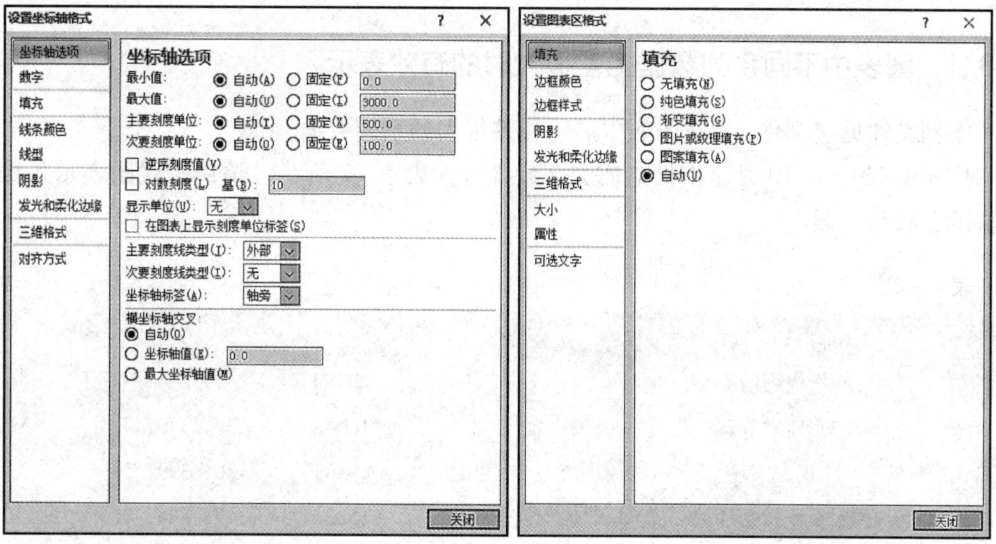

图 4－4　设置所选内容格式

其实对于打开设置所选内容格式的窗口还有一种更简单的操作方法：双击图表上需要修改的项目即可。

另外对于图表修改也可以通过右键菜单，在已经创建好的图表中单击右键就会出现如图 4－5 右键菜单左图，或者选择图表中某项目如横坐标后按右键就会出现与此项目相关的右键菜单，如图 4－5 右键菜单右图。

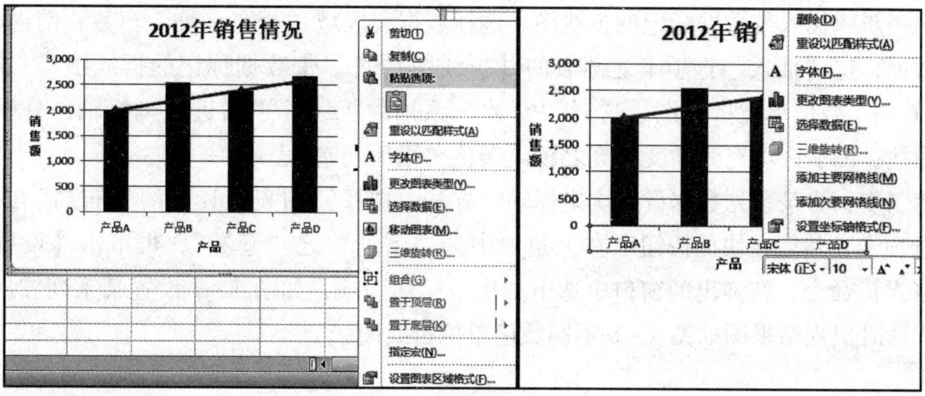

图 4－5　右键菜单

讲起来很烦琐，其实这些图表的建立和修改都是很简单的，都是那么几步，只是不同的图表要用在不同的地方而已，自己多练习练习，就会找到规律和技巧。

4.3 直观化数据分析——图表工具应用

4.3.1 图表中不同系列数据相差很大时的有效表示

案例文件见“文件2：在图表中展示相差很大的系列数据.xlsx”。

广州市2016年10月全市楼盘成交套数排行如表4－2所示，请用折线图表示各楼盘销售的套数和金额。

表4－2

区域	楼盘名称	套数	面积	均价	销售金额	名次
番禺	祈福缤纷汇	29	2085	20790	43，348，927	1
黄埔	实地常春藤	21	2141	16048	34，360，374	2
番禺	正太广场	17	1570	19362	30，399，586	3
南沙	碧桂园蜜柚	13	1162	15324	17，806，724	4
增城	增城方圆云山诗意	11	1028	12836	13，195，660	5
花都	南华时代城	9	980	10859	10，642，608	6
增城	广铝荔富湖畔	8	977	11153	10，897，017	7
南沙	南沙心意华庭	7	488	10423	5，086，827	8
番禺	广州亚运城	6	729	18466	13，461，994	9
从化	广物荔山雅筑	6	612	9687	5，928，930	10

操作步骤：

第一步：插入带数据标记的折线图。选择数据表区域“楼盘名称、套数、销售金额”三列数据，选“插入”选项卡之图表的【折线图】之“带数据标记的折线图”。效果如图4－6同一数值单位折线图。这时“套数”系列的折线几乎贴近横坐标轴，分不出大小。附注：图表区填充为渐变填充之预设颜色“雨后初晴”。

第二步：为某系列数据设置次坐标轴。方法：选择“图表工具”的“布局”或“格式”选项卡，然后在快捷按钮区左上角框中选“系列”之“套数”，再单击【设置所选内容格式】命令，在弹出的窗口中选中“次坐标轴”项，如图4－7设置某系列数据次坐标轴。这时出现结果图如图4－8不同数值单位折线图。

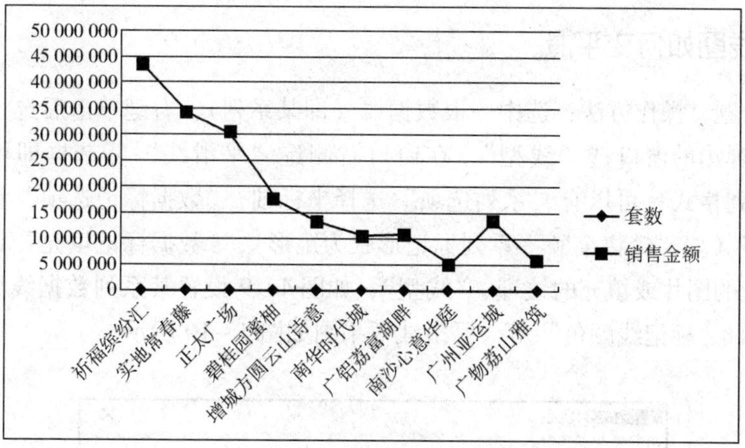

图4－6　同一数值单位折线图

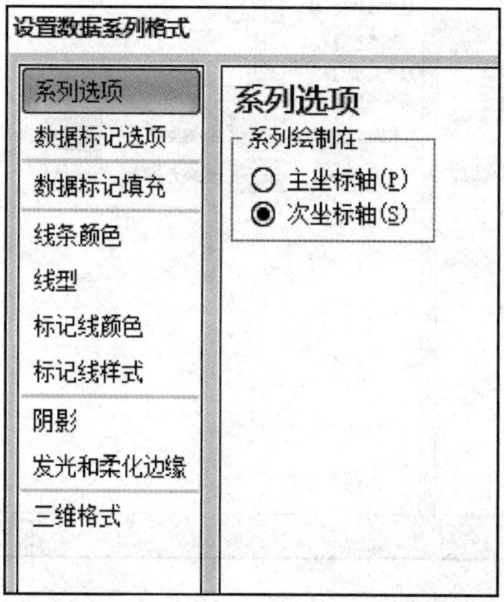

图4－7　设置某系列数据次坐标轴

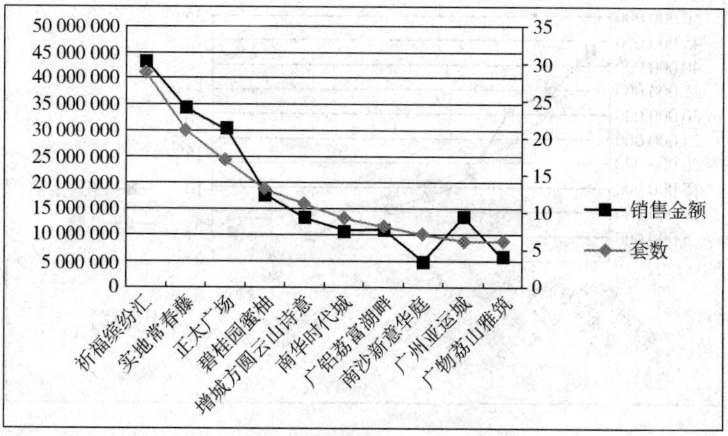

图4－8　不同数值单位折线图

4.3.2 折线图如何变平滑

数据同上题，操作方法：选中一根数据线（即某系列），右键单击后选“设置数据系列格式”，在弹出的窗口选“线型”，在窗口右侧选“平滑线”复选框即可。同时看到“设置数据系列格式”可以有“系列选项”选择坐标轴、“数据标记选项”设置标记的位置形状大小等（如“销售金额”系列标记形状为矩形）、“数据标记填充”设置标记的填充颜色或填充的图片或填充的纹理、“线型”，如图4-9设置某系列数据线型设置线的宽度和各种形状、“标记线颜色”等。平滑线效果图如图4-10所示。

图4-9 设置某系列数据线型

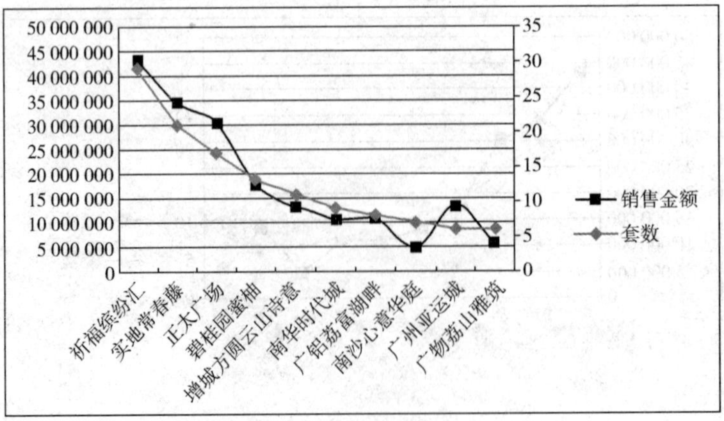

图4-10 平滑线效果图

4.3.3 将同一行数据拆成两个系列

图表数据如表4－3（见“文件3：改同一行数据产生的图表.xlsx”）。

用表4－3数据直接产生的图表见图4－11。

表4－3

2016年10月份已售面积										
增城	番禺	黄埔	南沙	花都	从化	白云	天河	荔湾	海珠	越秀
18025358	12963422	7683768	7289466	13040878	5657685	9940793	8322049	4749328	8022388	2017162
2016年10月份未售面积										
增城	番禺	黄埔	南沙	花都	从化	白云	天河	荔湾	海珠	越秀
2454138	2148532	1455760	1886846	3061867	1617890	803330	1441023	1296001	628347	195448

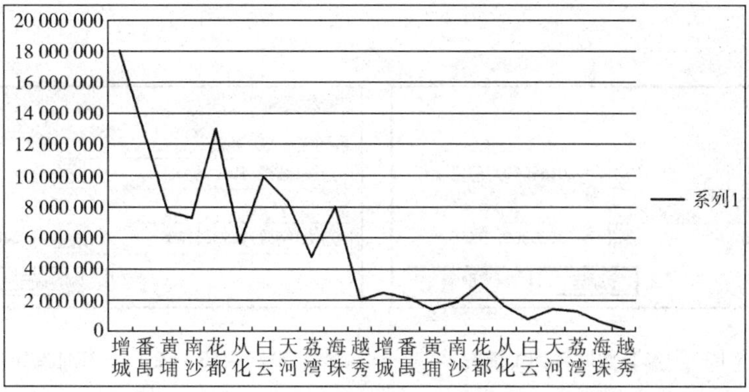

图4－11 用表4－3数据直接产生的图表

方法1：用“图表工具”修改。

具体操作步骤如下：

第一步：选中图表，用“图表工具→设计→选择数据”弹出“选择数据源”，如图4－12所示。在对话框的“图例项（系列）框”中选择“系列1”，单击框上【编辑】按钮，弹出“编辑数据系列”对话框，图4－13（1）编辑数据系列1的情况。

第二步：回到“选择数据源”对话框，在对话框的“图例项（系列）框”中可以看到上一步完成的结果是“系列1”变成了“2016年10月已售面积”，单击框上【添加】按钮，弹出“编辑数据系列”对话框，如图4－13（2）编辑数据“2016年10月未售面积”，编辑好数据，单击【确定】。

第三步：回到“选择数据源”对话框，在对话框的“图例项（系列）框”中可以看到上一步完成的结果是又增加了系列“2016年10月未售面积”，如图4－14编辑数据源的结果，单击【确定】，完成要求。效果如图4－15将同一行数据拆成两个系列。

方法2：改表结构。将表4－3改为表4－4的格式，然后以此表格数据产生图表即可。

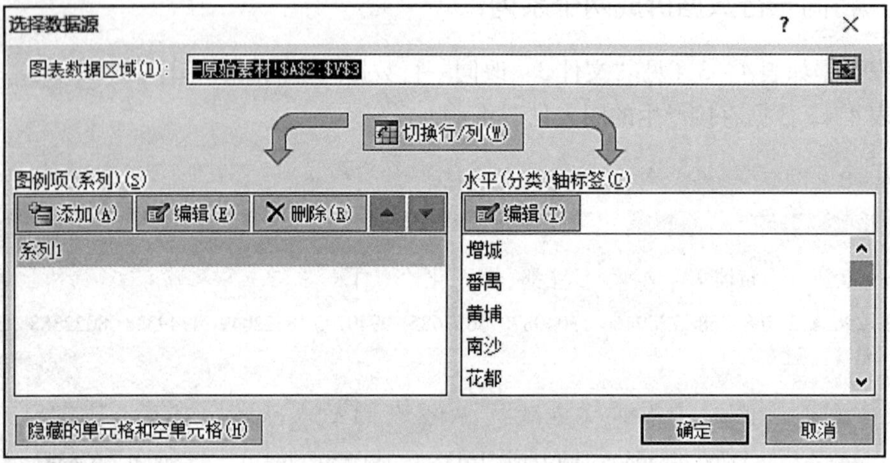

图 4－12　选择数据源对话框

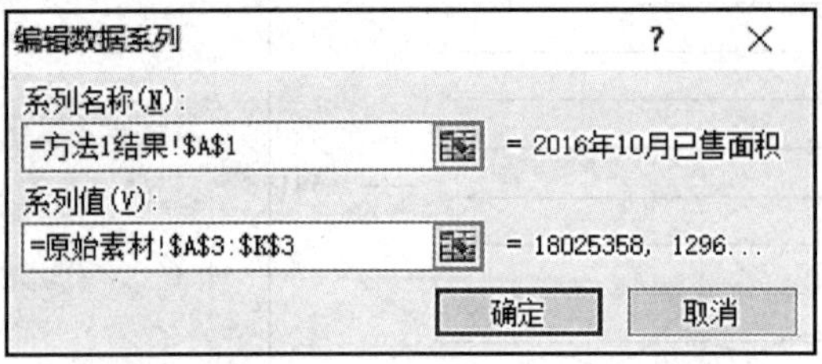

图 4－13（1）　编辑数据系列 1 情况

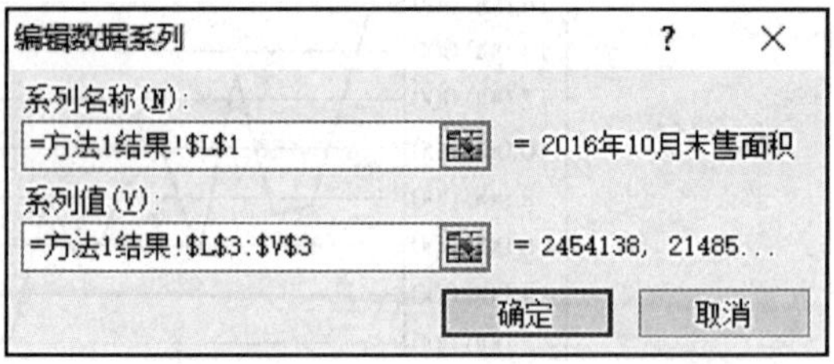

图 4－13（2）　添加编辑数据系列

图 4－14　编辑数据源的结果

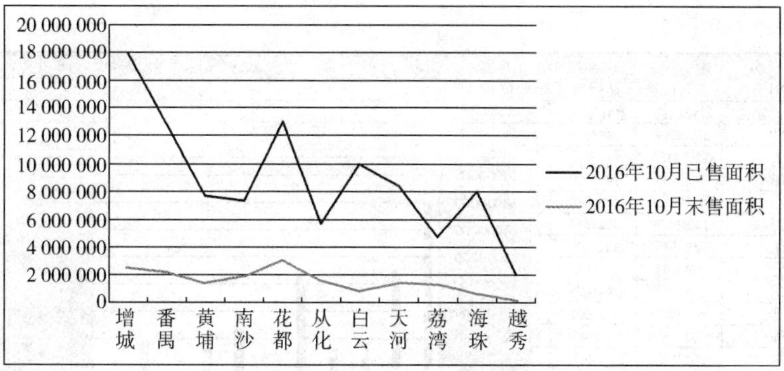

图 4－15　将一行数据拆成两个系列

表 4－4

	增城	番禺	黄埔	南沙	花都	从化	白云	天河	荔湾	海珠	越秀
已售面积	18025358	12963422	7683768	7289466	13040878	5657685	9940793	8322049	4749328	8022388	2017162
未售面积	2454138	2148532	1455760	1886846	3061867	1617890	803330	1441023	1296001	628347	195448

4.3.4　单元格数据隐藏而创建的图表显示不变

已知“广州市 2016 年各行政区某月房屋销售面积”数据，见表 4－5，要求在 Excel 表中只见数据图表而不出现产生此图表的数据。

表 4－5　　广州市 2016 年各行政区某月房屋销售面积

行政区名	累计已售	累计未售	排名
增城	18025358	2454138	1
番禺	12963422	2148532	2
黄埔	7683768	1455760	3
南沙	7289466	1886846	4
花都	13040878	3061867	5
从化	5657685	1617890	6
白云	9940793	803330	7
天河	8322049	1441023	8
荔湾	4749328	1296001	9
海珠	8022388	628347	10
越秀	2017162	195448	11

操作步骤如下（见“文件 4：单元格数据隐藏而创建的图表不隐藏 . xlsx”）。

第一步：选择数据，创建图表，如图 4－16 有数据有图表。

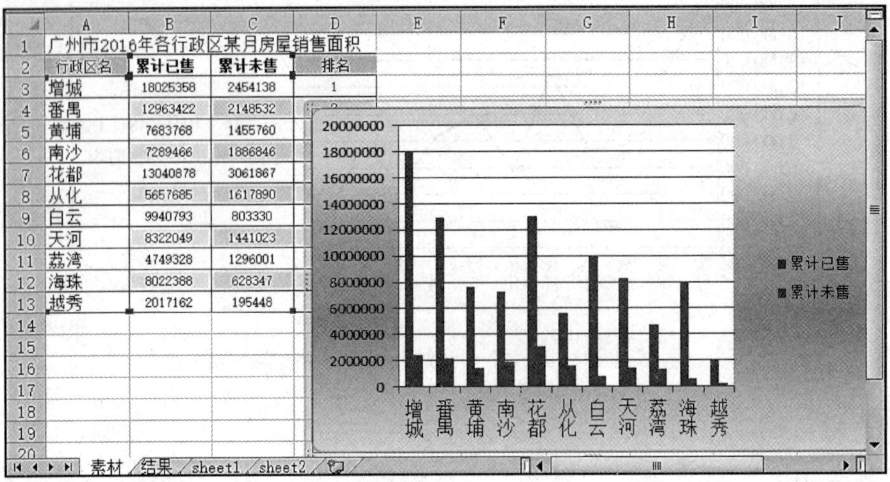

图 4－16　有数据有图表

第二步：隐藏数据（列），这时图表只有个空框了。如图 4－17 隐藏了图表对应数据所在列 A－D 的空框图表。

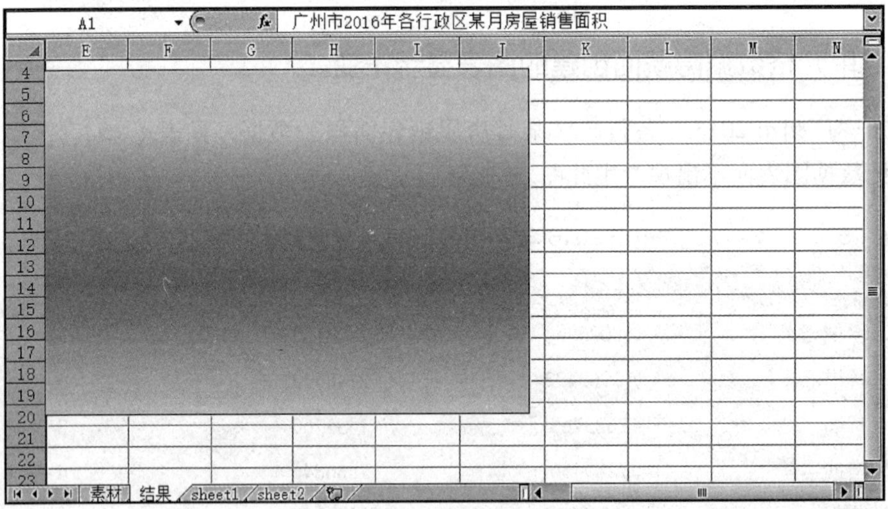

图 4－17　隐藏了图表对应数据所在列 A－D 的空框图表

第三步：调出“隐藏和空单元格设置”对话框。选中空白的图表，执行“图表工具→设计→选择数据”，弹出“选择数据源”对话框。单击【隐藏的单元格和空单元格】按钮，弹出“隐藏和空单元格设置”对话框，如图 4－18 右方所示。

第四步：使空框图表的内容出现。勾选“隐藏和空单元格设置”对话框中的复选框“显示隐藏行列中的数据”。结果如图 4－18 隐藏了对应数据区域而图表显示数据。

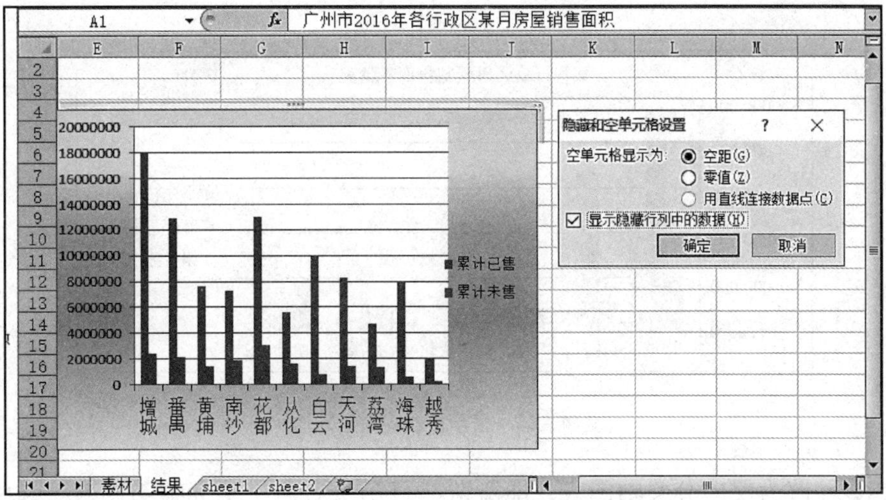

图 4－18　隐藏了对应数据区域而图表显示数据

4.3.5　如何使分类轴逆序后数值轴的显示位置不变

一般所谓分类轴就是横坐标轴，数值轴就是纵坐标轴。正向横坐标轴就是分类值从左向右排列，反向也就是从右向左排列。图表默认是正向横坐标轴。若要反向，其操作方法之一是：选中产生了的图表，用“图表工具→布局→坐标轴→主要横坐标轴→显示从右向左坐标轴”，不过这时纵坐标轴也跟着到了右边。如何解决反向分类轴后数值轴的显示位置还在左边的问题呢？下面用“广州市某些行政区房屋销售面积分析”作案例来说明。

数据如表 4－6 所示。

表 4－6　　广州市某些行政区房屋销售面积分析

行政区	半年已售	五年已售	累计未售
增城	995800	4758658	2514833
花都	555900	3453254	2851414
黄埔	408500	826205	1571009
从化	411900	586331	1762778
番禺	462978	1320166	1896338
南沙	930040	754891	1873222
合计	3765118	11699505	12469594

过程图示及解释如下。

第一步：产生默认情况下的图表，即所谓“显示从左向右坐标轴”图表。将“广州市某些行政区房屋销售面积分析”数据复制到 Excel 工作表中（见“文件 5：如何使分类轴逆序后数值轴的显示位置不变 . xlsx”），选择表中数据作为图表数据源，插入图表，利用图表工具修饰后变成如图 4－19 样式图表。

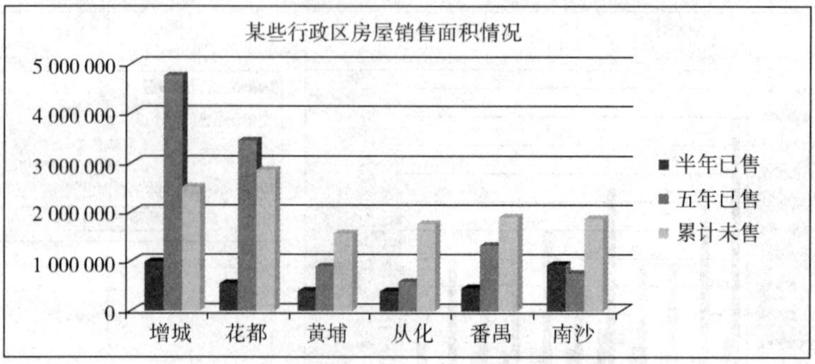

图 4－19　显示从左向右坐标轴

第二步：改为反向分类轴图表，即所谓“显示从右向左坐标轴”图表。选中图表，用“图表工具→布局→坐标轴→主要横坐标轴→显示从右向左坐标轴”，这时纵坐标轴也跟着到了右边，如图 4－20 所示。

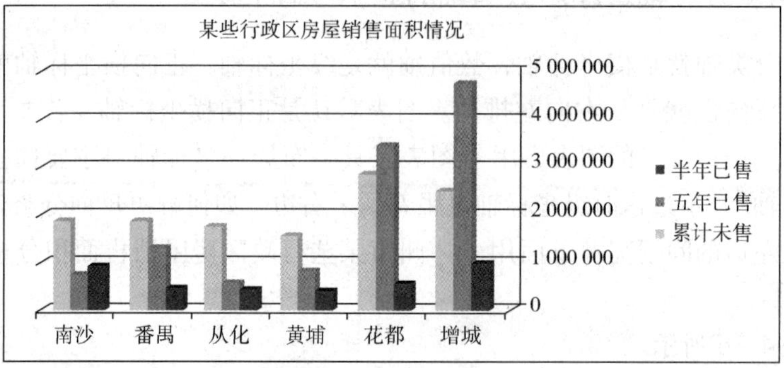

图 4－20　显示从右向左坐标轴

第三步：解决反向分类轴后数值轴的显示位置。选中图表，用“图表工具→布局→坐标轴→主要横坐标轴→其他主要横坐标轴选项”，打开如图 4－21 设置坐标轴格式所示窗口，在“坐标轴选项”项中的“纵坐标轴交叉：”选“最大分类”。同时注意到在“逆序类别”选项上打勾了。这是上述第二步完成的效果，也是其操作方法之二。

第四步：结果及分析。单击图 4－21 设置坐标轴格式的【关闭】按钮后，得到如图 4－22 想要的结果。为什么在“坐标轴选项”项中的“纵坐标轴交叉：”选“最大分类”就能使反向分类轴后数值轴（纵坐标轴）的显示位置在最左边？其实只要理解了“纵坐标轴交叉：”的意思就能理解这个结果了。顾名思义，“纵坐标轴交叉：”的意思是纵坐标轴与横坐标轴的交叉位置，如图 4－20“显示从右向左坐标轴”，按分类轴（横坐标轴）的分类方向，起始位置为“增城”的右边，“增城”的分类编号为 1，依次“花都”的分类编号为 2，“黄埔”的分类编号为 3，……。所以选“最大分类”就使反向分类轴后数值轴（纵坐标轴）的显示位置在最左边。

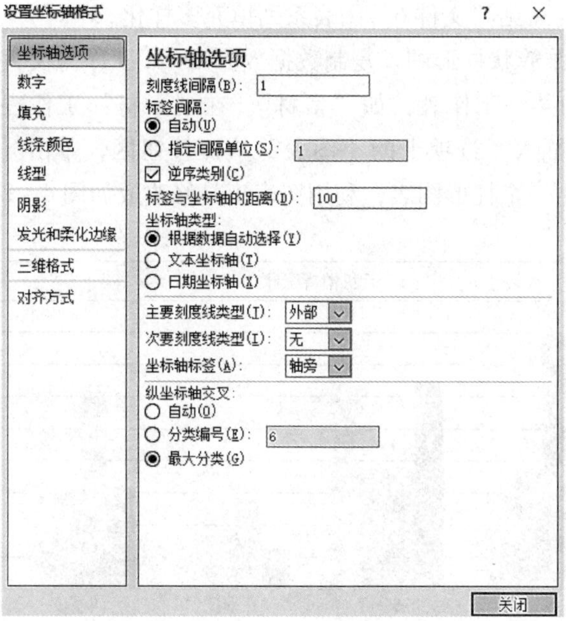

图 4-21　设置坐标轴格式

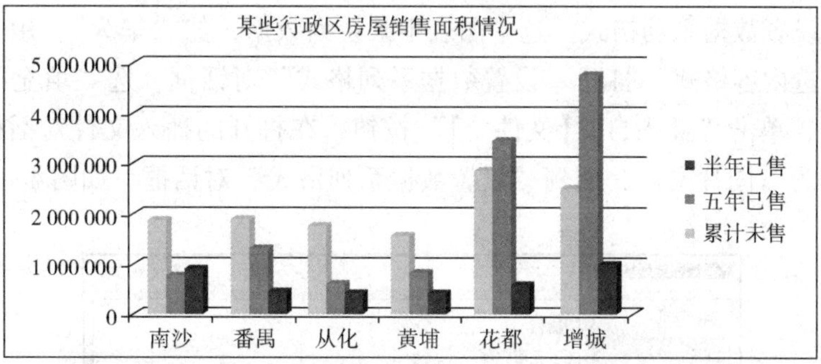

图 4-22　反向 “纵坐标轴交叉：最大分类”

4.3.6　图表系列填充多样化

某店 2016 年各季度手机销售数据情况如表 4-7 所示，用 Excel 图表形象地表示各品牌销售情况。

表 4-7　　手机各季度销售　　(单位：万元)

季度 品牌	一季度	二季度	三季度	四季度
苹果	394	646	128	321
华为	804	357	288	639
小米	376	353	185	318
OPPO	298	657	168	626

制作过程及图示：（见“文件6：图表系列填充多样化.xlsx”）

第一步：制作二维簇状柱形图。复制数据放到 Excel 工作簿文件“文件6：图表系列填充多样化.xlsx”的某一工作表，如“素材”。在“素材”工作表，选择如上表5行5列数据区域，进入“插入”选项卡的“图表”快捷按钮区，单击【柱形图】，选择“二维簇状柱形图”，产生一个柱形图表，利用图表工具修改成如图4－23二维簇状柱形图。

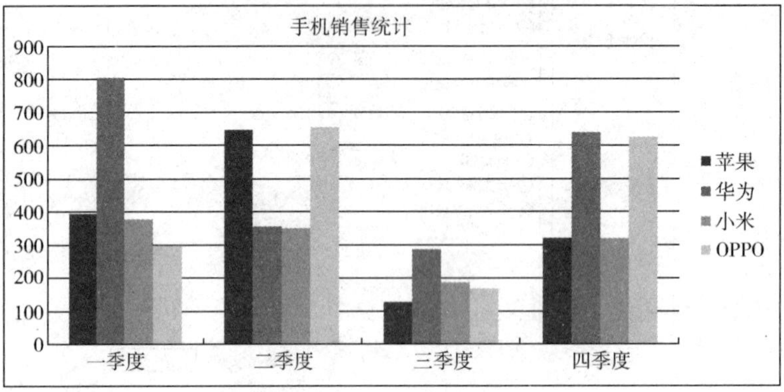

图4－23 二维簇状柱形图

第二步：设置数据系列格式。选中图表中某系列数据，如“华为”，用“图表工具→格式→设置所选内容格式”打开“设置数据系列格式”对话框，选“填充”→“图片或纹理填充”项，单击“插入自：【文件…】”按钮，在打开的插入文件对话框里选好预先准备好的“华为”图片文件，回到“设置数据系列格式”对话框，如图4－24所示。

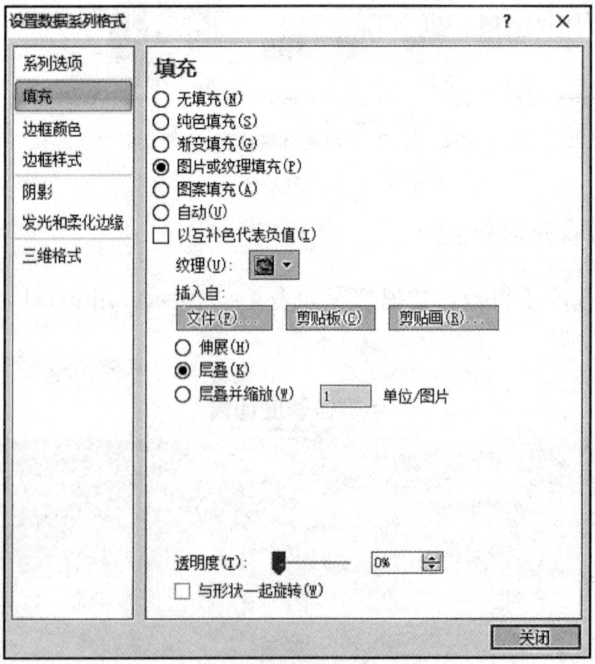

图4－24 设置数据系列格式

第三步：图表系列填充用图片。在单选按钮“伸展、层叠、层叠并缩放”三项中选一项，这里“华为”和“小米”系列选“层叠”，“苹果”和“OPPO”系列选了“伸展”项，结果如图4－25所示。

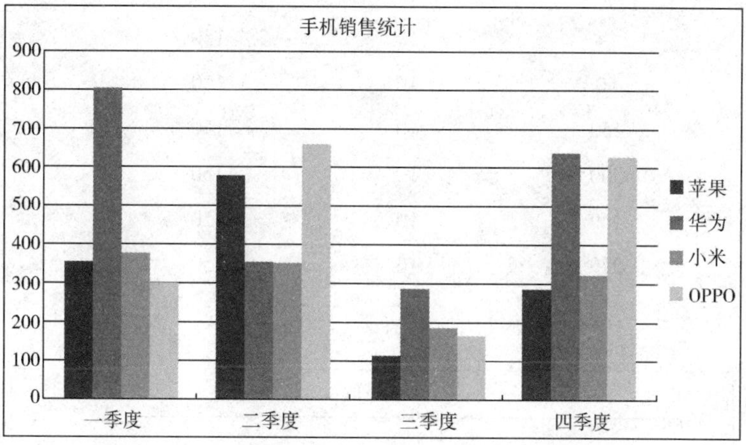

图4－25 图表系列填充

4.3.7 折线图与柱形图结合之应用——数据落点区间化

本知识点“数据落点区间化”用AQI数据作为案例数据。AQI是环境空气质量指数的缩写，是2012年3月国家发布的新空气质量评价标准，污染物监测为6项：二氧化硫、二氧化氮、PM10、PM2.5、一氧化碳和臭氧。数据每小时更新一次。AQI将这6项污染物用统一的评价标准呈现。

AQI共分六级，一级优、二级良、三级轻度污染、四级中度污染、直至五级重度污染、六级严重污染。空气污染指数划分为0～50、51～100、101～150、151～200、201～300和大于300六档。2012年上半年出台规定，将用空气质量指数（AQI）替代原有的空气污染指数（API）。当PM2.5日均值浓度达到150微克/立方米时，AQI即达到200；当PM2.5日均浓度达到250微克/立方米时，AQI即达300；PM2.5日均浓度达到500微克/立方米时，对应的AQI指数达到500。

所谓数据落点区间化是指某系列数据的情况如何用区间（几个标值设定的，一般是规定的最低值、标准值、最高值）形象地展示出来，即系列中的某一值落在哪个区间，不用去读纵坐标上的值，而是直接看落在图表区哪种颜色的区间。如案例中（见“文件7：数据落点区间化.xlsx”）测试的各城市AQI值即某系列数据，最低值、可接受和重度污染值是设定的标值，如表4－8所示，那么一般图表可能是如图4－26或图4－27所示的情形，而使用“折线图与柱形图结合之应用——数据落点区间化”方法后可以是图4－28的情形。可以看到，图4－26或图4－27中测试值落在可接受区间的位置程度不明显，因为各标值本来就没有用区间表示，而是纵坐标值或一根线。

表 4－8　典型城市 AQI （环境空气质量指数）

城市	测试值	最低值	可接受值	重度污染
保定	295	10	150	300
潍坊	265	10	150	300
湛江	14	10	150	300
广州	50	10	150	300
上海	150	10	150	300
北京	300	10	150	300
长沙	169	10	150	300
淄博	270	10	150	300

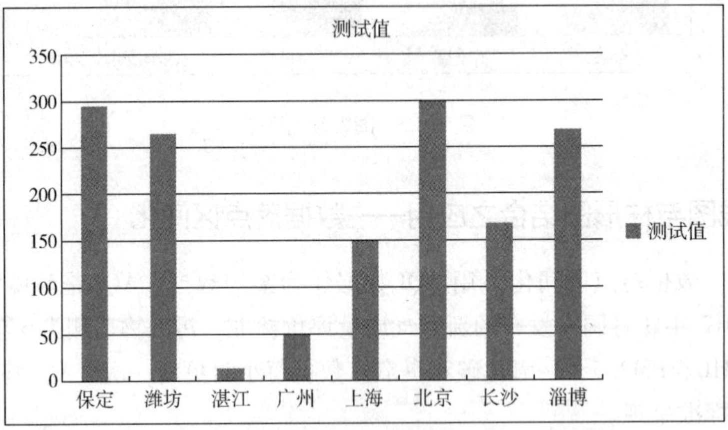

图 4－26　AQI 测试值柱形图

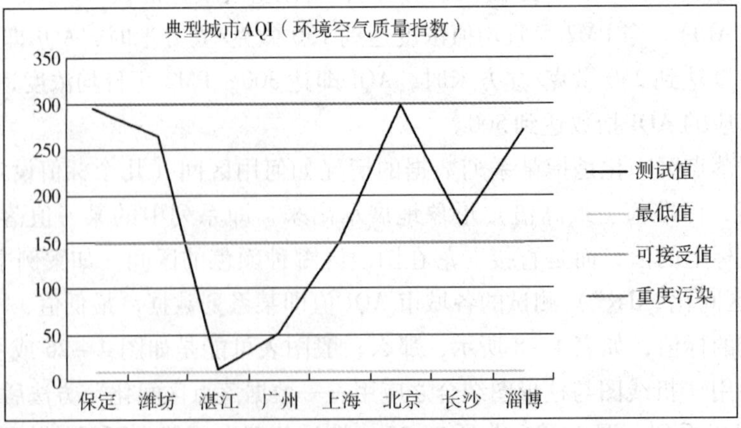

图 4－27　AQI 测试值折线图 1

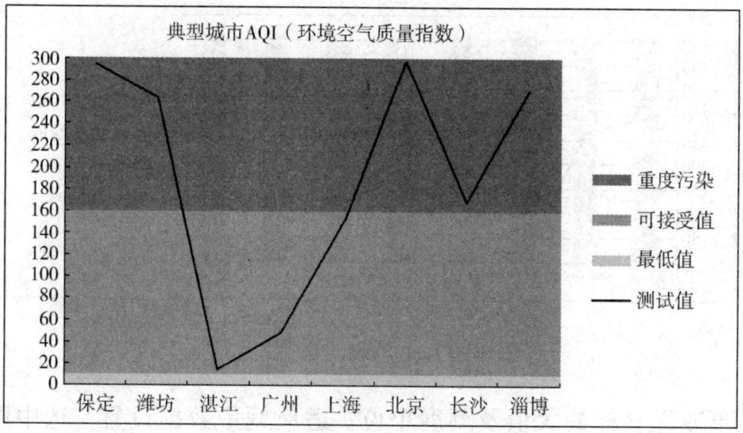

图4-28 AQI测试值区间落点图

而看到图4-28各标值区间由不同颜色标示出来了，各测试值落在区间的位置就一目了然了。所以数据落点区间化的关键就是如何用区间表示各系列值的占比：将各城市各系列数值（如测试值、最低值、重度污染值和可接受值）占总数值（各系列数值之和）的大小表示出来（即每个值在总值中的占比用值表示出来），然后将各类别（典型城市）间距设为零就形成了连续区间。如何描述各系列数值占总数值的大小就成了解决问题的关键。堆积柱形图描述的数据关系是：使用垂直柱形图比较相交于类别轴上的每个数值占总数值的大小。所以分析到此，解决问题的方法就基本清晰了。

详细步骤如下：

第一步：将图4-27 AQI测试值折线图1更改为堆积柱形图。选中图表，选“图表工具→设计→更改图表类型→堆积柱形图”。如图4-29 AQI测试堆积柱形图。

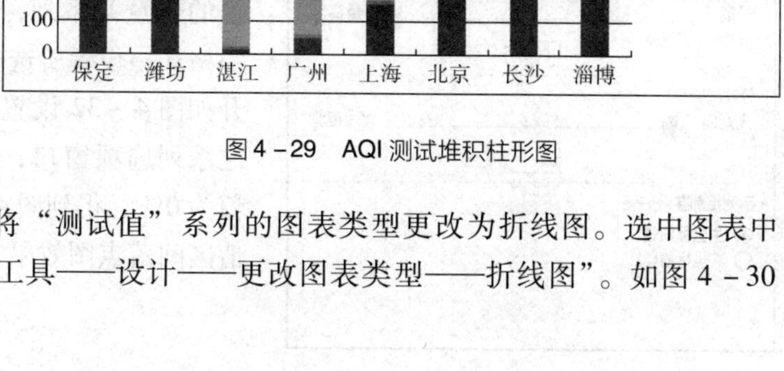

图4-29 AQI测试堆积柱形图

第二步：将“测试值”系列的图表类型更改为折线图。选中图表中“测试值”系列，选“图表工具——设计——更改图表类型——折线图”。如图4-30 AQI测试值折线图2。

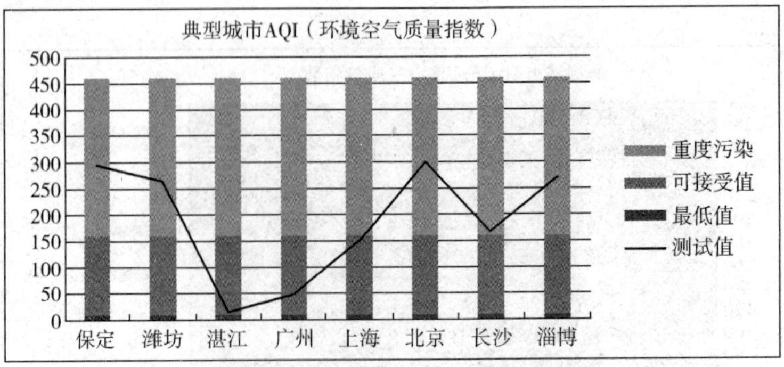

图 4－30　AQI 测试值折线图 2

第三步：更改纵坐标最大值及刻度单位，适应题中数据设置。选中图表中纵坐标（垂直轴），选“图表工具→格式→设置所选内容格式”，打开如图 4－31 设置坐标轴格式之坐标轴选项窗口，设最大值为固定 300，主要刻度固定 20。

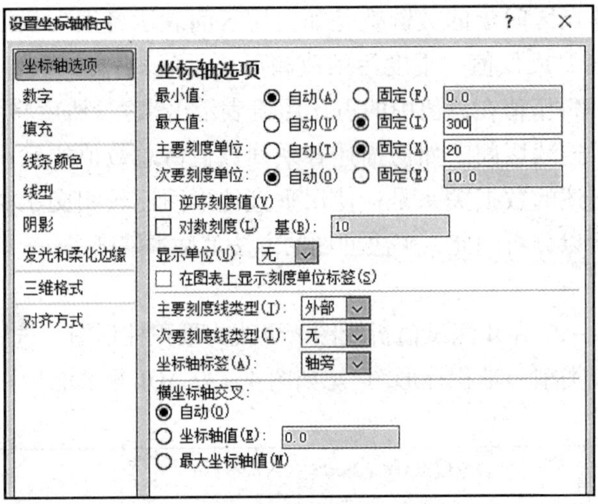

图 4－31　设置坐标轴格式之坐标轴选项

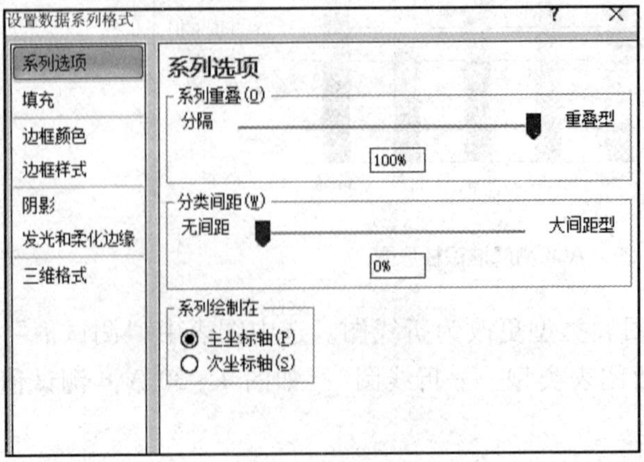

图 4－32　设置数据系列格式之系列选项

第四步：设置类别间距为零。选中图表中除“测试值”系列之外的任意某系列，选“图表工具→格式→设置所选内容格式”，打开如图 4－32 设置数据系列格式之系列选项窗口，设置分类间距值为 0%，得到图 4－28 AQI 测试值区间落点图效果。

4.3.8 动态图表之一：用函数让图表的数据源区域自动更新

这里用案例来说明“用函数让图表的数据源区域自动更新”的含义、意义和做法。

广州市区房屋销售情况表如表4－9所示，我们要对其面积产生动态饼图。

表4－9

部分区房屋销售情况表（原数据）			各区房屋销售情况表（增加了区）		
行政区名	套数	面积	行政区名	套数	面积
增城	162228	18025358	增城	162228	18025358
番禺	110637	12963422	番禺	110637	12963422
黄埔	74570	7683768	黄埔	74570	7683768
南沙	65363	7289466	南沙	65363	7289466
			花都	119460	13040878
			白云	90822	9940793
			天河	71045	8322049
			荔湾	44303	4749328
			海珠	72382	8022388
			越秀	19297	2017162

其含义是：原数据表对应的相关饼图如图4－33原数据表的相关饼图，当数据源区域变化了时，饼图能自动变为如图4－34所示的饼图（见“文件8：用函数使图表的数据源区域自动更新.xlsx”）。

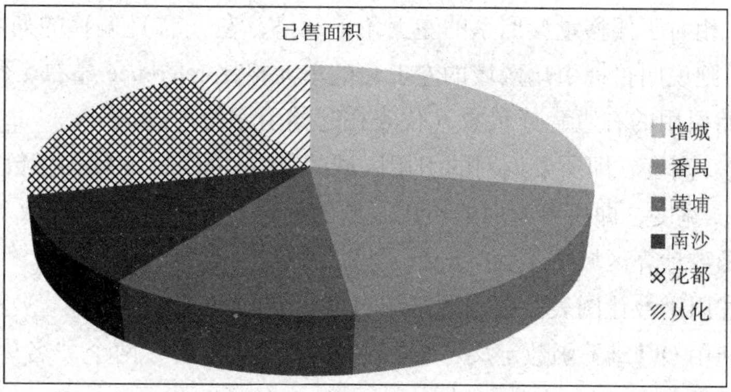

图4－33 原数据表的相关饼图

可以看出，本案例的关键就是数据源的区域变化了，不经过重新插入图表，原图表能自动反映数据源区域的变化。换句话说就是图表的数据源区域是随时变化的，如何描述它。

从前面的学习知道图表有“选择数据源”的窗口，在窗口中可以设置系列值及分类值，可以直接指定其值对应的区域，也可以用“名称”来指定其值对应的区域。“名称”

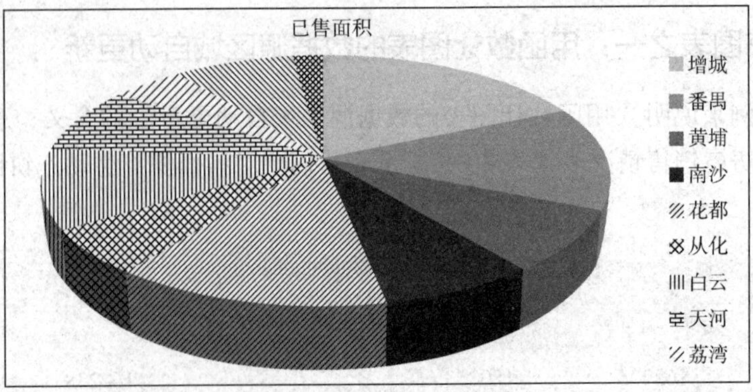

图 4－34　数据源区域变化了后的相关饼图

定义给设置变化的区域带来了方便，可以考虑在“名称”定义中使用合适的函数来描述变化的区域。

首先来介绍一下 OFFSET 函数。

函数的语法格式：OFFSET（reference，rows，cols，[height]，[width]）

函数的功能：以指定的引用为参照系，通过给定偏移量得到新的引用。返回的引用可以为一个单元格或单元格区域，并可以指定返回的行数或列数。

函数的参数解释：

reference 必需。作为偏移量参照系的引用区域。reference 必须为对单元格或相连单元格区域的引用；否则，OFFSET 返回错误值#VALUE!。

rows 必需。相对于偏移量参照系的左上角单元格，上（下）偏移的行数。如果使用 5 作为参数 rows，则说明目标引用区域的左上角单元格比 reference 低 5 行。行数可为正数（代表在起始引用的下方）或负数（代表在起始引用的上方）。

cols 必需。相对于偏移量参照系的左上角单元格，左（右）偏移的列数。如果使用 5 作为参数 cols，则说明目标引用区域的左上角的单元格比 reference 靠右 5 列。列数可为正数（代表在起始引用的右边）或负数（代表在起始引用的左边）。

height 可选。高度，即所要返回的引用区域的行数。height 必须为正数。

width 可选。宽度，即所要返回的引用区域的列数。width 必须为正数。

COUNTA 函数计算区域中不为空的单元格的个数。

其次来描述用函数让图表的数据源区域自动更新的实现步骤：

第一步：利用 OFFSET 函数定义“面积”和“行政区名”两个“名称”。如图 4－35 用名称管理器定义名称：

面积＝OFFSET（全市各区！＄C＄3，0，0，COUNTA（全市各区！＄C：＄C）－1，1）

行政区名＝OFFSET（全市各区！＄A＄4，0，0，COUNTA（全市各区！＄A：＄A）－1，1）

第二步：修改原图表数据源设置。选中原图表，选“图表工具－设计－选择数据”，打开“选择数据源”窗口，如图 4－36 所示。分别单击“图例项（系列）”框中的【编辑】按钮和“水平（分类）轴标签”框中的【编辑】按钮，在打开的“编辑数据系列”

框和“轴标签”框中输入如图 4－37 编辑了的数据系列及分类轴标签，然后回到“选择数据源”窗口，【确定】即可。

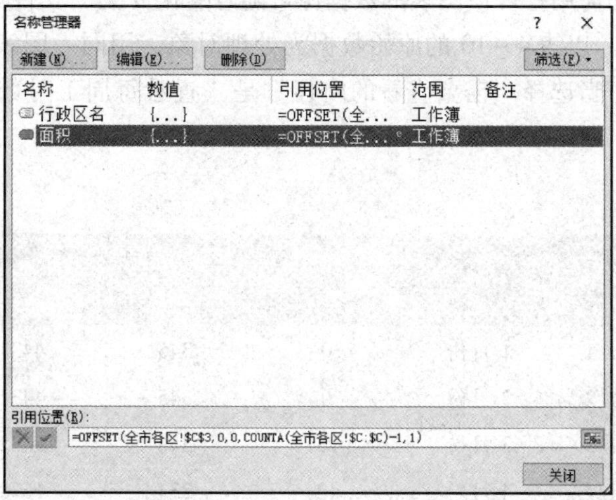

图 4－35　用名称管理器定义名称

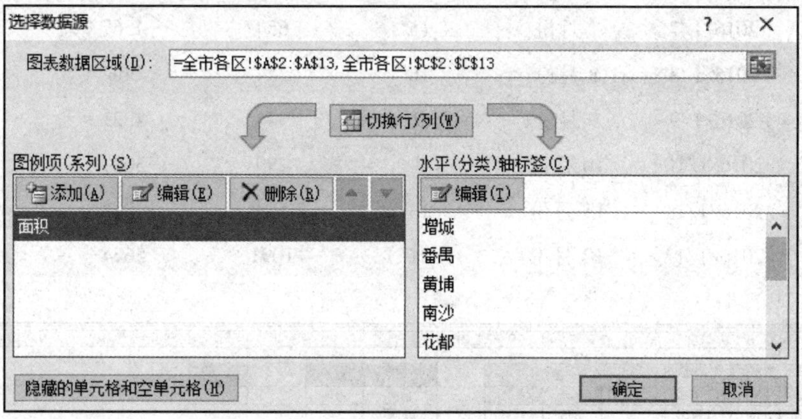

图 4－36　修改数据源为自定义的名称

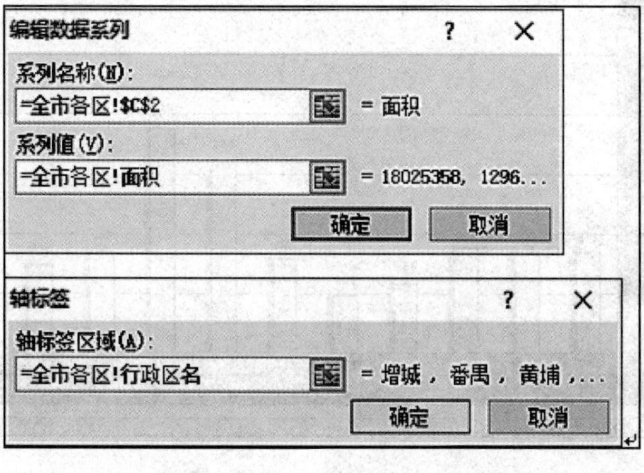

图 4－37　编辑了的数据系列及分类轴标签

4.3.9 动态图表之二：用控件使图表的数据源变化

用案例来说明如何用控件使图表的数据源可随意变化（见“文件 9：用控件使图表的数据源变化.xlsx”）。以表 4 - 10 的原始数据为处理对象，用同一图表动态显示每天、每周、每月的工时数。当选择“需要查看的内容”是“查看每周工时数量”时，效果图如图 4 - 38 所示。

表 4 - 10

时间数据			工时数量			图表数据区域	
周	天	月	每天	每周	每月	日期	数据
第 1 周	2016/1/1	1 月份	0	345	4431		
第 2 周	2016/1/2	2 月份	0	345	4431		
第 3 周	2016/1/3	3 月份	23	356	5432		
第 4 周	2016/1/4	4 月份	12	234	1678		
第 5 周	2016/1/5	5 月份	8	200	3456		
第 6 周	2016/1/6	6 月份	10	321	1345		
第 7 周	2016/1/7	7 月份	15	654	4567		
第 8 周	2016/1/8	8 月份	16	754	564		
第 9 周	2016/1/9	9 月份	9	346	4321		
第 10 周	2016/1/10	10 月份	8	299	3099		
第 11 周	2016/1/11	11 月份	13	543	4378		
第 12 周	2016/1/12	12 月份	21	1091	5674		

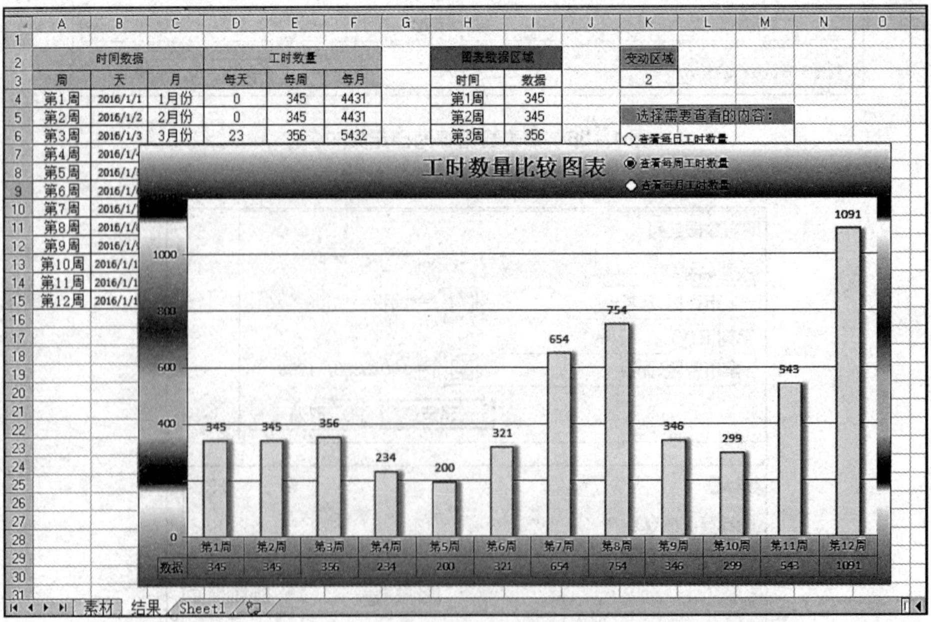

图 4 - 38　用控件使图表的数据源变化

具体实施步骤如下：

第一步：填写图表数据区域数据。“图表数据区域数据”来源于其左边原始表数据，通过公式获取，如图4－38所示，单元格H4中的公式是“=IF（$K$3=1，B4，IF（$K$3=2，A4，C4））”，单元格I4中的公式是“=IF（$K$3=1，D4，IF（$K$3=2，E4，F4））”，可见数据区域数据的值由K3中的值的不同而不同。

第二步：K3中的值由选项按钮给出。

选项按钮的添加及设置方法：

♦增加“开发工具”选项卡：选菜单“文件”之“选项”，打开“Excel 选项”窗口，选“自定义功能区”增加“开发工具”，如图4－39“Excel 选项”窗口。

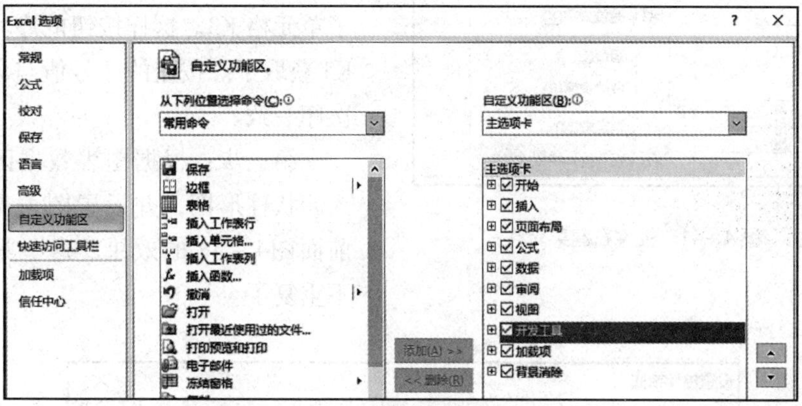

图4－39　“Excel 选项”窗口

♦在“开发工具”选项卡，选【插入】→“表单控件”之“选项按钮（窗体控件）”控件，如图4－40所示，然后在工作表某合适位置（如单元格K3附近）放置控件。重复3次，有序放置三个选项按钮控件。

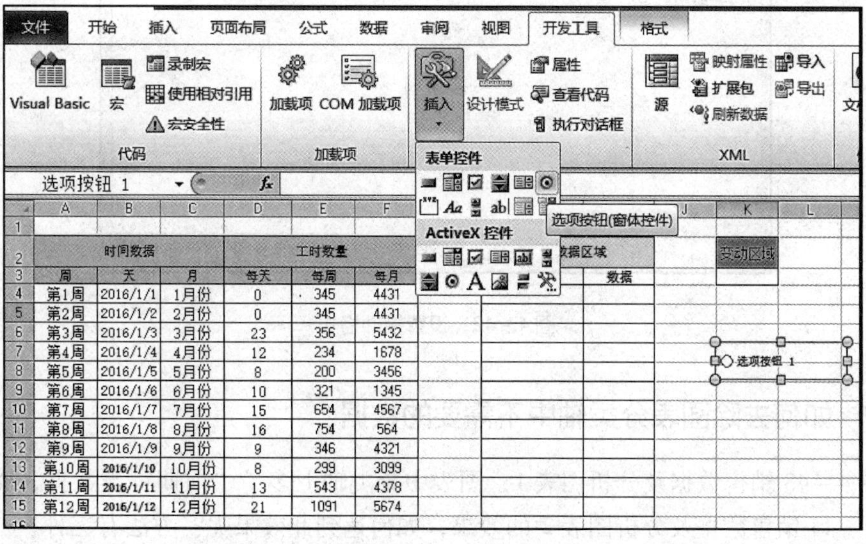

图4－40　表单控件－选项按钮（窗体控件）

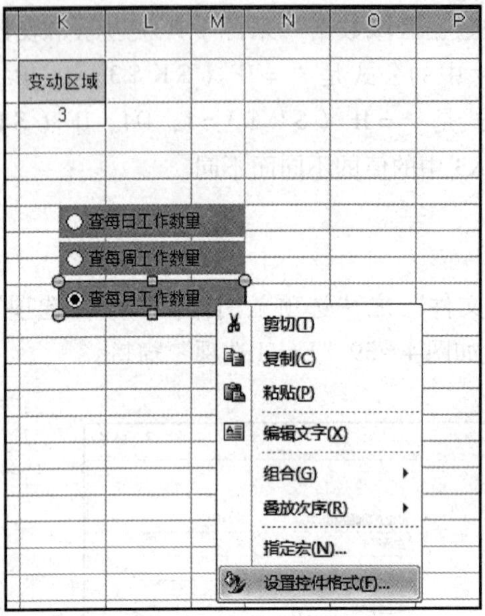

图 4－41　控件右键菜单

◆ 设置选项按钮关联到单元格 K3。选择某一选项按钮，点开右键菜单，如图 4－41 所示，可以对选项按钮做“编辑文字”“设置控件格式”等一系列操作，点击“设置控件格式”打开如图 4－42 设置控件格式窗口。在这里可以点开选项卡设置控件的很多属性，这里请大家特别注意“控制”选项卡的界面，在其“单元格链接：”框中填写了“$K$3”，这样就设置选项按钮关联到了单元格 K3。这样按钮的序号值就能由 K3 获取了。按钮的序号值与添加按钮的次序一致。

第三步：根据图表数据区域数据插入簇状柱形图，并设置图表格式，达到前面图4－38 的效果。这些具体操作就不重复了。

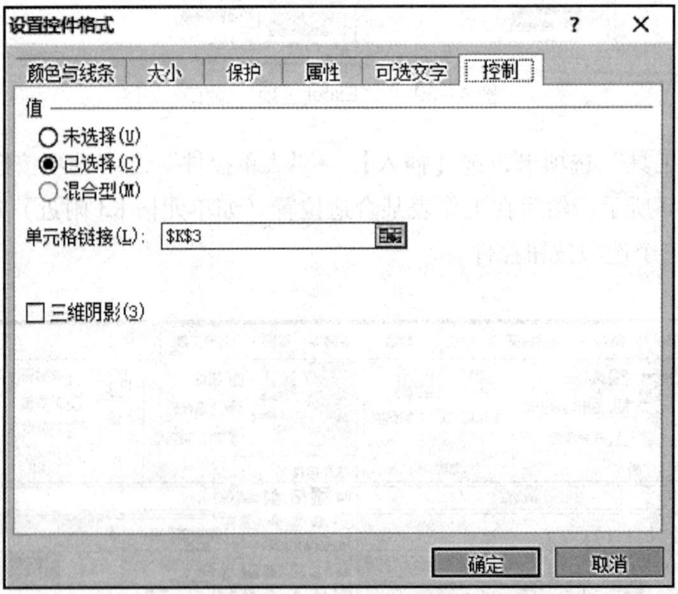

图 4－42　设置控件格式

4. 3. 10　如何去除图表分类轴中不需要的数据

如图 4－43 销售数据及分析图表 1，图表中分类轴上多了“前期”类数据，而需要的是如图 4－44 销售数据及分析图表 2 的效果，如何达到此效果呢？方法有三种。

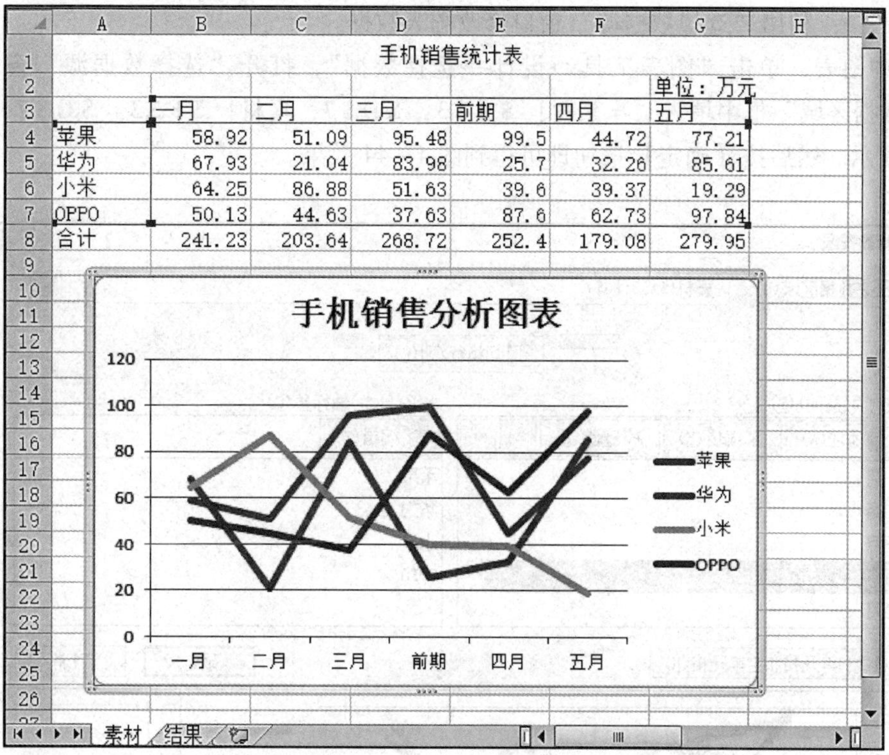

手机销售统计表

	一月	二月	三月	前期	四月	五月
苹果	58.92	51.09	95.48	99.5	44.72	77.21
华为	67.93	21.04	83.98	25.7	32.26	85.61
小米	64.25	86.88	51.63	39.6	39.37	19.29
OPPO	50.13	44.63	37.63	87.6	62.73	97.84
合计	241.23	203.64	268.72	252.4	179.08	279.95

图4-43 销售数据及分析图表1

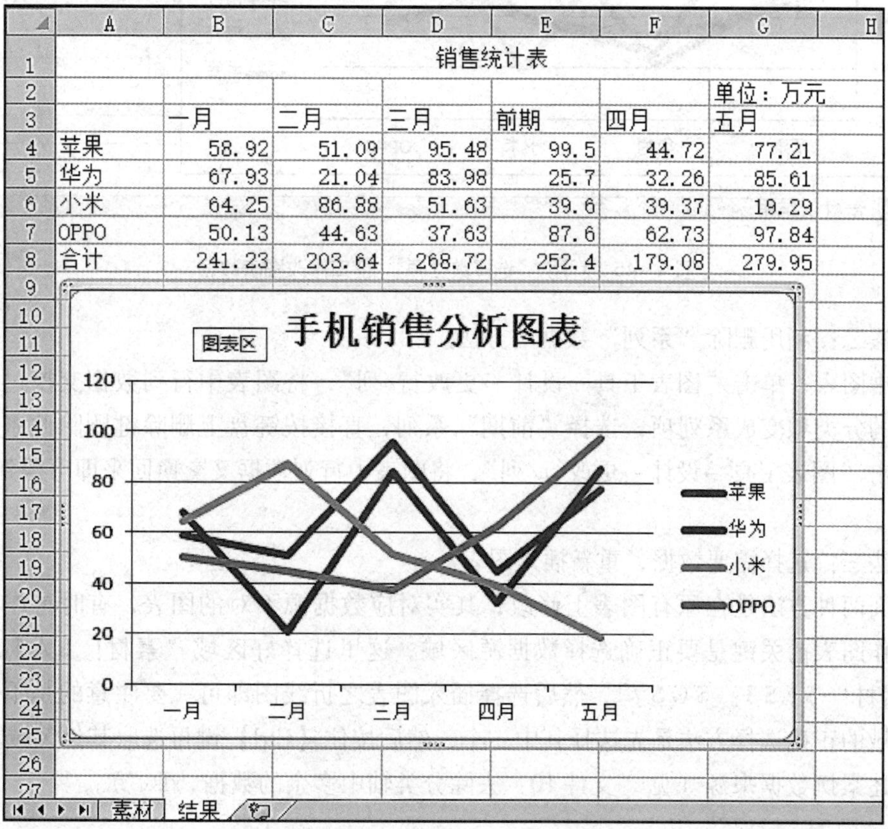

销售统计表

	一月	二月	三月	前期	四月	五月
苹果	58.92	51.09	95.48	99.5	44.72	77.21
华为	67.93	21.04	83.98	25.7	32.26	85.61
小米	64.25	86.88	51.63	39.6	39.37	19.29
OPPO	50.13	44.63	37.63	87.6	62.73	97.84
合计	241.23	203.64	268.72	252.4	179.08	279.95

图4-44 销售数据及分析图表2

方法一：利用“选择数据源”窗口修改图表数据。

选中图表，单击“图表工具→设计→选择数据”，打开“选择数据源”窗口，在“图表数据区域”框中填入“=素材！$A$3：$D$7，素材！$F$3：$G$7”，如图4－45所示。然后按【确定】按钮即可得到图4－44效果。

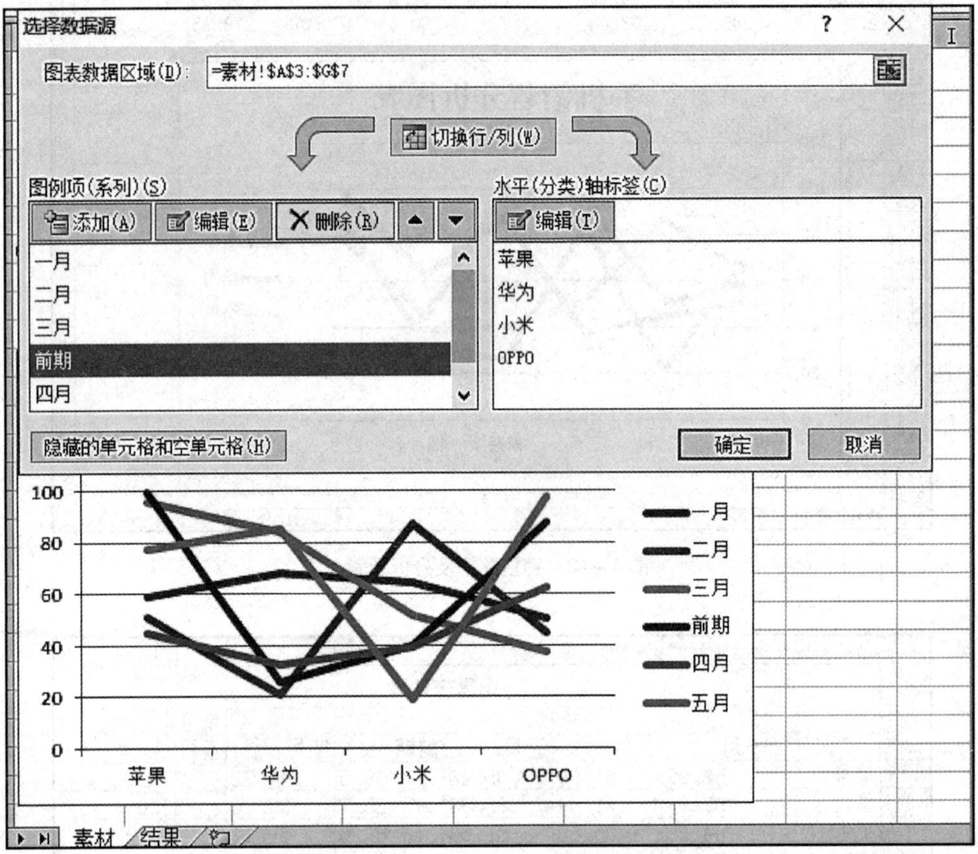

图4－45 利用“选择数据源”窗口修改图表数据

方法二：利用删除“系列”数据的方法。

选中图表，单击“图表工具→设计→更改行/列”，将图表中行列数据交换过来，这样原来的分类项变成系列项；选择“前期”系列，直接按键盘上删除键删除此系列；然后再单击“图表工具→设计→更改行/列”，将图表中行列数据又交换回来即可得到图4－44效果。

方法三：选择需要数据，重新插入图表。

前面两种方法是在原有图表上修改，其实对应数据源不对的图表，有时重作图表更简单。作图表前关键是要正确选择数据源区域。这里选择好区域“素材！$A$3：$D$7，素材！$F$3：$G$7”，然后选择插入图表之折线图即可。要注意的是不连续的几个区域的正确选择方法是先选择其中一个，然后按住【Ctrl】键再选取其他区域。

上述案例数据来源（见“文件10：去除分类轴中多余的数据.xlsx”）。

4.3.11 数据单位在图表中的添加

如图4－46没有数据标签的饼图，怎样变成图4－47有数据标签且有数据单位的饼图？方法如下（见“文件11：数据单位在图表中的添加.xlsx”）。

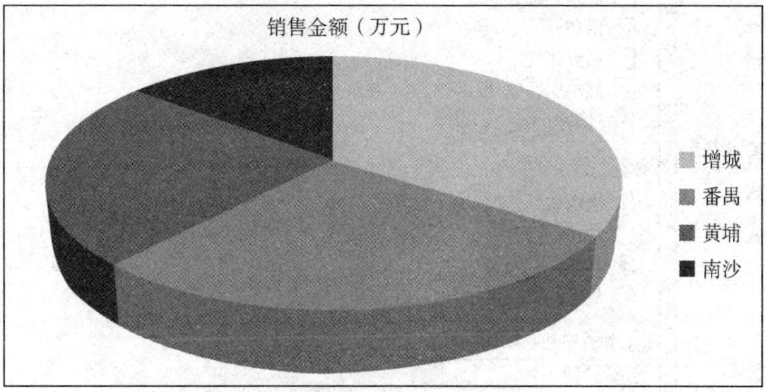

图4－46 没有数据标签的饼图

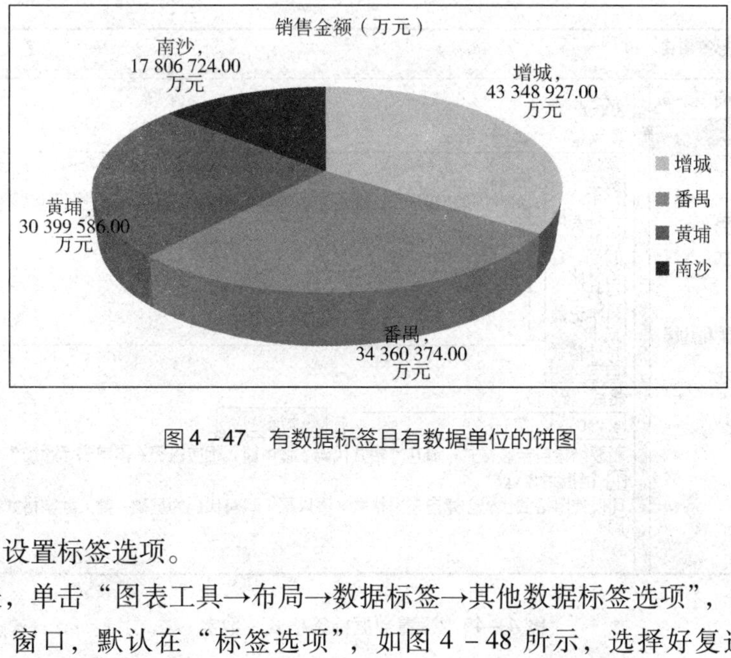

图4－47 有数据标签且有数据单位的饼图

第一步：设置标签选项。

选中图表，单击“图表工具→布局→数据标签→其他数据标签选项”，打开“设置数据标签格式”窗口，默认在“标签选项”，如图4－48所示，选择好复选框和单选框项目。

第二步：添加单位。

单击“设置数据标签格式”窗口的“数字”项，窗口变成如图4－49所示设置数字类型形式，选择“自定义”类别，在格式代码框中输入代码“#，##0.00_"万元"”，然后单击右侧的【添加】按钮，如图4－49所示效果即可。

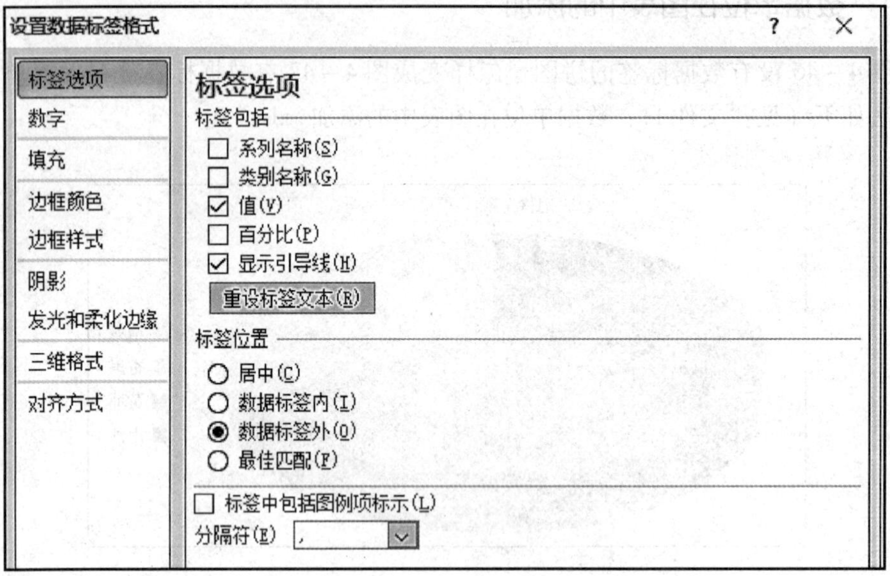

图 4 – 48 设置数据标签格式 – 标签选项

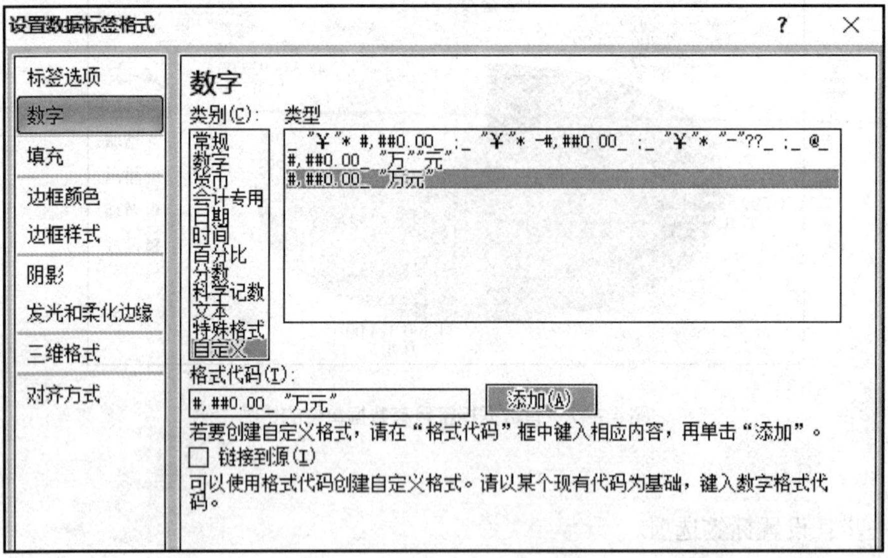

图 4 – 49 设置数据标签格式 – 数字

4.3.12 折线图中空白单元格的处理

如图 4 – 50 数据对应的折线图（见“文件 12：折线图中空白单元格的处理 . xlsx”），当某系列数据中间有空白单元格时，折线连不成线，如图中“深圳”系列。如何使“深圳”系列数据显示，变成图 4 – 51 折线图的效果，方法如下。

图 4－50　折线图——没处理空白单元格情况

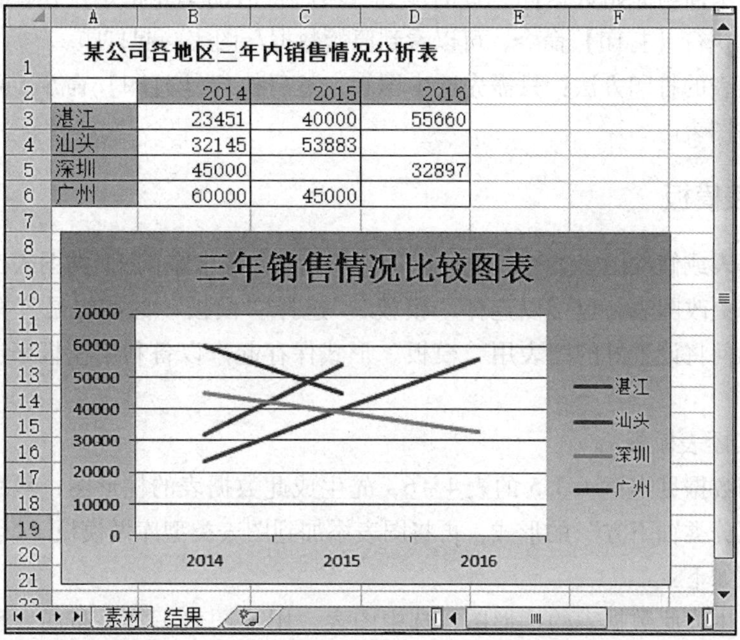

图 4－51　折线图——处理了空白单元格情况

选中图表，单击“图表工具——设计——选择数据”，打开“选择数据源”窗口，单击窗口左下角【隐藏的单元格和空单元格】按钮，打开如图 4－52 的设置窗口，选择单选按钮“用直线连接数据点”，点【确定】按钮回到“选择数据源”窗口，再【确定】即可。

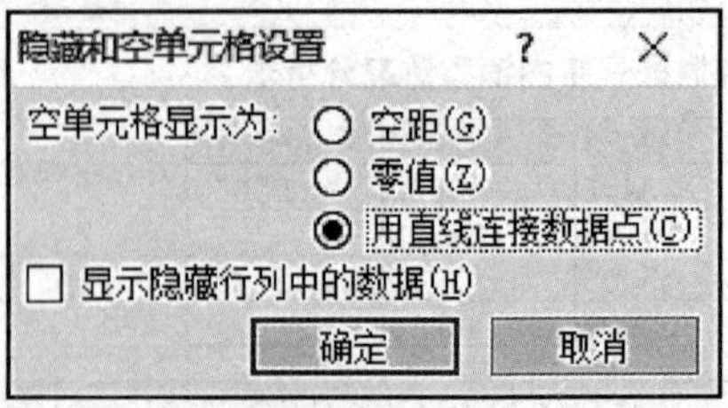

图 4 - 52　隐藏和空单元格的设置

4.4　图表的打印及其他操作

4.4.1　图表的打印

图表的打印分两种情况，一种是图表的原始数据与图表一起打印，另一种是只打印图表。

图表原始数据与图表一起打印方法：将图表放在原始数据区之外的某处，如一般放在原始数据的下面与原始数据同一页的地方；然后将活动单元格定位在工作表中的任意单元格；这时执行【打印】命令，可以看到原始数据与图表一起打印。

只打印图表的打印方法：只需先选中图表，然后执行【打印】命令，可以看到这时只打印选中的图表。

4.4.2　图表模板

在插入图表或修改图表类型时既可以选择 Excel 自身带来的 11 类图表工具中的某一种产生图表或更改图表，也可以选择“模板”。选择“模板”的前提是“模板”中需有模板可选。如何将设置好的图表用“模板”形式保存起来以备利用模板来产生或更改图表呢?

（1）定义图表模板

案例使用数据见本章 4. 3. 5 的表 4 - 6，先生成此数据表的柱形图，然后修改成“图表系列显示在分类轴下方”的形式，再将图表添加到图表类型库做模板。

操作步骤如下：

第一步：生成此数据表的柱形图，选中图表，用“图表工具→布局→坐标轴→主要纵坐标轴→其他主要纵坐标轴选项（M...）”，打开如图 4 - 53 设置坐标轴格式之纵坐标，然后按图所示勾选“逆序刻度值”，修改成“图表系列显示在分类轴下方”的形式。接下来将图表添加到图表类型库。

第二步：选中图表，执行【图表工具】→【设计】→【另存为模板】命令按钮，如图 4 - 54 所示。

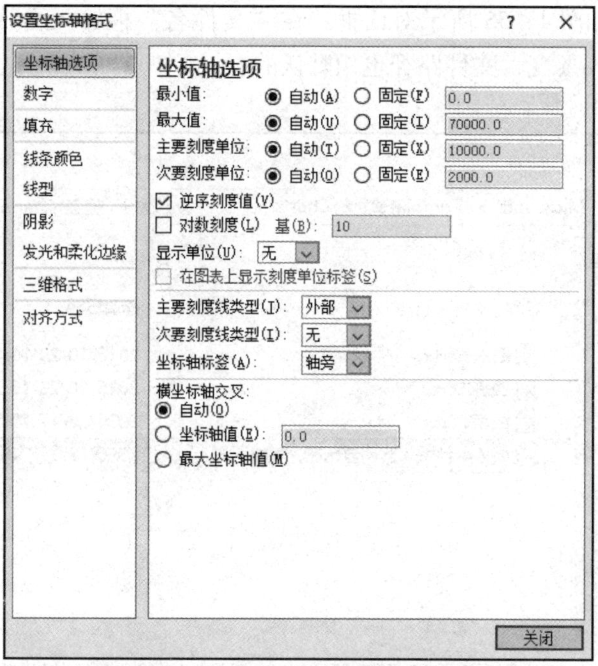

图4－53　设置坐标轴格式之纵坐标

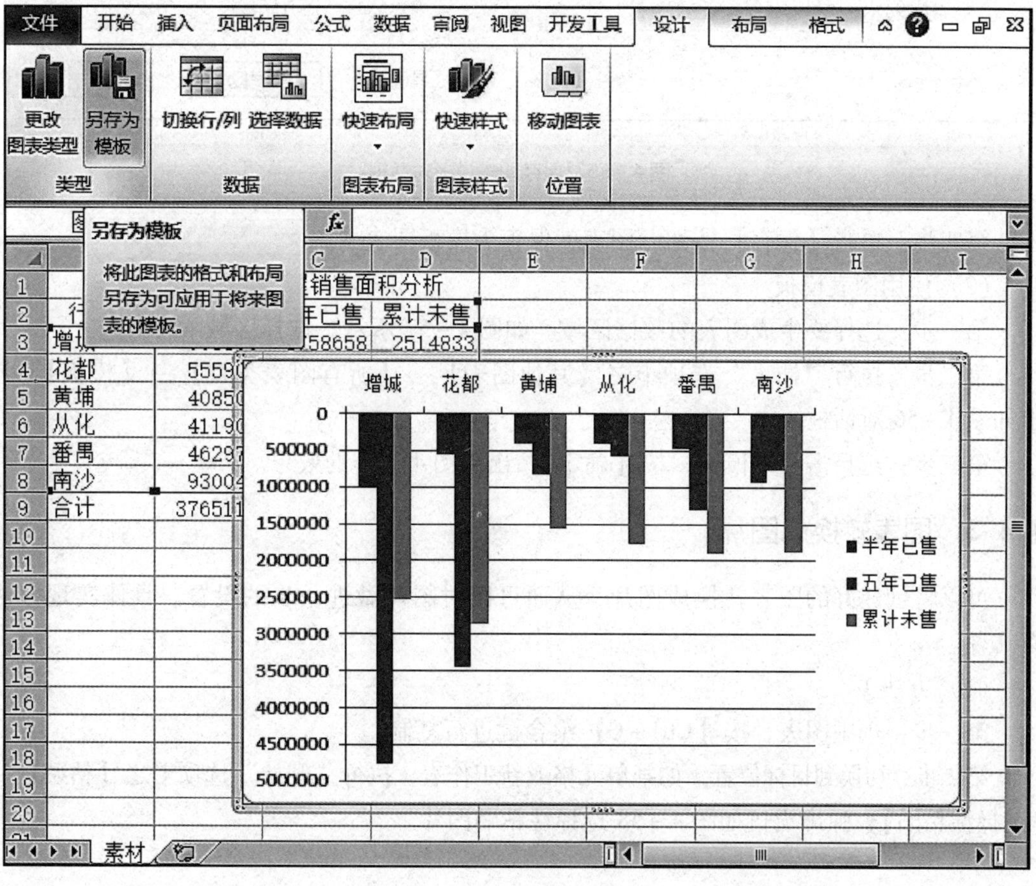

图4－54　另存为模板

第三步：弹出如图 4－55 所示对话框。在“文件名”框输入自认为合适的名称，注意扩展名“. crtx”不要变，文件路径也用默认的。

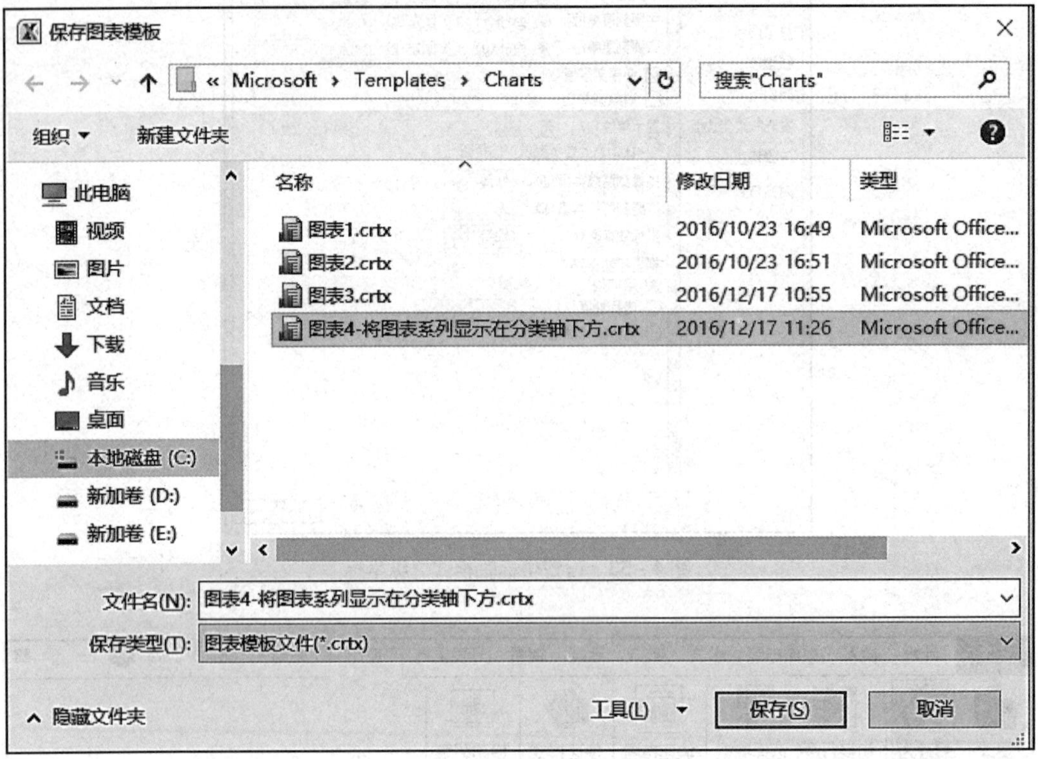

图 4－55　保存图表模板对话框

第四步：单击【保存】按钮，图表就保存为模板图表了。

（2）使用图表模板

第一步：选择要生成图表的数据区域。如图 4－57 所示，选择区域 A2：F7。

第二步：执行“插入”选项卡之【其他图表】→【所有图表类型】→【模板】，弹出如图 4－56 对话框。

第三步：选择需要的模板，按【确定】，出现图 4－57 的效果。

4. 4. 3　图表转换成图片

可以将创建好的图表转换成图片，从而可以对图片做进一步的设置。具体实现方法有几种。

（1）方法 1

第一步：选中图表，按【Ctrl＋C】组合键进行复制；

第二步：切换到目标位置，如某单元格或新工作表，执行“开始”选项卡之【粘贴】→【选择性粘贴】，弹出窗口如图 4－58 选择性粘贴图片。

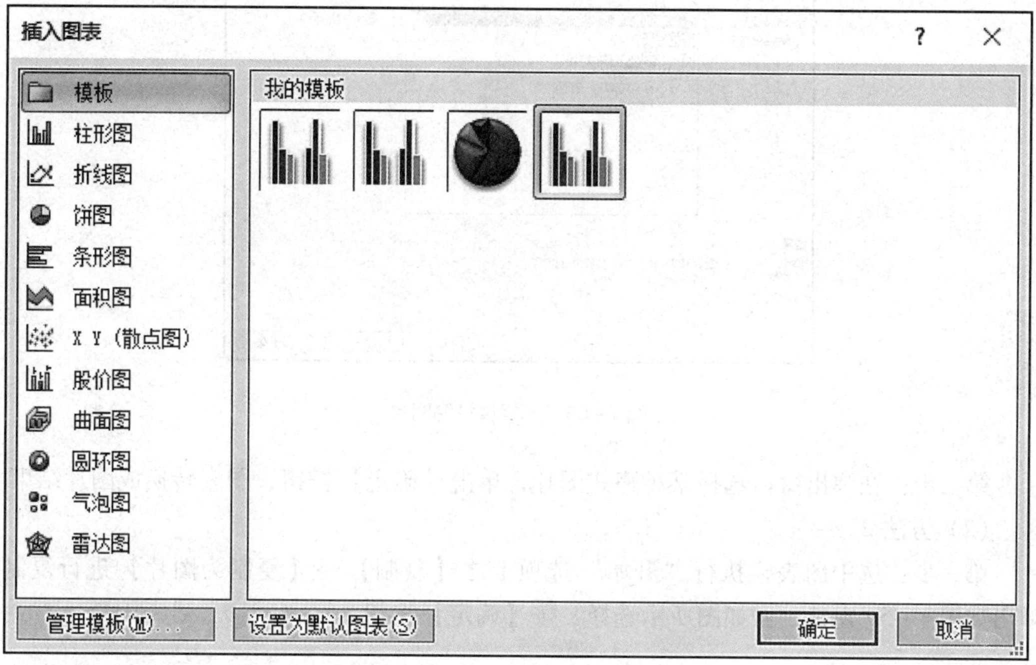

图 4－56　选择图表模板

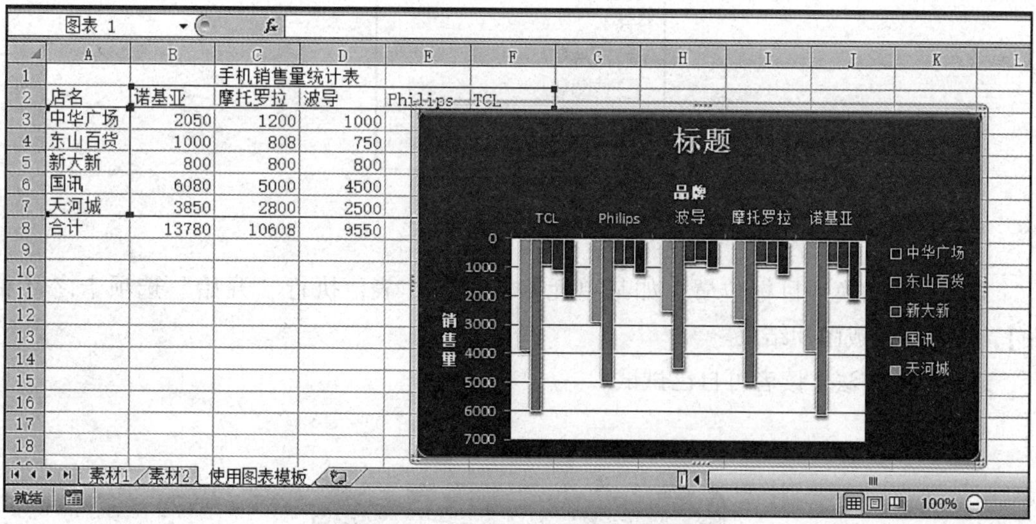

图 4－57　用图表模板创建的图表

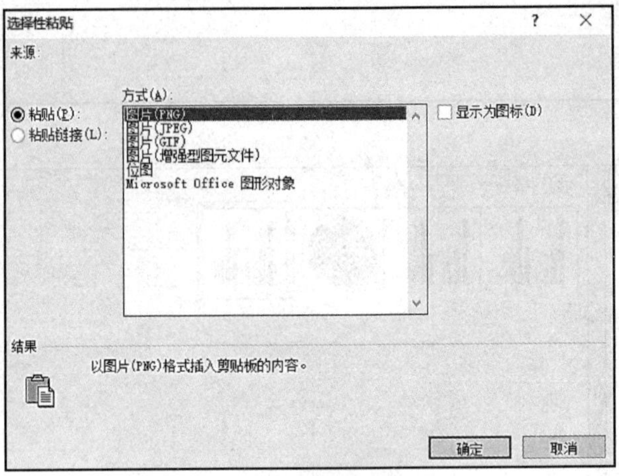

图 4 –58　选择性粘贴图片

第三步：在弹出窗口选择某种格式图片，单击【确定】按钮，图表转换成图片结束。

(2) 方法 2

第一步：选中图表，执行“开始”选项卡之【复制】→【复制为图片】进行复制；弹出如图 4 –59 窗口，做如图所示选择，按【确定】按钮。

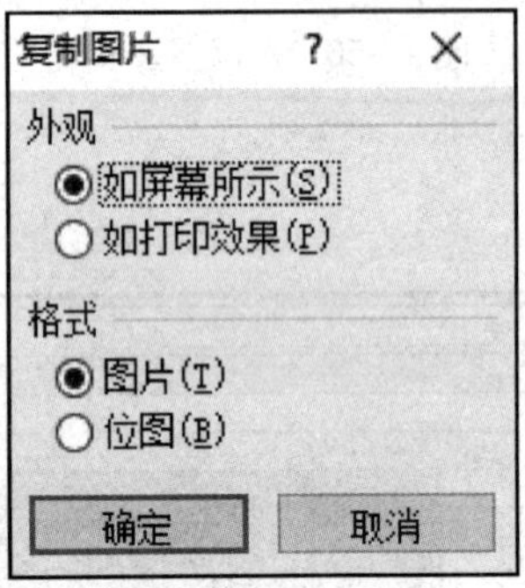

图 4 –59　复制图片

第二步：切换到目标位置，如某单元格或新工作表，执行“开始”选项卡之【粘贴】，图表转换成图片结束。

还有其他方法，读者可自己试试。

4.5 练习

各种图表的练习，要求及原始数据见文件“练习 1：各种图表的练习 . xlsx”。

1. 三维簇状柱形图

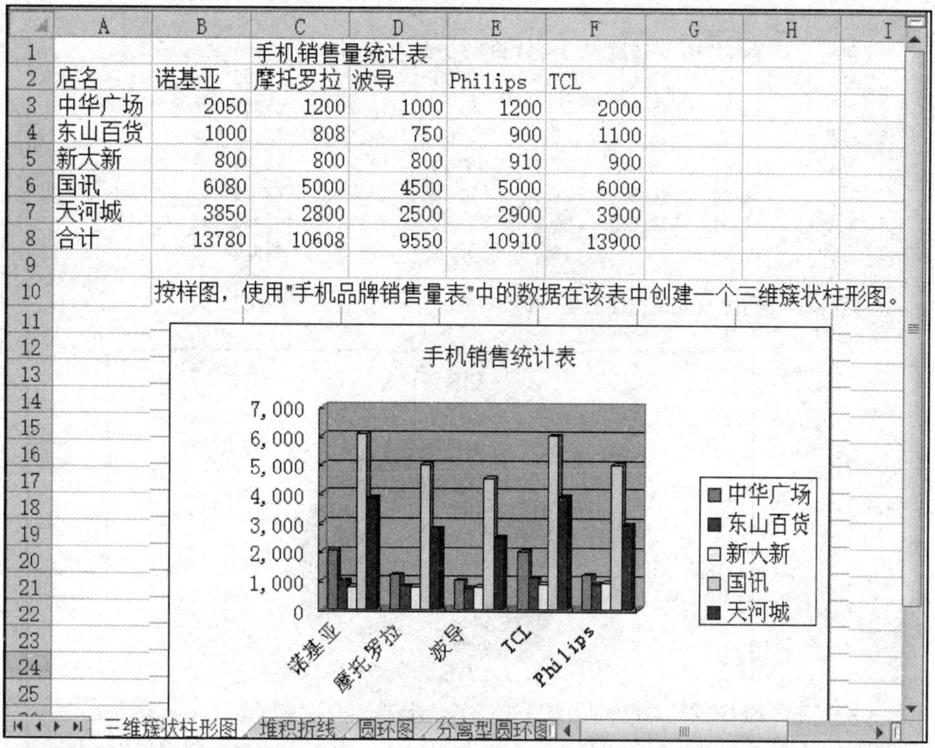

店名	诺基亚	摩托罗拉	波导	Philips	TCL
中华广场	2050	1200	1000	1200	2000
东山百货	1000	808	750	900	1100
新大新	800	800	800	910	900
国讯	6080	5000	4500	5000	6000
天河城	3850	2800	2500	2900	3900
合计	13780	10608	9550	10910	13900

2. 堆积数据点折线图

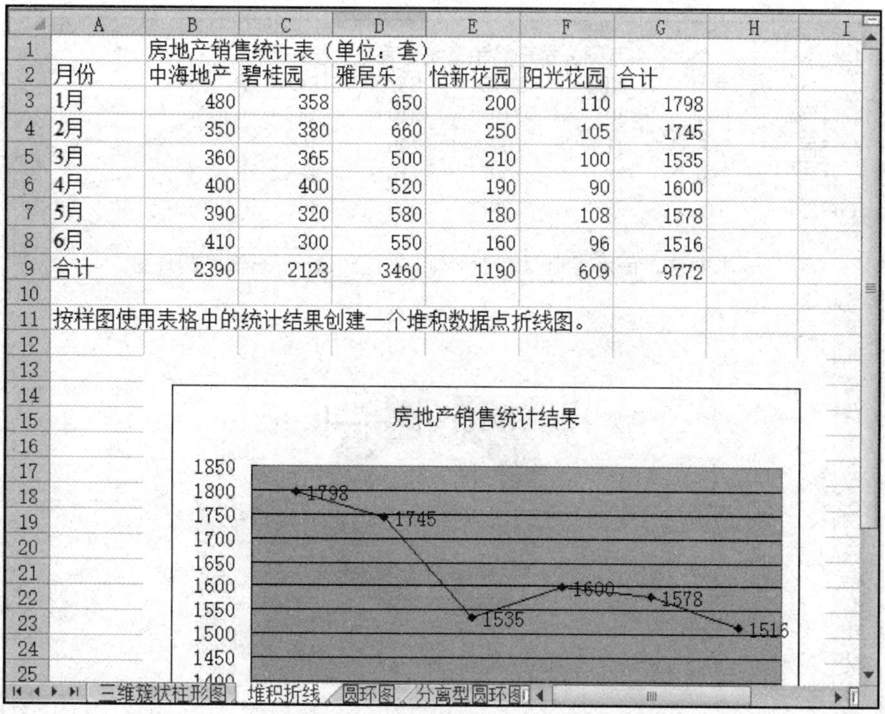

月份	中海地产	碧桂园	雅居乐	怡新花园	阳光花园	合计
1月	480	358	650	200	110	1798
2月	350	380	660	250	105	1745
3月	360	365	500	210	100	1535
4月	400	400	520	190	90	1600
5月	390	320	580	180	108	1578
6月	410	300	550	160	96	1516
合计	2390	2123	3460	1190	609	9772

3. 圆环图

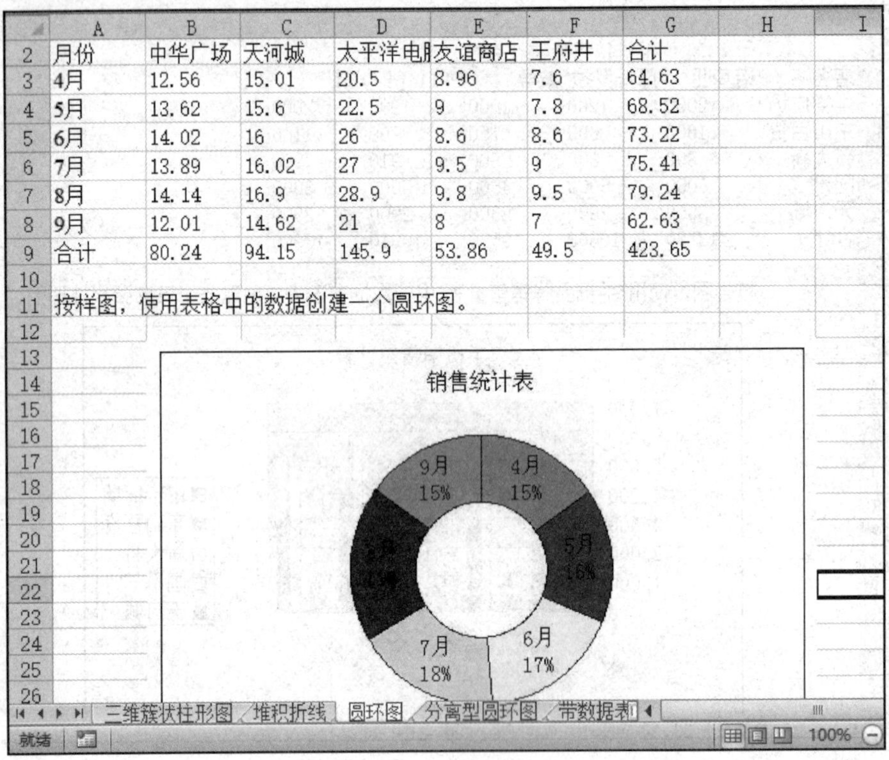

	A	B	C	D	E	F	G
2	月份	中华广场	天河城	太平洋电胉	友谊商店	王府井	合计
3	4月	12.56	15.01	20.5	8.96	7.6	64.63
4	5月	13.62	15.6	22.5	9	7.8	68.52
5	6月	14.02	16	26	8.6	8.6	73.22
6	7月	13.89	16.02	27	9.5	9	75.41
7	8月	14.14	16.9	28.9	9.8	9.5	79.24
8	9月	12.01	14.62	21	8	7	62.63
9	合计	80.24	94.15	145.9	53.86	49.5	423.65
11	按样图，使用表格中的数据创建一个圆环图。						

4. 分离型圆环图

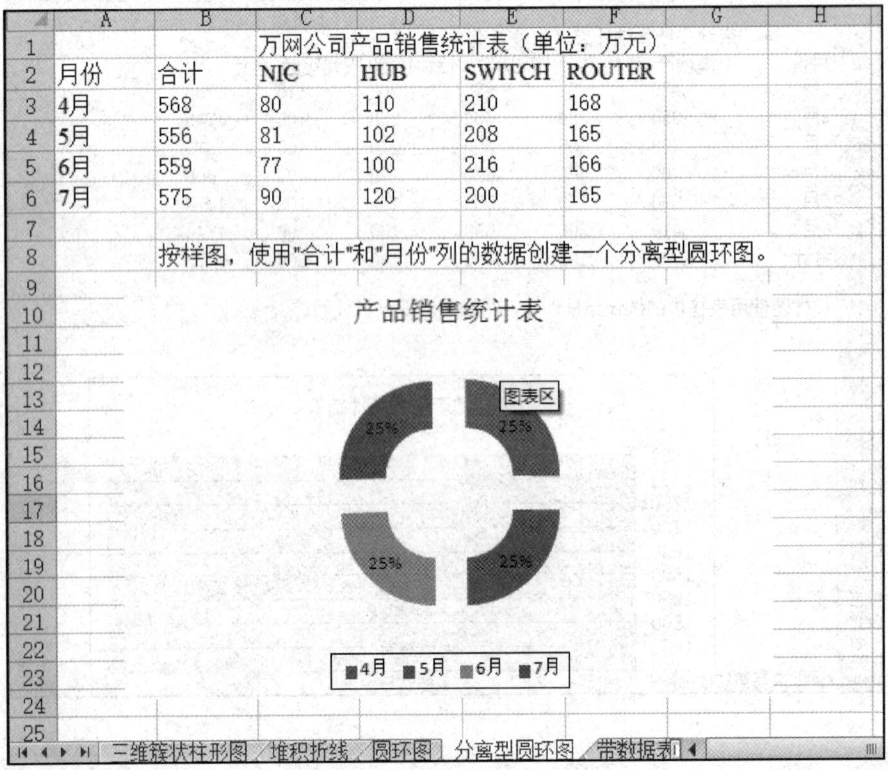

	A	B	C	D	E	F
1			万网公司产品销售统计表（单位：万元）			
2	月份	合计	NIC	HUB	SWITCH	ROUTER
3	4月	568	80	110	210	168
4	5月	556	81	102	208	165
5	6月	559	77	100	216	166
6	7月	575	90	120	200	165
8		按样图，使用"合计"和"月份"列的数据创建一个分离型圆环图。				

5. 簇状柱形图

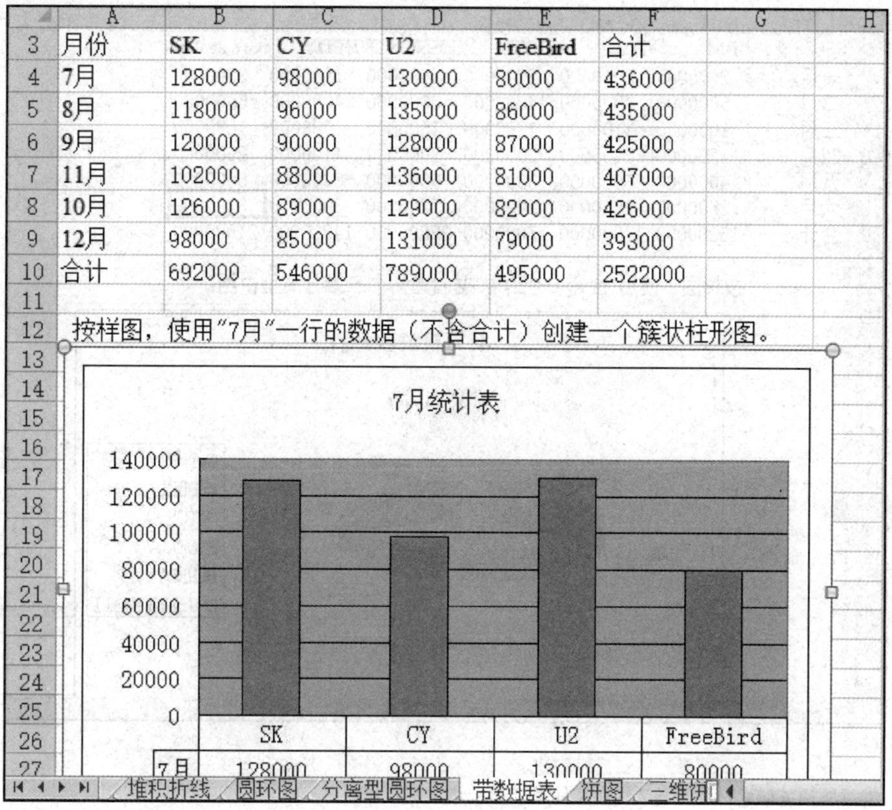

月份	SK	CY	U2	FreeBird	合计
7月	128000	98000	130000	80000	436000
8月	118000	96000	135000	86000	435000
9月	120000	90000	128000	87000	425000
11月	102000	88000	136000	81000	407000
10月	126000	89000	129000	82000	426000
12月	98000	85000	131000	79000	393000
合计	692000	546000	789000	495000	2522000

6. 饼图

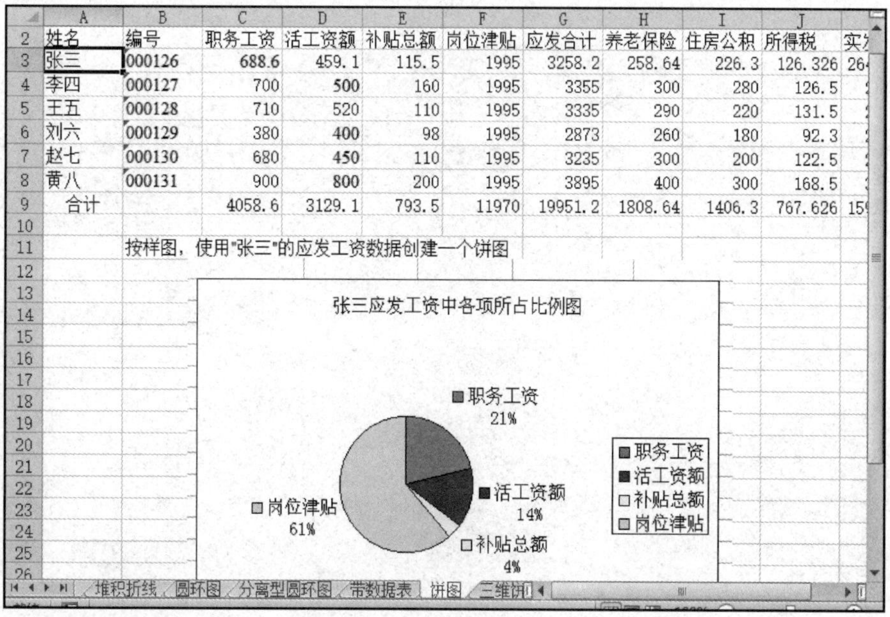

姓名	编号	职务工资	活工资额	补贴总额	岗位津贴	应发合计	养老保险	住房公积	所得税	实发
张三	000126	688.6	459.1	115.5	1995	3258.2	258.64	226.3	126.326	26[illegible]
李四	000127	700	500	160	1995	3355	300	280	126.5	[illegible]
王五	000128	710	520	110	1995	3335	290	220	131.5	[illegible]
刘六	000129	380	400	98	1995	2873	260	180	92.3	[illegible]
赵七	000130	680	450	110	1995	3235	300	200	122.5	[illegible]
黄八	000131	900	800	200	1995	3895	400	300	168.5	[illegible]
合计		4058.6	3129.1	793.5	11970	19951.2	1808.64	1406.3	767.626	15[illegible]

7. 三维分离型饼图

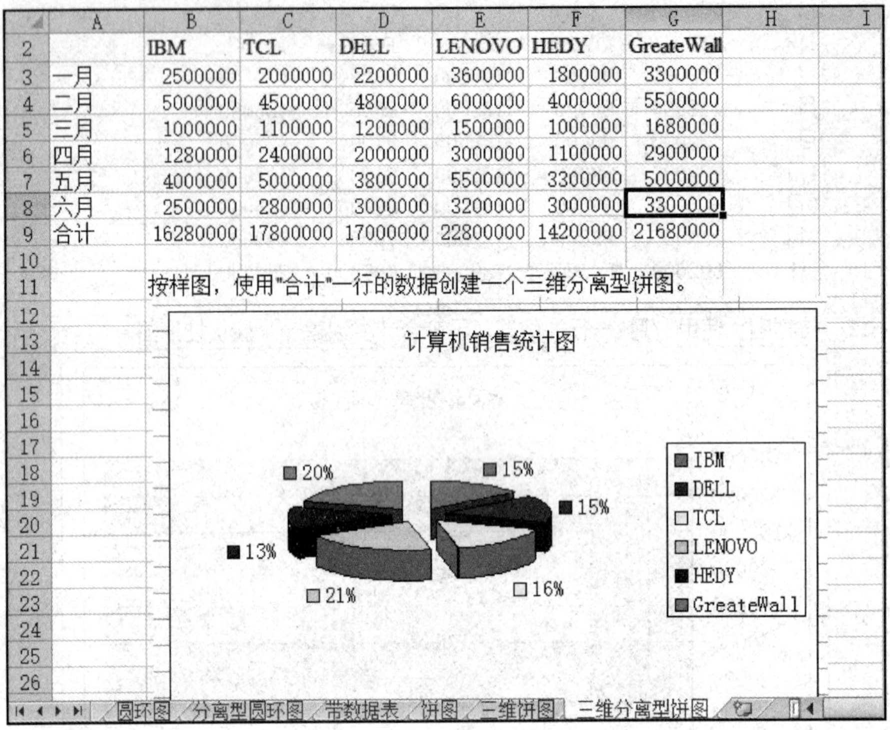

	IBM	TCL	DELL	LENOVO	HEDY	GreateWall
一月	2500000	2000000	2200000	3600000	1800000	3300000
二月	5000000	4500000	4800000	6000000	4000000	5500000
三月	1000000	1100000	1200000	1500000	1000000	1680000
四月	1280000	2400000	2000000	3000000	1100000	2900000
五月	4000000	5000000	3800000	5500000	3300000	5000000
六月	2500000	2800000	3000000	3200000	3000000	3300000
合计	16280000	17800000	17000000	22800000	14200000	21680000

按样图，使用"合计"一行的数据创建一个三维分离型饼图。

注：本章所用数据素材及答案文件在文件夹“第 4 章案例”里。

第5章

VBA 在 Excel 中的应用

本章先介绍 VBA（Visual Basic for Applications）编程知识，再介绍编程在 Excel 里的应用：自定义函数和宏调用代码段。

5.1　VBA 编程基础

5.1.1　VBA 与 Excel 的关系

VBA 是 Visual Basic 的一种宏语言，是微软开发出来在其桌面应用程序中执行通用的自动化（OLE）任务的编程语言。主要能用来扩展 Windows 的应用程式功能，特别是 Microsoft Office 软件。VBA 易于学习掌握，可以使用宏记录器记录用户的各种操作并将其转换为 VBA 程序代码。这样用户可以容易地将日常工作转换为 VBA 程序代码，使工作自动化。由于 VBA 可以直接应用 Office 套装软件的各项强大功能，所以对于程序设计人员的程序设计和开发更加方便快捷。

VBA 的编程界面称为 VBE（Visual Basic Editor），它以 Visual Basic 编程环境的布局为基础，提供了一个集成的编程环境。其主要包括标准工具栏、工程资源管理器、属性窗口、代码窗口以及立即窗口等。打开的方法是：在 Excel 中添加“开发工具”选项卡（点击“文件”→“选项”→“自定义功能区”，勾选“开发工具”，【确定】即可），点“开发工具”选项卡，单击【Visual Basic】快捷按钮，打开如图 5－1 VBE 界面。

VBA 不但继承了 VB 的开发机制，而且 VBA 还具有与 VB 相似的语言结构，它们的集成开发环境 IDE（Integrated Development Environment）也几乎相同。但是，经过优化，VBA 成为用于提升 Office 各模块功能的编程工具。

5.1.2　VBA 程序设计基本概念

在 VBA 程序设计中，首先必须理解对象、对象的属性、事件及事件过程、方法等面向对象的程序设计的基本概念。

（1）对象

对象是面向对象的程序设计的最基本的概念。对象是代码和数据的集合，它是既包

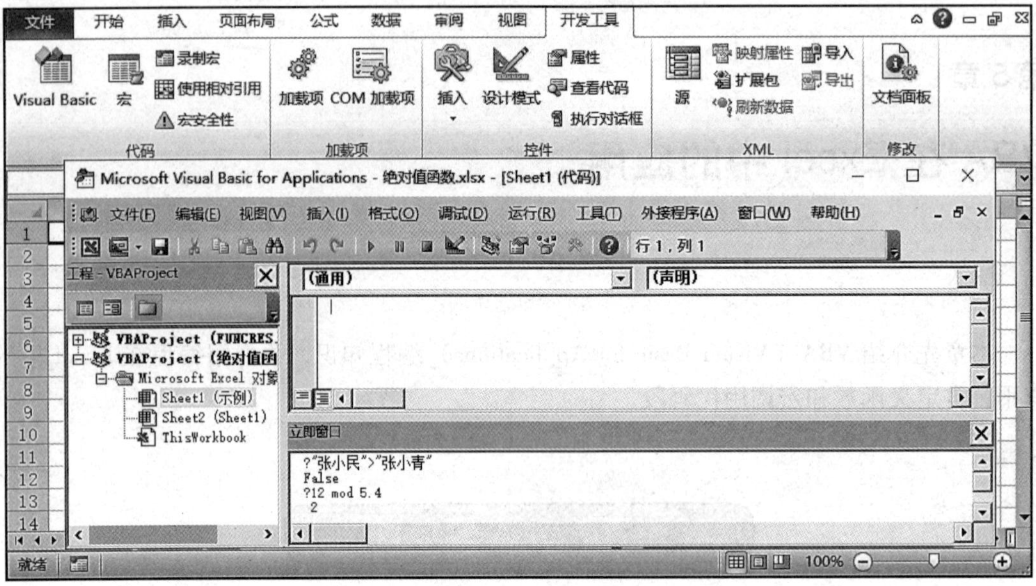

图 5－1　VBE 窗口

含数据，又包含对数据进行操作的方法，并将其封装起来的一个逻辑实体。具体到 VBA 编程，在交互界面中看到的任意一个菜单、按钮、文本框等都可以称之为对象。

每个对象均有名称，称为对象名。每个对象都具有其属性、事件和方法。

（2）对象的属性

对象的属性是指每一个对象所具有的特征和状态，例如命令按钮有标题、颜色、名称等属性，单选按钮有选中与否等属性。每一类不同的对象具有不一样的属性。在 VBA 编程中可以通过对象的属性设置窗口设置对象的属性，如图 5－2 所示。也可以在编写代码的过程中对其进行设置。在程序设计中，对对象设置属性的语句格式为：

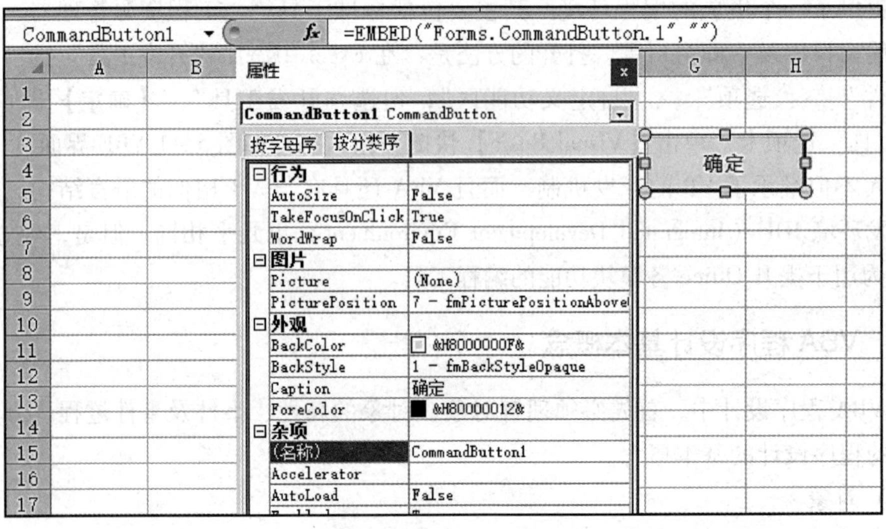

图 5－2　对象属性设置

对象名.属性名=属性值

例如，设置命令按钮CommandButton1的标题（Caption）属性为“确定”，使用的语句如下：

CommandButton1. Caption = “确定”

3. 事件及事件过程

事件是指对象上所发生的事情，事件是预先定义在对象上的特定的操作，不同的对象能识别不同的事件。例如对命令按钮的单击（click）、双击（dbclick）、鼠标按下（mousedown）；对窗口对象的打开（open）、关闭（close）等。

而事件过程则是指当对象发生某个事件后，对象的响应过程，这部分通常需要编写特定的代码，也即通过编写程序来实现。

4. 方法

方法是对象可以执行的行为。每个对象都有自己的若干方法，从而构成该对象的方法集。方法可以理解为内部函数，用来完成某些特定的功能。

有些方法调用需要参数，有些则不需要；有些方法调用后有返回值，有些则无返回值。调用对象方法的格式为：

对象名.方法名[参数]

其中[参数]是可选的。

例如，将光标定位文本框Text 1内，则需要调用setfocus方法，调用方式为：

Text1. setfocus.

5.1.3 VBA数据类型

从计算机的角度来讲，所谓数据，是指能被计算机存储和处理的、反映客观实体信息的物理符号。数字、文字（又称符号）、表格、图形等都被称为数据。多媒体技术出现后，计算机能存储和处理的信息类型越来越广泛，如声音、图像、动画等也被纳入数据的范畴。

通常计算机程序设计语言将数据按其性质进行分类，每一类称为一种数据类型（data type）。数据类型定义了数据的性质、取值范围、存储方式以及对数据所能进行的运算和操作。

VBA常用的数据类型有：布尔型（Boolean）、日期型（Date）、字符串（String）、货币型（Currency）、小数型（Decimal）、字节型（Byte）、整数型（Integer）、长整数型（Long）、单精度型（Single）、双精度型（Double）、对象（Object）、用户自定义型及变体（Variant）。表5-1列出了VBA中的数据类型。

表5-1 VBA数据类型

数据类型	存储空间	说明
Boolean（布尔）	2字节	对应字段“是/否“类型，值为True或false
Byte（字节）	1字节	用于存储二进制数，范围：0~255（0~28）
Integer（整型）	2字节	整数，最高位是符号位，类型符“%”，如10、-10、10%

续表

数据类型	存储空间	说明
Long（长整数）	4 字节	整数，最高位是符号位，类型符“&”，如 10&，123456&
Single（单精度）	4 字节	浮点数，精确度 7 位，类型符“！”，如 10.5！、10.5
Double（双精度）	8 字节	浮点数，精确度 16 位，类型符“#”，如 10.5#
Currency（货币）	8 字节	定点数或整数，用于货币计算，类型符“@”，如 10.5@
Decimal（小数）	14 字节	存储从 -10^28 -1 到 10^28 -1 范围的数字
Date（日期）	8 字节	日期文字须以数字符号“#”扩起来，例如，#2008 -8 -8#
String（字符）	字符长度	对应表中文本数据类型，定界符为“""”，如"123","welcome"
Object（对象）	4 字节	储存对象地址来引用对象
Variant（变体）	根据需要	可以表示上述任何一种类型

5.1.4 变量

在 VBA 程序中，通常使用变量临时存储数据，变量的值可以改变，在使用变量前要先进行声明，声明包含两部分内容：变量名称、变量保存数据类型。

（1）变量命名规则

在声明变量名称时，满足以下规则。

1）变量名只能由字母、数字、下划线组成。

2）变量名只能以字母开头。

3）变量名不能和系统保留的关键字相同，比如 Where、string 等。

4）变量名不区分大小写，USERID 和 userid 是一样的。

如

以下是非法变量名：

1a、1234、a　1、_ a、integer

以下是合法变量名：

A1、a_ 1、abc

（2）声明变量

格式：dim 变量名［as 数据类型］

说明：如果有 as 数据类型选项，该变量只能储存该类型的值，否则可以是任何类型。

如：

```
Dim userid as string
Dim x as integer, y as integer
Dim i
```

说明：第二条语句同时声明了两个变量；i 为变体类型，可以储存任何类型数据。

（3）变量赋值

格式：变量名 = 值

userid ="11080"

X =1

（4）改变变量的值

X =x +1

说明：将 x 的值增加 1。

5. 1. 5　常量

常量即规定的值，在 VBA 中有两种方法表示常量，一种是直接表示，另一种是使用符号表示。

例如，以下是第一种常量表示，这种在编程中最为常见。

"11080"、51、－50. 5

另一种对于需要反复使用的常数，为了便于记忆和维护，可以采用一个名字来表示该值。

格式：[public | private] const 常量名 [as 数据类型] =值

说明：

public 只能用在标准模块中，表示该常量可以在所有模块中使用。

private 该常量只能在声明它的模块中使用。

比如，圆周率 3. 1415926，可以将其声明一个常量 PI，以便在各个模块中直接使用。

public const PI =3. 1415926

说明：在标准模块中声明后，所有模块中都可以使用 PI 常量。

5. 1. 6　运算符和表达式

在 VBA 中主要有三种运算符：算术运算符、关系运算符、逻辑运算符。通过各种运算符、常量或变量连接在一起的式子称为表达式。

优先级关系：算术运算符 > 关系运算符 > 逻辑运算符

（1）算术运算符

算术运算符有：^、*、/、\、mod、+、－、&，运算功能及案例详见表 5 －2。优先级如下：^>（*、/）>\ >mod>（+、－）>&。

表 5 －2　数字运算符和字符运算符

运算符	功能	例子	结果
+	两个数相加	5 +10	15
－	两个数相减	10 －5	5
*	两个数相乘	3 * 5	15
/	用一个数除以另一个数	10/4	2. 5
\	用一个整数除以另一个数	10 \ 4	2
^	指数运算	2^3	8

续表

运算符	功能	例子	结果
mod	对两个数作除法并且只返回余数	21 mod 2	1
&	两个字符串连接在一起	"北京" & "2008"	"北京 2008"

注："+"号也可用于字符串连接，如"hello"+"china"结果为"hello china"。

（2）关系运算符

关系运算也称比较运算，它表示不等式的真或假，主要用于数值、日期等之间的比较。常用的比较操作符有：大于 >、小于 <、大于等于 > =、小于等于 < = 或不等于 < >，运算功能及案例见表 5 - 3。所有关系运算符优先级相同。

表 5 - 3　　比较运算符

运算符	功能	例子	结果
<	小于	1 <2 3 <2	true false
< =	小于等于	2 < =2 3 < =2	true false
=	等于	2 =2 3 =2	true false
> =	大于等于	3 > =2 2 > =3	true false
>	大于	3 >2 2 >3	true false
< >	不等于	3 < >2 2 < >2	true false

（3）逻辑运算符

优先级关系：not > and > or > xor。

and 是逻辑与，and 两端的条件均为真时，运算结果才为真。

or 是逻辑或，or 两端的条件只要有一个条件为真，结果即为真。

not 是逻辑非，not 后边的条件为真，结果为假，反之，not 后面的条件为假，结果为真。

xor 是逻辑异或，表示 xor 两端的条件不同时为 true，或不同时为 false 时，则条件为 true，否则为 false。运算功能及案例见表 5 - 4。

表 5－4　　　　　　　　　　　　　逻辑运算符

运算符	功能	例子	结果
and	逻辑与	True　And　True True　And　False False　And　False	True False False
or	逻辑或	True　or　True True　or　False False　or　False	True True False
not	逻辑非	Not　True Not　False	False True
xor	逻辑异或	True　xor　False True　xor　True False　xor　False	True False False

【**例 5－1**】判断表达式的结果

在 VBE 窗口，运行菜单【视图】|【立即窗口】命令，弹出立即窗口，输入“?”号，在问号后输入表达式，回车后即可显示表达式结果。如图 5－1 所示 VBE 界面。

表 5－5 展示了一些表达式以及结果。

表 5－5　　　　　　　　　　　　　表达式举例

表达式	结果	说明
"张小民">"张小青"	false	字符串比较按照字母顺序比较，汉字按其拼音对应的字母顺序
12 mod 5.4	2	对第二个数进行四舍五入后求余
10 <4 or not 1 >2 and 10 >2	True	优先级相当于：(10 <4) or ((not 1 >2) and (10 >2))
3 * 3 \ 3/3	9	根据优先级关系相当于：(3 * 3) \ (3/3)

5.1.7　系统函数

在 VBA 中，也提供了大量的内置函数，可以完成许多操作，比如字符串函数 Mid ()、统计函数 Max () 等。按功能来分，常用的可分为数学函数、字符函数、转换函数、日期函数、测试函数等。

系统提供了大量系统函数，可以在 VBE 的立即窗口验证。

(1) 数学函数

1) 求绝对值。

格式：abs (数值)

功能：返回参数的绝对值。

abs（-10）结果：10

2）取整部分。

格式：int（数值）

功能：返回不大于参数的最大整数部分。

int（13.4）　结果：13

int（13.6）　结果：13

int（-13.6）　结果：-14

3）取整数部分函数。

格式：fix（数值）

功能：参数的整数部分。

fix（13.4）　结果：13

fix（13.6）　结果：13

fix（-13.6）　结果：-13

4）随机函数。

格式：rnd（数值）

功能：产生一个 0~1 的随机数。

若参数数值小于 0，每次产生相同的随机数。

若参数数值大于 0，每次产生不同的随机数。

若参数数值为 0，则产生最近一次生成的随机数。

若省略参数，默认值大于 0。

rnd（-3）　结果：随机产生一个 0~1 间随机数

rnd（-5）　结果：和上一个 rnd 产生的随机数相同

rnd（3）　结果：随机产生一个 0~1 间随机数

rnd（3）　结果：随机产生一个 0~1 间随机数

rnd（5）　结果：随机产生一个 0~1 间随机数

rnd（0）　结果：产生一个最近一次生成的随机数

rnd（ ）　结果：随机产生一个随机数

（2）日期函数

1）当前日期函数。

格式：date（）

功能：返回系统当前日期。

2）当前时间函数。

格式：time（）

功能：返回系统当前时间。

3）当前日期时间函数。

格式：now（）

功能：返回系统的日期和时间。

4）取出年份函数。

格式：year（日期）

功能：取出日期中的年份，整型。

Year（date（））　结果：返回系统日期中的年份

5）取出日月份函数。

格式：month（日期）

功能：取出括号日期中月份，整型。

Month（date（））　结果：返回系统日期中的月份

6）取出日函数。

格式：day（日期）

功能：返回括号日期中的日

（3）字符串函数

1）长度函数。

格式：len（字符串）

功能：返回括号中字符串的长度，即字符串中字符的个数。

len（"welcome to Beijing"）

结果：18

说明：包含 2 个空格。

2）转换大写。

格式：ucase（字符串）

功能：将字符串全部转换为大写字母。

ucase（"Beijing"）

结果：BEIJING

3）转换小写。

格式：lcase（字符串）

功能：将字符串全部转换为小写字母。

lcase（"BEIJING"）

结果：beijing

4）左边截取。

格式：left（字符串，整数 N）

功能：从字符串左边截取 N 个字符。

left（"beijing2008"，7）

结果：beijing

5）右边截取。

格式：right（字符串，整数 N）

功能：从字符串右边截取 N 个字符。

right（"beijing2008"，4）

结果：2008

6）中间截取字符串。

格式：mid（字符串，开始位置 N1，截取长度 N2）

功能：从字符串左边第 N1 个位置开始截取 N2 个字符串。

mid（"北京欢迎你"，3，2）

结果：欢迎

说明：从第三个位置“欢”字开始取 2 个长度。

7）删除左边空格。

格式：ltrim（字符串）

功能：删除字符串左边空格。

ltrim（"   welcome to Beijing"）

结果：welcome to Beijing

说明：仅去掉最左边空格，中间空格保留。

8）删除右边空格。

格式：rtrim（字符串）

功能：删除字符串右边空格。

9）删除两边空格。

格式：trim（字符串）

功能：删除字符串开始和尾部空格。

10）字符串查找。

格式：instr（［N］，str1，str2）

功能：在 str1 中从 N 位置开始查找 str2，返回首次出现的位置，N 可以省略，省略表示从第一个字符开始查找。若找到返回所在位置整数，若找不到，返回值为 0。

instr（"welcome to beijing","o"）

结果：5

说明：在"welcome to beijing"中查找 o，返回 o 所在位置

instr（6,"welcome to beijing","o"）

结果：10

说明：在"welcome to beijing"中从第 6 个字符开始查找 o，返回 o 所在位置。

（4）转换函数

1）数字转换为字符串。

格式：str（数字）

功能：将数字转换为字符串。

"北京" + 2008

结果：出错，字符串不能和数字运算。

"北京" + str（2008）

结果：北京 2008

2）字符串转换为数字。

格式：val（字符串）

功能：将数字字符串转换为数值。

val（"100"）

结果：100

说明：整数

3）返回字符的ASCII码。

格式：asc（字符）

功能：返回字符的ASCII码值。

asc（"a"）

结果：97

说明：小写"a"的ASCII码为97。

4）字符代码转换为字符。

格式：chr（字符代码）

功能：返回字符代码（ASCII码所对应的字符）。

chr（97）

结果：a

其他类型转化函数有：CBool、CByte、CCur、CDate、CDbl、CDec、CInt、CLng、CSng、CStr、CVar。

（5）验证函数

在窗体上使用控件输入数据时，可通过一些验证函数验证输入的数据是否有效，比如使用文本框输入年龄时，可使用isNumeric判断输入的数值是否为数值。

isNumeric：判断表达式是否是数字。

isDate：判断变量是否为日期型数据。

isNull：判断变量是否为空或者没有赋值。

isEmpty：判断数据或变量是否为空。

5.2　VBA程序语句及流程控制

VBA程序由若干条VBA语句构成，编写程序代码时必须遵循一定的规则。首先，VBA代码不区分大小写，其次，代码通常一条语句写在一行上，如果同一行需要写多条语句，则语句之间用英文冒号“:”隔开；最后，当一条语句较长一行写不下时，可以使用续行符“-”，使用时，在其前面至少加一空格，并且续行符“-”只能出现在行尾。

VBA三种程序流程控制结构：顺序、选择（分支）、循环（重复）。图5-3分别是使用程序流程图表示的三种结构。

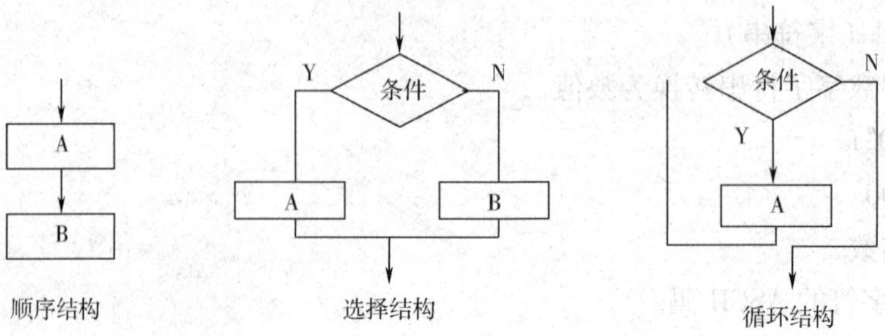

图 5-3 程序流程结构

顺序结构：按顺序结构组织程序，只需先把处理过程的各个步骤详细列出，然后把有关命令按照处理的逻辑顺序自上而下排列起来即可。

选择结构：又称分支结构或条件结构，是根据条件执行不同代码。

循环结构：又称重复结构，是根据某一条件多次执行同一段代码，直到条件为假。

5.2.1 顺序结构

顺序结构是按程序中命令编写的先后顺序依次执行的结构，即程序代码从左至右、自顶而下，顺序运行，其是最简单、最基本的一种结构。顺序结构的语句主要有注释语句、赋值语句、输入语句、输出语句等。

（1）注释语句

注释即对代码的解释，不参与程序的运行。通常，一个好的程序一般都有注释语句。这对程序的维护有很大的好处。假如没有注释的话，即使是程序员自己，在一段时间以后，要读懂自己的程序，也并非一件容易的事。

在 VBA 程序中，注释可以通过以下两种方式实现：

使用 Rem 语句和使用“′”号注释语句

【例 5-2】

```
Dim MyStr1，MyStr2
MyStr1 = "Hello"       : Rem 注释在语句之后要用冒号隔开。
MyStr2 = "Goodbye"   '这也是一条注释，无需使用冒号。
```

（2）赋值语句

赋值语句是程序设计中最基本的语句，也是为变量和事件的属性赋值的最主要的办法。赋值语句的一般形式为：

变量名 = 表达式

或

对象名.属性 = 表达式

赋值语句的作用：先计算右边表达式的值，然后赋给左边的变量或控件属性。

例如：

```
sum = 50                      '把数值常量 50 赋给变量 sum
```

```
aver = sum/10               '将表达式 sum/10 的值赋给变量 aver
Text1. Text = "Hello!"      '为文本框显示字符串
```

【注意】

表达式可以是任何类型的表达式，一般应与变量名的类型一致。

赋值号与关系运算符等于都用“=”表示，但系统不会产生混淆，会根据所处的位置自动判断是何种意义的符号。也就是在条件表达式中出现的是等号，否则是赋值号。

例如：赋值语句 a = b 与 b = a 是两个结果不相同的赋值语句，而在关系表达式中 a = b 与 b = a 两种表示方法是等价的。

赋值号左边只能是变量，不能是常量、符号常量、表达式。下列语句均为错误的赋值语句：

```
20 = x + y          '左边是常量
a + b = 5           '左边是表达式
```

不能在一条赋值语句中，同时给多个变量赋值。

例如：要对 a，b，c 三个变量值赋初值 1，下面语句书写语法上没错，但结果不正确：

```
Dim a% , b% , c%
a = b = c = 1
```

执行该语句前 a，b，c 的变量值默认是 0，Visual Basic 在编译时，将右边两个“=”作为关系运算符处理，先进行 y = z 比较，结果为 True（-1）；接着 True = 1 比较结果 False（0）；最后将 False 赋值给 a，因此最后三个变量中的值仍为 0。正确书写应分别使用三条赋值语句完成，写成：

```
a = 1
b = 1
c = 1
```

或

```
a = 1: b = 1: c = 1   书写在同一行上
```

如下赋值语句形式很常用：

```
sum = sum + x
```

表示将变量 sum、x 中的值相加后再赋给 sum，与循环结构结合使用，起到累加器作用。

```
n = n + 1
```

表示将变量 n 的值加 1 后再赋给 n，与循环结构结合使用，起到计数器的作用。

（3）输入语句函数 InputBox（）

InputBox（）的功能是显示一个能接收用户输入数据的对话框，等待用户输入正文或按下按钮，并返回包含文本框内容的字符串。

其格式如下：

InputBox（prompt［，title］［，default］［，xpos］［，ypos］）

参数说明：

prompt：必需的。作为对话框消息出现的字符串表达式。

title：可选的。显示对话框标题栏中的字符串表达式。

default：可选的。显示文本框中的字符串表达式，在没有其他输入时作为缺省值。如果省略 default，则文本框为空。

xpos：可选的。数值表达式，成对出现，指定对话框的左边与屏幕左边的水平距离。如果省略 xpos，则对话框会在水平方向居中。

ypos：可选的。数值表达式，成对出现，指定对话框的上边与屏幕上边的距离。如果省略 ypos，则对话框被放置在屏幕垂直方向距下边大约三分之一的位置。

例如：函数 inputbox（"请输入你的名字:"）可以生成如图 5－4 所示对话框。

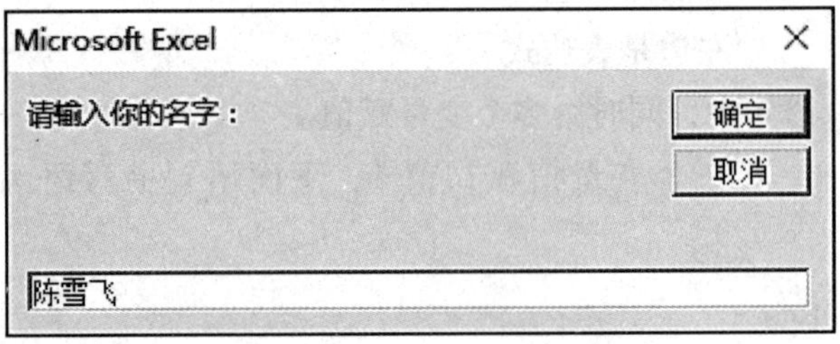

图 5－4　inputBox（）对话框

在该对话框输入“陈雪飞”，单击“确定”按钮，返回值为输入的值。

（4）输出语句函数 MsgBox（）

该函数的功能是打开一消息对话框，在对话框中显示消息，等待用户单击按钮，并返回一个 Integer 类型的数值表示单击的是哪一个按钮，返回值说明详见表 5－6。

表 5－6　　　　　　　　　　　返回值说明

常数	值	描述
vbOK	1	OK
vbCancel	2	Cancel
vbAbort	3	Abort
vbRetry	4	Retry
vbIgnore	5	Ignore
vbYes	6	Yes
vbNo	7	No

格式：

MsgBox（prompt［，buttons］［，title］）

参数说明：

prompt：必需的。字符串表达式，作为显示在对话框中的消息。

buttons：可选的。数值表达式是值的总和，指定显示按钮的数目及形式，使用的图标样式，缺省按钮是什么以及消息框的强制回应等。详见表 5 – 7。

title：可选的。在对话框标题栏中显示的字符串表达式。如果省略 title，则将应用程序名放在标题栏中。

表 5 – 7　　buttons 参数说明

常数	值	描述
vbOKOnly	0	只显示 OK 按钮
VbOKCancel	1	显示 OK 及 Cancel 按钮
VbAbortRetryIgnore	2	显示 Abort、Retry 及 Ignore 按钮
VbYesNoCancel	3	显示 Yes、No 及 Cancel 按钮
VbYesNo	4	显示 Yes 及 No 按钮
VbRetryCancel	5	显示 Retry 及 Cancel 按钮
VbCritical	16	显示 Critical Message 图标
VbQuestion	32	显示 Warning Query 图标
VbExclamation	48	显示 Warning Message 图标
VbInformation	64	显示 Information Message 图标
vbDefaultButton1	0	第一个按钮是缺省值
vbDefaultButton2	256	第二个按钮是缺省值
vbDefaultButton3	512	第三个按钮是缺省值
vbDefaultButton4	768	第四个按钮是缺省值

例如：msgBox（"确认退出系统吗?"，vbYesNo,"退出警告"），弹出图 5 – 5 所示对话框，单击“否（N）”按钮，返回值为 7。若单击“是（Y）”，返回值为 6。

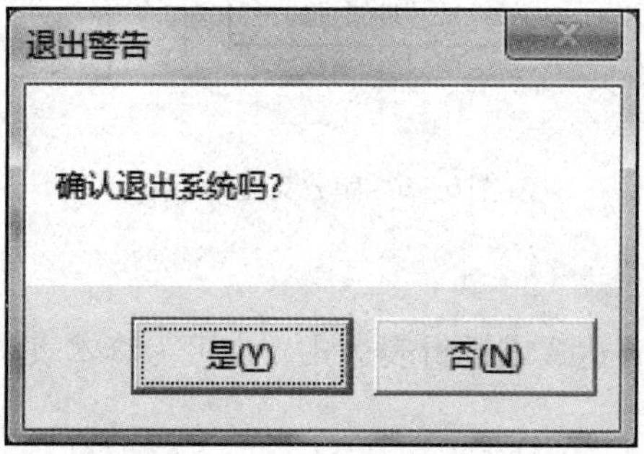

图 5 – 5　MsgBox（）对话框

（5）顺序结构举例

【例 5 – 3】输入某位同学的三门课程的成绩，求它们的平均分。

程序代码如下：

Private Sub Form_ Click（）

```
    Dim s1!, s2!, s3!, aver!'将四个变量定义为单精度浮点数
    s1 = InputBox ("输入第一门课程的成绩")
    s2 = InputBox ("输入第二门课程的成绩")
    s3 = InputBox ("输入第三门课程的成绩")
aver = (s1 + s2 + s3) /3
msgbox aver '将成绩显示在消息框中
End Sub
```

5.2.2 选择结构

在实际编写程序的过程中，经常遇到一些需要判断不同情况执行不同语句的情况，这就需要用到选择结构控制程序走向。在 VBA 中，通常用 IF 语句来实现这些选择结构。

(1) 单分支选择结构

单分支结构由 If…. Then 语句构成，是最简单的选择结构语句。其语句格式有两种：

1) If < 表达式 > Then <语句>

2) If < 表达式 > Then

<语句块>

End If

语句功能：当<表达式>的值为 True 或非零时，执行 Then 后面的语句（或语句块），否则不做任何操作，实现单分支选择结构，其流程如图 5-6 所示。

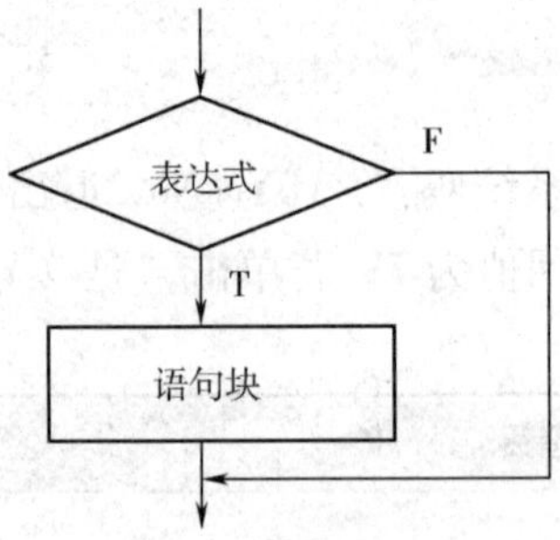

图 5-6 单分支选择结构

说明：

• 表达式一般为关系表达式或逻辑表达式，也可为算术表达式。

例如：

If n =0 Then End

If 年龄 < =35 and 职称 =" 讲师" Then n = n + 1

• 格式 1) 中的<语句>是单行语句，若要执行多条语句，语句间用冒号分隔，且必须在一行上。格式 2) 中的<语句块>可以是一条或多条语句。

例如，语句 If x > y Then x = x - 5：y = y + 5 也可写成（注意多行时最后的 End If）

If x > y Then

```
x = x - 5
y = y + 5
End If
```

例如：输入 x 的值，并输出其绝对值。

程序代码如下：

```
Private Sub Command1_ Click ( )
Dim x! '定义 x 为一单精度浮点数
x = InputBox ("请输入一个数")
If x < 0  Then  x = - x
msgbox "绝对值是:"& x
End Sub
```

（2）双分支选择结构

单分支选择结构只能对一种情况进行选择，双分支结构则能完成两种情况的选择。比如：if（如果）绿灯亮是真，then（那么）车就可以通行，Else（否则）车辆要等待行人通过。这种情况可以通过 If...Then...Else 语句来实现。

其语句格式如下：

```
if <条件> then
   <语句序列 1>
else
   <语句序列 2>
end if
```

语句功能：当 <表达式> 的值为 True 或非零时，执行 Then 后面的语句（或语句块），否则执行 Else 后面的语句（或语句块），实现双分支选择结构，其流程如图 5－7 所示。

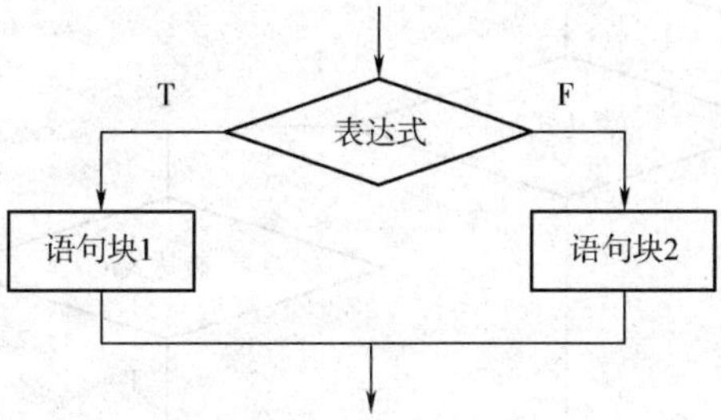

图 5－7　双分支选择结构

例如：输入一个整数，判断其奇偶性。

程序代码如下：

```
Private Sub Form_ Click ( )
  Dim x as integer
  x = InputBox ( "请输入一个整数")
```

```
If   x mod 2 =0 Then
Msgbox x & “是偶数”
Else
Msgbox x & “是奇数”
End if
End Sub
```

（3）多分支选择结构

在编写程序过程中，当语句分支多于两个时，则需要使用多分支选择结构。

多分支选择结构可以使用 If…Then…ElseIf 语句实现，也可以用 select case…. 语句实现。

If…Then…ElseIf 语句格式如下：

```
If <表达式 1 > Then
        <语句块 1 >
   ElseIf <表达式 2 > Then
        <语句块 2 >
        …
        [Else
        <语句块 n +1 >]
   End If
```

语句功能：根据不同的表达式值确定执行哪个语句块，实现多分支选择结构，其流程如图 5 -8 所示。

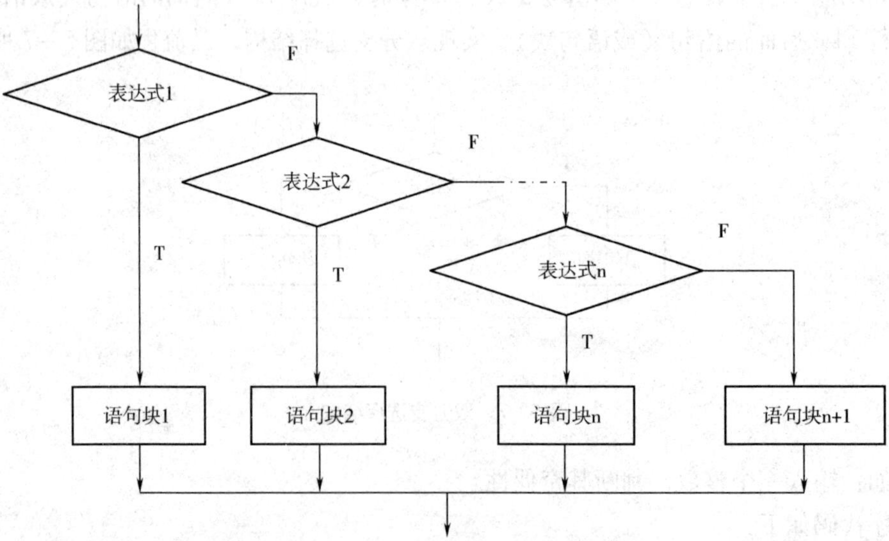

图 5 -8　多分支选择结构

说明：先计算 <表达式 1 >的值，若为真，则执行 <语句块 1 >，并跳过其他分支语句执行 If 语句的后续语句（即 End If 后面的语句）；若为假，则计算 <表达式 2 >的值，依此类推，直到找到一个为真的条件时，才执行相应的语句块，然后执行 End If 后面的语句。格式中的 Else 是可选项，表示若无任何表达式值为真时，则执行 <语句块 n+1>；若无 Else 选项，且所有条件表达式值都不为真，则不执行 If 语句中的任何语句块。

【注意】

当 If 语句内有多个表达式的值为真时，只执行第一个为真的表达式后的语句块。

例如：某商场为了促销，采取阶梯打折的优惠办法，每位顾客一次购物

◇1000 元以下，不打折

◇1000 元以上，按 9 折优惠

◇2000 元以上，按 8 折优惠

◇4000 元以上，按 7.5 折优惠

◇8000 元以上，按 6.5 折优惠

编写程序，输入购物款金额 x，计算并输出优惠后的价格 Y。

其程序代码如下：

```
Private Sub Form_ Click ( )
  Dim x as single, y as single
  x = InputBox ( "请输入购物金额")
If  x <1000  then
Y = x
Elseif  x <2000 then
Y =0. 9x
Elseif x <4000 then
  y =0. 8x
Elseif  x <8000 then
Y =0. 75x
Else
Y =0. 65x
End if
Msgbox "根据您的购物金额，打折后的价格为" & y
End Sub
```

Select Case 语句是多分支结构的另一种表示形式，它可使程序代码更加简单、清晰、易读。使用 Select Case 语句可以根据与值列表或范围进行比较的表达式的求值结果，来有条件地执行语句。其语句格式如下：

```
Select Case <检验表达式>
Case <比较列表 1>
 <语句序列 1>
Case <比较列表 2>
```

<语句序列 2 >

……

[Case Else]

<语句序列 n >

End Select

说明：

- <比较列表>可以是如下几种形式：

◆ 表达式（如 60，2 * x）。

◆ 表达式 1 to 表达式 2（表示在表达式 1 和表达式 2 之间）。

◆ is 关系运算符（如 is < =100）。

◆ 表达式 1，表达式 2，……。

- 如果有一个以上的 Case 子句与<检验表达式>匹配，则 VBA 只执行第一个匹配的 Case 字句后面的语句组。

- 如果前面的 Case 子句与<检验表达式>都不匹配，则可在 Case Else 子句后面的语句块。

其流程如图 5 - 9 所示。

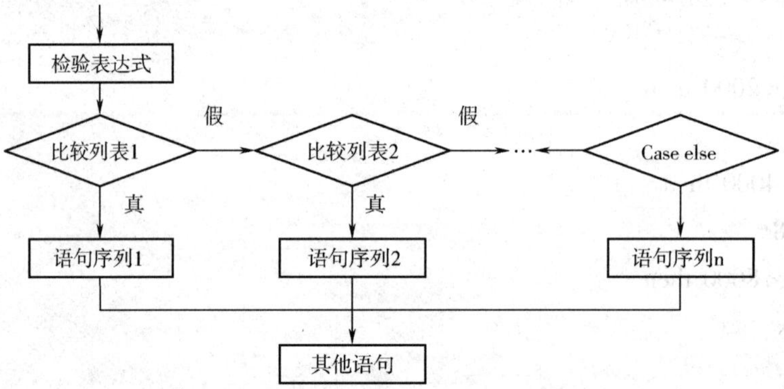

图 5 - 9 select case 语句

上例也可以使用该语句实习，具体代码如下：

```
Private Sub Command1_ Click ( )
Dim x As Single, y As Single
x = InputBox ("请输入购物金额:")
Select Case x
Case Is < 1000
y = x
Case Is < 2000
y = 0.9 * x
Case Is <4000
```

```
y = 0.8 * x
Case Is <8000
y = 0.75 * x
Case else
y = 0.65 * x
End Select
Msgbox "根据您的购物金额，打折后的价格为" & y
End Sub
```

5.2.3 循环结构

在实际生活中，经常遇到需要周而复始、重复执行的操作，例如四季更替、月亮的盈亏更替等，这就是循环。编写程序的过程中也经常会遇到这种情况，需要对某一程序段的代码进行重复执行，在 VBA 中这部分代码可以通过循环语句来实现。

（1）for…next 语句

For…next 语句是计数型循环语句，通常在循环次数固定的情况下采用此语法结构，语法如下：

```
For <循环变量> =初值 To 末值 [Step 步长]
[<语句序列>]
[Exit For]
[<语句序列>]
Next <循环变量>
```

说明：

- 循环变量必须是一个数值变量。
- VBA 最开始把循环变量的值设为初值。如果没有指定步长，则默认步长为 +1。如果步长是正数或 0，则只要循环变量小于或等于末值，VBA 在遇到相应的 Next 语句时，就把步长加到循环变量上。
- 如果在循环的过程中遇到 Exit For 语句，则直接跳出循环。
- 可以把一个 For 循环放在另一个 For 循环中。这样做时，必须为每个循环变量选择不同的名字。

其流程如图 5-10 所示。

例如：求 1 到 100 所有 100 个数的和。

```
Private Sub Command1_ Click ()
Dim i As Integer, sum As Integer
sum = 0 '给变量 sum 赋初值0
For i = 1 To 100
sum = sum + i '累加
Next i
```

Msgbox"1 +2 +…… +100 的结果是" & sum
End Sub

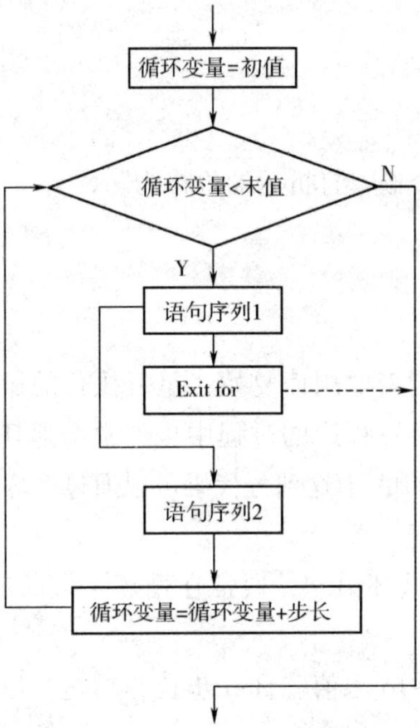

图 5 – 10 for 循环过程示意图

（2）do…loop 语句

do…loop 语句根据给定条件成立与否决定是否执行循环体内的语句，通常用于不知道循环次数的情况，其有两种格式：

格式 1：

Do [while | until 条件表达式]
[<语句序列 1 >]
[Exit Do]
[<语句序列 2 >]
Loop

格式 2：

Do
[<语句序列 1 >]
[Exit Do]
[<语句序列 2 >]
Loop [while | until 条件表达式]

说明：

- 图 5 – 11、图 5 – 12 分别是格式 1、格式 2 的执行过程
- 格式 1 先判断后执行，格式 2 先执行后判断，循环体内的语句至少执行一次。

• While 指明条件为真时执行循环体内的语句，until 则相反，条件为假时执行循环体内的语句。

• 如果没有 while 或 until，循环体中一定要有 exit do，否则循环无法结束。

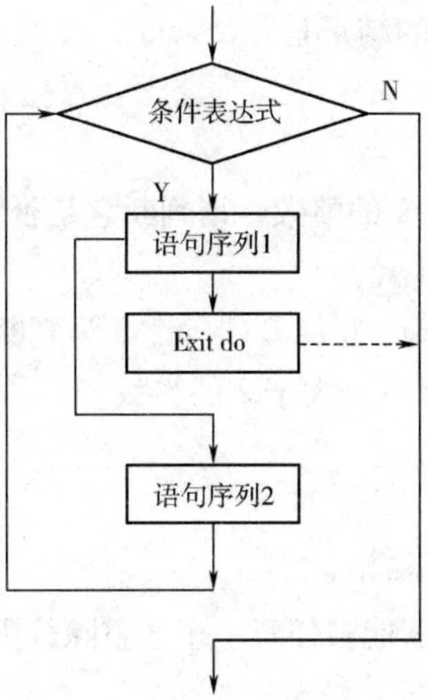

图 5－11　do 格式 1 循环过程示意图

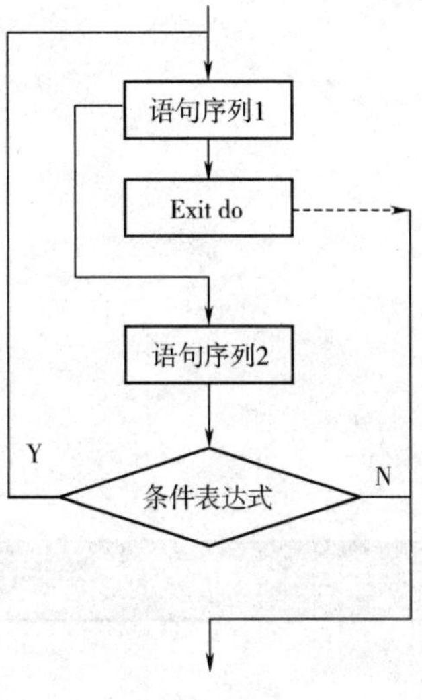

图 5－12　do 格式 2 循环过程示意图

例如：使用 do…loop 语句实现计算 1 到 100 所有 100 个数的和。

其代码实现如下：

```
Private Sub Command1_ Click（）
Dim i As Integer，sum As Integer
sum  =  0 ‘给变量 sum 赋初值0
i =1 ‘给变量 i 赋初值0
```

```
do while I < =100
sum = sum + i ‘累加
i =i +1
loop
Msgbox “1 +2 +…… +100 的结果是” & sum
End Sub
```

又例如：输入任意一个大于 2 的整数，请判断它是否为素数。

```
Private Sub Command1_ Click（）
Dim i As Integer，a As Integer，b as Boolean ‘b 为判断 i 是否为素数的标志
i = inputbox（“请输入任意一个大于 2 的整数”）
  a =2
  b = true
do while a < =sqr（i） and b = true
if I mod a =0 then   ‘如果 i 能被任意一个 a 整除，则 b = false，i 不是素数
b = false
else
a = a +1
end if
loop
if b then
msgbox I& “是素数”
else
msgbox I& “不是素数”
end if
End Sub
```

5.3 自定义函数的建立和使用

尽管 Excel 提供了数百个常用函数和分析工具库的加载宏函数，也基本上能应付绝大多数问题，但是有些问题用函数解决还是非常烦琐和复杂的，容易因错误的输入公式而无法得到需要的结果，使用自定义函数将大大简化计算公式，工作效率会大大提高。自定义函数是利用 VBA（Visual Basic for Applications）编写的一个程序段。

5.3.1 不带参数的自定义函数

获取某天是星期几的函数有 weekday 函数，但它返回的是一个数字，可以自定义一个

函数来获取今天是星期几的中文形式。

第一步：在打开的Excel工作簿中，选“开发工具”的【Visual Basic】快捷按钮，打开如图5-1 VBE窗口，单击VBE窗口的【插入】→【模块】，插入一个新模块，出现新模块的代码窗口。

第二步：在代码窗口输入“Public Function 星期（） As String”，按【Enter】键，则在其下第三行自动出现“End Function”，各字符除“星期”外都变成蓝色，光标停在第二行。

第三步：按【Tab】键一次，然后输入“星期 = Format（Weekday（Date），"aaaa"）”，这样此自定义函数定义完成。如图5-13自定义函数。

图5-13 自定义函数

第四步：关闭VBE窗口。单击VBE窗口右上角的关闭按钮。

现在回到Excel工作表，使用自定义函数。同使用其他函数方法一样，选定要插入函数的单元格，直接输入“=星期（）”，就得到了今天的星期的中文形式。或者选“公式”→“插入函数”→“用户定义”→“星期”也可。如图5-14插入自定义函数，图5-15自定义函数的使用。

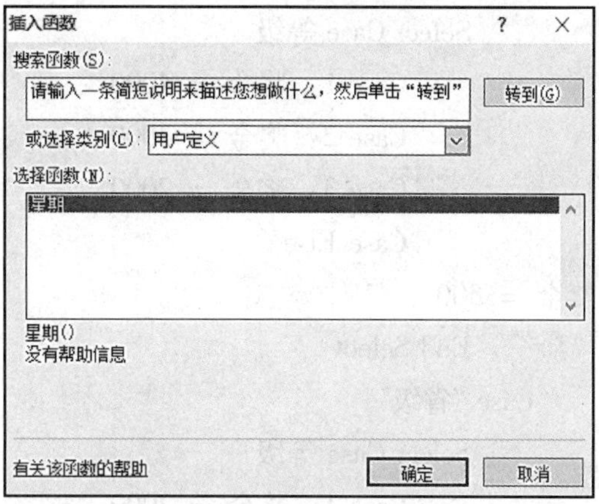

图5-14 插入自定义函数

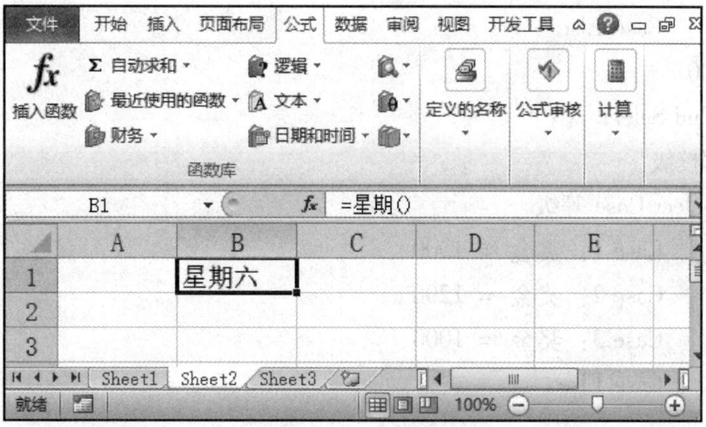

图5-15 自定义函数的使用

5.3.2 带参数的自定义函数

带参数的自定义函数的设计方法与上面的不带参数的自定义函数设计基本相同，不同之处只是在函数名后的括号里要定义所需参数的名称和数据类型。下面用某学校参加各种设计或创新大赛奖金发放的规则一例来说明如何设计带参数的自定义函数。

案例：学校为了鼓励学生积极参加各种设计或创新大赛，除了证书之类的精神鼓励外还有奖金方面的物质奖励。奖金发放规则是：获得国家级一等奖的团队，奖金 4000，获得国家级二等奖的团队，奖金 3000；获得国家级三等奖的团队，奖金 2000，获得省级一等奖的团队，奖金 2000，获得省级二等奖的团队，奖金 1800，获得省级三等奖的团队，奖金 1600；获得校级一等奖的团队，奖金 1500，获得校级二等奖的团队，奖金 1200，获得校级三等奖的团队，奖金 1000；参加了但没获得一、二、三等级奖的奖金 500。

自定义函数代码：

```
Public Function 奖金（规格 As String，等级 As Integer）As Single
Select Case 规格
    Case "国家级"
        Select Case 等级
            Case 1：奖金 = 4000
            Case 2：奖金 = 3000
            Case 3：奖金 = 2000
            Case Else
奖金 = 500
        End Select
    Case "省级"
        Select Case 等级
            Case 1：奖金 = 2000
            Case 2：奖金 = 1800
            Case 3：奖金 = 1600
            Case Else
奖金 = 500
        End Select
    Case "校级"
        Select Case 等级
            Case 1：奖金 = 1500
            Case 2：奖金 = 1200
            Case 3：奖金 = 1000
            Case Else
```

```
奖金 = 500
        End Select
    End Select
End Function
```

图5－16计算奖金自定义函数代码，图5－17用自定义函数计算奖金。

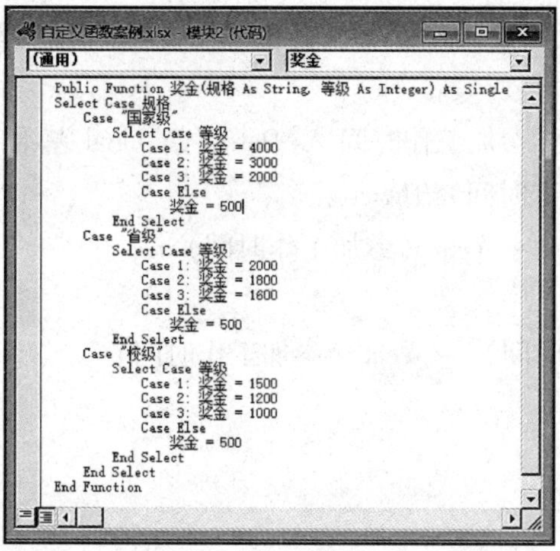

图5－16　计算奖金自定义函数代码

	A	B	C	D	E
1	团队名	获奖规格	获奖等级	奖金(用公式)	奖金(用自定义函数)
2	团队1	国家级	3	2000	2000
3	团队2	省级	2	1800	1800
4	团队3	省级	3	1600	1600
5	团队4	国家级	1	4000	4000
6	团队5	校级	1	1500	1500
7	团队6	校级	3	1000	1000
8	团队7	省级	1	2000	2000
9	团队8	国家级	2	3000	3000
10	团队9	校级	2	1200	1200
11	团队10	国家级	4	500	500
12	团队11	校级	5	500	500
13	团队12	省级	4	500	500

图5－17　用自定义函数计算奖金

用公式计算奖金，公式：

“＝IF（B2＝"国家级"，IF（C2＝1，4000，IF（C2＝2，3000，IF（C2＝3，2000，500）））,IF（B2＝"省级"，IF（C2＝1，2000，IF（C2＝2，1800，IF（C2＝3，1600，500）））,IF（B2＝"校级"，IF（C2＝1，1500，IF（C2＝2，1200，IF（C2＝3，1000，500））））））”

5.3.3 带可选参数的自定义函数

在定义函数时，若在函数参数前加关键字 Optional，则该参数为可选参数。要注意的是可选参数应放在必选参数之后，并且要列在参数清单的最后。可选参数的意思是在此函数被调用时其值可以省略。在定义此类函数时，应该有如此语句“If IsMissing（可选参数）Then ”来处理若“省略可选参数”程序代码如何写。

如计算工龄的自定义函数，若省略“基准时间”，则工龄计算到系统当前日期，代码如下：

```
Public Function 工龄（参加工作时间 As Date，Optional 基准时间）As Integer
    If IsMissing（基准时间）Then
工龄 = Year（Date） - Year（参加工作时间）
    Else
工龄 = Year（基准时间） - Year（参加工作时间）
    End If
End Function
```

5.4 自定义函数的应用

5.4.1 将金额的小写形式转换为中文大写形式

在财务方面，金额阿拉伯数字一般要转换成中文大写形式，若只是整数的转换，前面第一章已经介绍过，设置“单元格格式”就可。即打开【单元格格式】对话框，在【数字】选项卡的“分类”列表中选择“特殊”选项，在“类型”列表选择“中文大写数字”。

但是若是带小数的数转换，如567.65，则会转换成“伍佰陆拾柒．陆伍”，不符合金额元角分的读法。可以定义如下代码的自定义函数来正确表达金额大写读法。

```
Public Function 金额大写（小写 As Currency）As String
Dim a As Variant，b As Integer，c As Integer
Dim q（1 To 9）As String，s1 As Variant
q（1） = "壹"：q（2） = "贰"：q（3） = "叁"：q（4） = "肆"：q（5） = "伍"
q（6） = "陆"：q（7） = "柒"：q（8） = "捌"：q（9） = "玖"
a = Int（小写）
b = Val（Mid（Str（小写），InStr（1，Str（小写），"."） + 1，1））
c = Val（Right（Application.Text（Str（小写 * 100），"0"），1））
s1 = Application.Text（a，"[DBNum2]"）
```

```
If a = 0 Then
    If b = 0 Then
        If c = 0 Then
            金额大写 = "": Exit Function
        Else
            金额大写 = q(c) & "分": Exit Function
        End If
    Else If c = 0 Then
        金额大写 = q(b) & "角整": Exit Function
        Else
            金额大写 = q(b) & "角" & q(c) & "分": Exit Function
        End If
Else If b = 0 Then
    If c = 0 Then
        金额大写 = s1 & "元整": Exit Function
        Else
            金额大写 = s1 & "元零" & q(c) & "分": Exit Function
        End If
    Else If c = 0 Then
        金额大写 = s1 & "元" & q(b) & "角整": Exit Function
        Else
    金额大写 = s1 & "元" & q(b) & "角" & q(c) & "分": Exit Function
        End If
End Function
```

示例数据如图5-18将金额小写数字转换为金额大写中文形式。

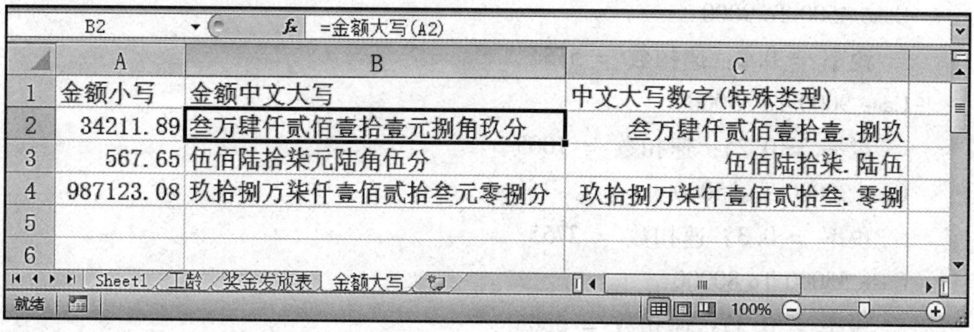

B2 =金额大写(A2)

	A	B	C
1	金额小写	金额中文大写	中文大写数字(特殊类型)
2	34211.89	叁万肆仟贰佰壹拾壹元捌角玖分	叁万肆仟贰佰壹拾壹.捌玖
3	567.65	伍佰陆拾柒元陆角伍分	伍佰陆拾柒.陆伍
4	987123.08	玖拾捌万柒仟壹佰贰拾叁元零捌分	玖拾捌万柒仟壹佰贰拾叁.零捌
5			
6			

Sheet1 / 工龄 / 奖金发放表 / 金额大写

图5-18 将金额小写数字转换为金额大写中文形式

5.4.2 计算个人所得税

个人所得税的计算规则的变化很多时候只是改变起征点，且起征点一般几年不变，所以计算月薪个人所得税的自定义函数可以设月薪为必需参数，起征点为可选参数，当没输入起征点值时默认为3500元。2016年最新个人所得税税率表（个税起征点3500元）如表5-8所示。

表5-8　　　工资、薪金所得适用个人所得税累进税率表

级数	全月应纳税所得额	税率（%）	速算扣除数
1	不超过1500元的	3	0
2	超过1500元至4500元的部分	10	105
3	超过4500元至9000元的部分	20	555
4	超过9000元至35000元的部分	25	1005
5	超过35000元至55000元的部分	30	2755
6	超过55000元至80000元的部分	35	5505
7	超过80000元的部分	45	13505

求个人所得税自定义函数的代码如下：

```
Public Function 个人所得税（应发工资，Optional 起征点）As Currency
Dim 税率 As Currency，速扣数 As Currency，应纳税额 As Currency
应纳税额 = 应发工资 - 起征点
Select Case 应纳税额
    Case 0 To 1500
        税率 = 0.03：速扣数 = 0
    Case 1500 To 4500
        税率 = 0.1：速扣数 = 105
    Case 4500 To 9000
        税率 = 0.2：速扣数 = 555
    Case 9000 To 35000
        税率 = 0.25：速扣数 = 1005
    Case 35000 To 55000
        税率 = 0.3：速扣数 = 2755
    Case 55000 To 80000
        税率 = 0.35：速扣数 = 5505
    Case Else
        税率 = 0.45：速扣数 = 13505
    End Select
    If 应纳税额 < = 0 Then
```

```
        个人所得税 = 0
    Else
        个人所得税 = 应纳税额 * 税率 - 速扣数
    End If
    End Function
```

示例数据如图5-19自定义函数求个人所得税。

若是用IF函数的嵌套公式，就较复杂了，公式是：

=IF（G3<=1500，G3*0.03，IF（G3<=4500，G3*0.1-105，IF（G3<=9000，G3*0.2-555，IF（G3<=35000，G3*0.25-1005，IF（G3<=55000，G3*0.3-2755，IF（G3<=80000，G3*0.35-5505，G3*0.45-13505））））））

	A	B	C	D	E	F	G	H	I	J
1										
2	姓名	职务工资	岗位津贴	养老保险	住房公积	应发工资	应纳税所得额	所得税(用公	所得税(自定义函数)	实发工资
3	张三	4500	14000	310	1220	16970	13470	2362.5	2362.5	14607.5
4	李四	22345	24000	300	1230	44815	41315	9639.5	9639.5	35175.5
5	王五	3710	2890	400	1211	4989	1489	44.67	44.67	4944.33
6	刘六	3380	12000	260	1226	13894	10394	1593.5	1593.5	12300.5
7	赵七	4567	5000	300	1216	8051	4551	355.2	355.2	7695.8
8	黄八	7890	8000	400	1236	14254	10754	1683.5	1683.5	12570.5

图5-19 自定义函数求个人所得税

5.5 自定义函数的共享

设计好的自定义函数可以共享到其他工作簿被调用，实现方法有很多，这里介绍三种方法。

5.5.1 直接复制法

将有自定义函数的工作簿文件及要使用自定义函数的工作簿都打开，注意使用自定义函数的工作簿应该都为启用宏的工作簿文件（.xlsm）。如图5-20所示，打开了“文件1：自定义函数.xlsm”和“文件3：自定义函数.xlsm”，要将“文件1：自定义函数.xlsm”中的模块1（计算奖金的）复制到“文件3：自定义函数.xlsm”，注意到复制前在“文件3：自定义函数.xlsm的奖金发放表”中调用函数“=奖金（B2，C2）”的单元格是“#NAME?”的出错标识，即找不到此函数名。而复制后出错标识没有了，如图5-21所示。

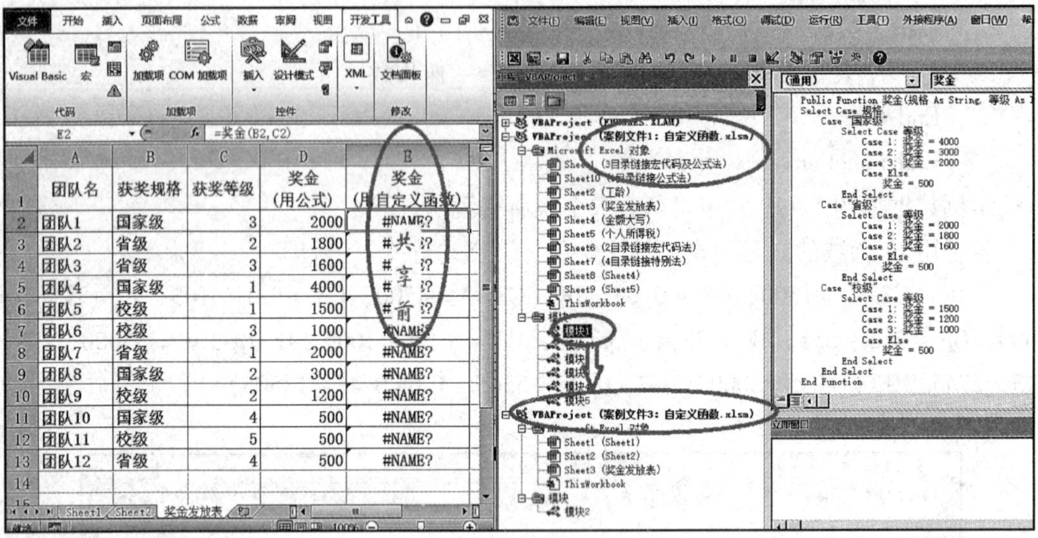

图 5－20　准备复制模块 1 到文件 3

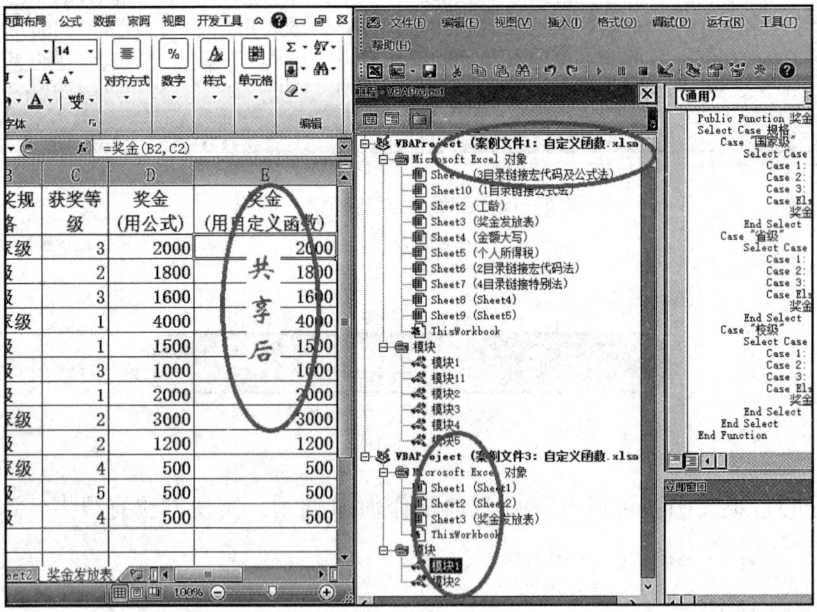

图 5－21　模块 1 复制到了文件 3

5.5.2　导入导出法

可以将自定义函数模块在 VBE 窗口导出到某文件夹，也可以在 VBE 窗口将某导出的模块文件（＊.bas）导入进来，实现自定义函数在不同工作簿文件之间的共享。

导出的具体操作过程：打开有自定义函数的工作簿文件，然后打开其 VBE 窗口（打开 VBE 窗口方法很多，见本章前面介绍），选择某自定义函数模块，执行右键菜单【导出文件…】或文件菜单【导出文件…】，弹出“导出文件”对话框，确定好导出文件的保存位置及文件名（扩展名“. bas”不能变），单击【确定】即可。

导入的具体操作过程：打开要导入自定义函数的工作簿文件，然后打开其VBE窗口，执行右键菜单【导入文件…】或文件菜单【导入文件…】，弹出“导入文件”对话框，选择好导入文件（如前面导出的扩展名为“. bas”的文件），单击【确定】即可在VBE窗口见有新加入的模块。

再次提醒，加入了自定义函数的工作簿要保存为“启用宏的工作簿文件（. xlsm）”。导入的自定义函数在工作表中即可像系统自带函数一样被调用。

5. 5. 3　创建加载宏法

可以将有自定义函数的工作簿另存为加载宏，再在需要这些自定义函数的工作簿添加此宏加载项，就可以在这些工作簿中调用这些自定义函数了，而这些工作簿不一定是要启用宏的工作簿。

具体要做的事情如下。

（1）将有自定义函数的工作簿另存为加载宏

第一步：将有自定义函数“奖金（）”和“星期（）”的“文件3：自定义函数 - 副本 . xlsm”打开，清除该工作簿的所有数据。

第二步：执行【文件】→【另存为】命令，弹出“另存为”对话框，在“文件名”输入框中输入加载宏名字“奖金”，在“保存类型”输入框选择“Excel 加载宏（ * . xlam）”，这时在“保存位置”输入框会自动出现“Roaming \ Microsoft \ AddIns”，即加载宏默认的保存位置为“C： \ Users \ ken \ AppData \ Roaming \ Microsoft \ AddIns”，如图5 - 22所示。

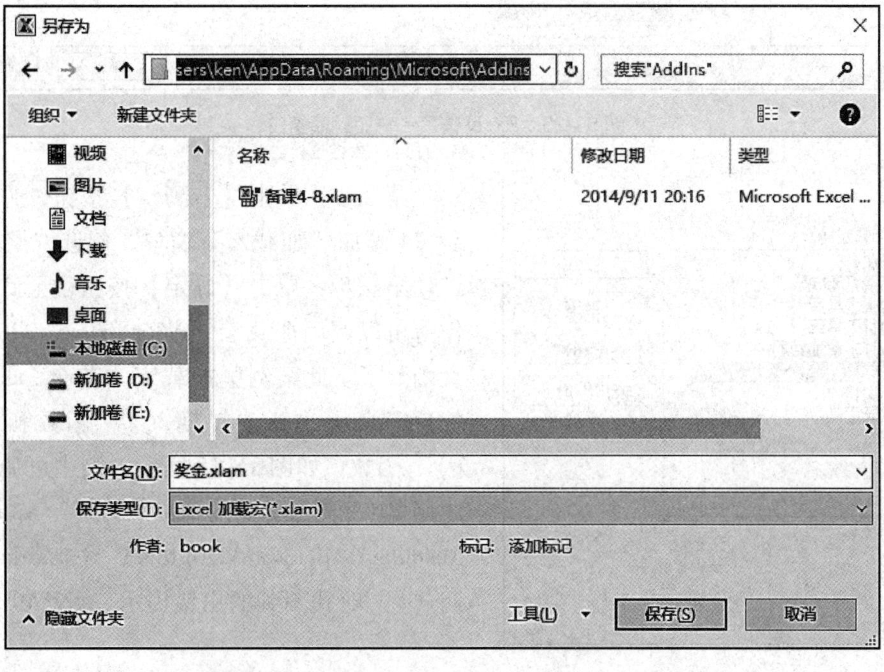

图5 - 22　自定义函数工作簿“另存为”加载宏

第三步：单击【保存】按钮，加载宏“奖金.xlam”有了。最后关闭“文件3：自定义函数 - 副本.xlsm”。

（2）在普通的工作簿添加“Excel 加载项”——加载宏

第一步：打开某 Excel 工作簿，执行【文件】→【选项】→【加载项】，弹出如图 5-23 Excel 选项——加载项窗口，注意到窗口下部“管理:”输入框中的“Excel 加载项”及“【转到...】按钮”。

图 5-23　Excel 选项——加载项窗口

第二步：单击【转到...】按钮，弹出如图 5-24 添加“加载宏”窗口，勾选“奖金”。

第三步：单击【确定】按钮，至此，此工作簿可以调用加载宏“奖金.xlam”里的自定义函数了。此案例里加载宏“奖金.xlam”里的自定义函数有“星期（）”函数和“奖金（）”函数，如图 5-25 所示。图中可见其要找此函数“='C:\Users\ken\AppData\Roaming\Microsoft\AddIns\奖金.xlam'!星期（）”时找不到的出错提示“#NAME?”。

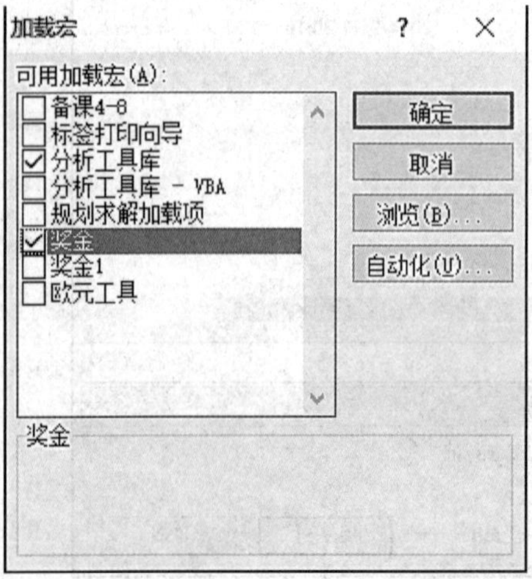

图 5-24　添加“加载宏”窗口

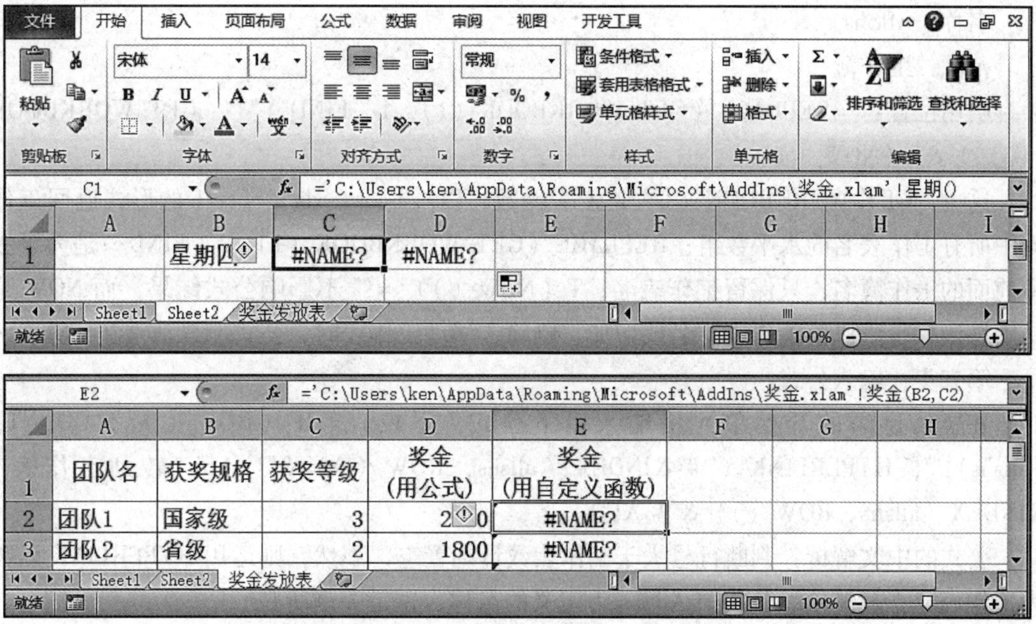

图 5－25　添加“加载宏”前自定义函数调用情况

如图 5－26 所示为加载宏后的函数调用情况。

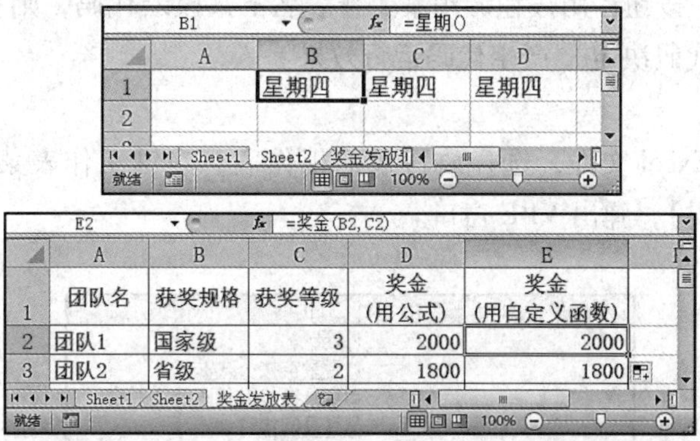

图 5－26　添加“加载宏”后自定义函数调用情况

5.6　生成带超链接的工作表目录的方法

本节使用本章“文件 1：自定义函数 . xlsm”。

5.6.1　公式法

实现步骤：

第一步：定义名称。

CTRL + F3 － 新建名称，或执行【公式】→【名称管理器】－【新建名称】来新建名称。

名称：AllShs

范围：工作簿

引用位置：=REPLACE（GET. WORKBOOK（1），1，FIND（″]″，GET. WORKBOOK（1）），）&T（NOW（））

这里，GET. WORKBOOK（1）是宏表函数，以［Book1. xls］Sheet1 的形式返回工作簿中所有工作表名的水平数组；REPLACE（GET. WORKBOOK（1），1，FIND…是为了去掉前面的工作簿名，只保留工作表名；T（NOW（））=″″不影响公式结果，而 NOW 是易失性函数，可以使工作表改名或增加、删除、移动工作表时，公式能自动重新计算。

第二步：输入公式。

在要放目录的开始单元格输入以下公式，下拉。=IF（ROW（）>COUNTA（allshs），″″，HYPERLINK（″#″&INDEX（allshs，ROW（））&″! A1″，″转到工作表：″&INDEX（allshs，ROW（））&″! A1″））。

公式的中文解析：判断行号大于工作表数量则置空，不然，则运用 HYPERLINK 函数为工作表建立超链接。公式中 AllShs 为定义的名称，也是关键所在。

实现结果见“文件 1：自定义函数 . xlsm”之工作表。

5. 6. 2 宏代码法

在某工作表建一按钮，用按钮调用某工作表名下某段宏代码，则在某工作表（默认）或其他工作表（由代码决定）产生代码运行效果。

步骤如下。

第一步：打开 Excel 文件，选择放目录的工作表，右键工作表菜单，如图 5 - 27 所示，选择【查看代码】，弹出 VBE 窗口。

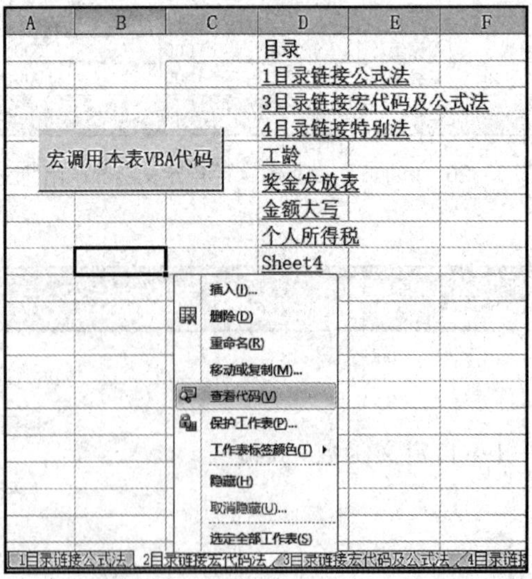

图 5 - 27 进入 VBE 窗口

第二步：在 VBE 窗口输入如下代码段，如图 5－28 所示。

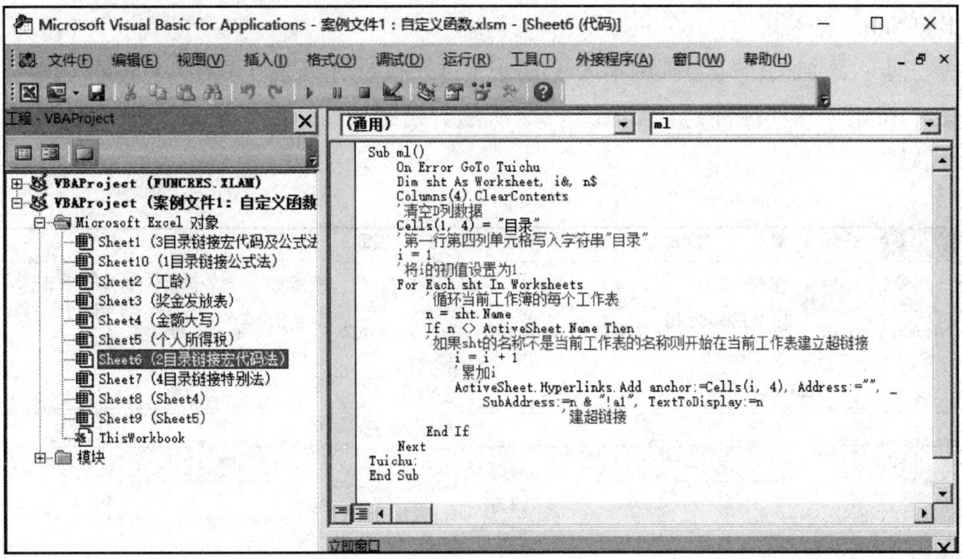

图 5－28　在 VBE 窗口输入代码段

宏代码：

```
Sub ml ()
    On Error GoTo Tuichu
    Dim sht As Worksheet, i&, n $
Columns (4) . ClearContents
    '清空 D 列数据
    Cells (1, 4) = "目录"
    '第一行第四列单元格写入字符串"目录"
    i = 1
    '将 i 的初值设置为 1.
    For Each sht In Worksheets
        '循环当前工作簿的每个工作表
        n = sht. Name
        If n < > ActiveSheet. Name Then
        '如果 sht 的名称不是当前工作表的名称则开始在当前工作表建立超链接
            i = i + 1
            '累加 i
          ActiveSheet. Hyperlinks. Add anchor: = Cells (i, 4), Address: ="", _
                SubAddress: = n & "! a1", TextToDisplay: = n
                          '建超链接
        End If
```

```
    Next
Tuichu:
End Sub
```

第三步：添加按钮【宏调用本表 VBA 代码】。执行【开发工具】→【插入】→表单控件之“按钮（窗体控件）”，如图 5－29 所示。绘制按钮，编辑按钮文字“宏调用本表 VBA 代码”。

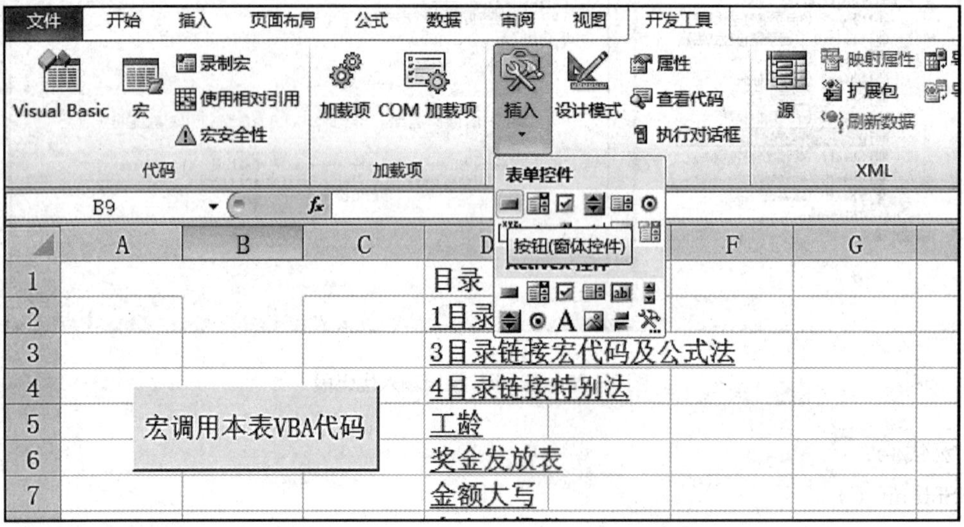

图 5－29　添加按钮【宏调用本表 VBA 代码】

第四步：给按钮【宏调用本表 VBA 代码】指定宏。单击按钮右键菜单，选择【指定宏】，如图 5－30 所示。

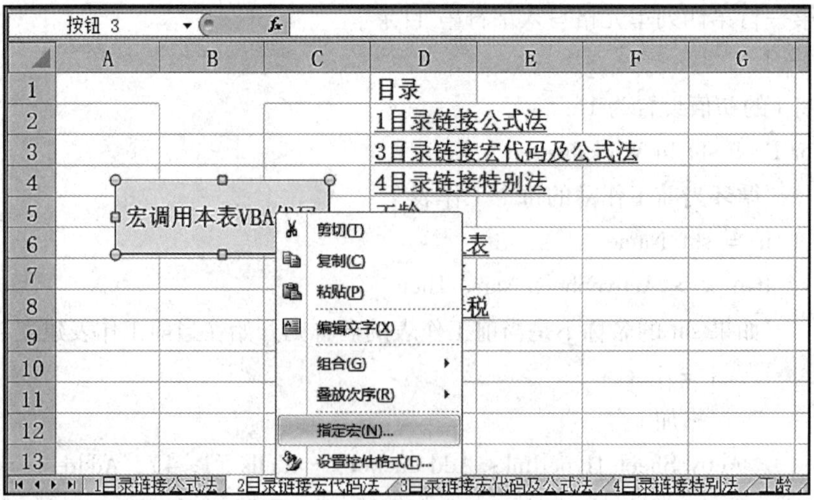

图 5－30　给按钮指定宏代码

第五步：单击【指定宏】，弹出如图5－31在指定宏窗口选择代码段，选择上面为按钮输入的代码段，如图中所示“sheet6 ml”，点击【确定】按钮，完成按钮与本工作表代码段的关联。

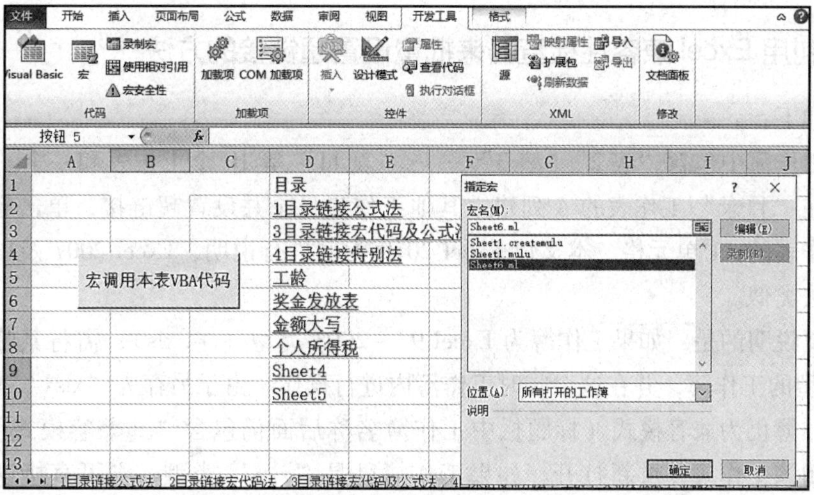

图5－31 在指定宏窗口选择代码段

以后单击按钮【宏调用本表VBA代码】，就可以产生超链接目录了。

5.6.3 宏代码与公式结合法

用宏代码及宏调用获取工作表名称，用函数及公式实现超链接。

在某工作表建一按钮，用按钮调用某工作表名下某段宏代码，则在某工作表（默认）或其他工作表（由代码决定）产生代码运行效果。输入代码、添加按钮、按钮与代码关联的操作步骤同5.6.2，不同的是这里的代码只获取工作表目录，目录的超链接由函数及公式再实现。

宏代码：

```
'在当前工作表建“目录”
Sub createmulu（）
On Error GoTo Tuichu
Columns（4）.ClearContents
    '清空D列数据
Cells（1，4）="目录"
    '第一行第四列单元格写入字符串"目录"
For i = 2 To Sheets.Count
Cells（i，4）= Sheets（i - 1）.Name
'将工作表名称放到单元格第i行第四列开始的地方
Next
```

Tuichu：

End Sub

实现超链接的函数及公式：

= HYPERLINK（"#"&D2&"! a1"，D2）

5.6.4 利用 Excel 兼容性检查器来批量设置超链接的方法

步骤如下：

假如工作簿中包含“表 2”“表 3”……“表 11”等 10 个工作表和一个“目录”工作表，要在“目录”工作表的 A 列建立其他工作表目录并设置超链接，单击超链接跳转到其他工作表的 A1 单元格。本文以 Excel 2010 为例进行说明，Excel 2007 及以上版本中的设置方法类似。

首先要说明的是，如果工作簿为 Excel 97－2003 类型（＊.xls），需将其临时另存为“xlsx”类型的工作簿，并在这个临时工作簿内进行操作。由于另存为“xlsx”类型的工作簿后，工作簿仍为兼容模式（标题栏中工作簿名称后面仍包含“［兼容模式］”字样），故需要关闭该工作簿并重新打开。如果工作簿已是“xlsx”类型，则可直接进行下面的操作。

（1）输入公式

选择除“目录”工作表外的其他所有工作表。可以先选择某个工作表后，再按 Ctrl 键逐一选择其他工作表，如果“表 2”至“表 11”都相邻并顺序排列，可先选择“表 2”，然后按住 Shift 键单击“表 11”，即可全选这些工作表。

单击选择 A1 单元格（表 2 中的），输入公式：= ZZ1，如图 5－32 所示。

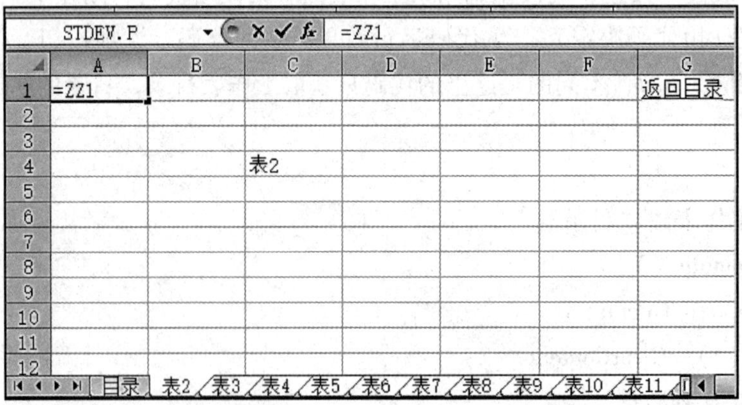

图 5－32 成组输入公式

由于“表 2”至“表 11”都被选择，故上述公式也被输入到其他被选择的工作表的 A1 单元格。

说明：由于 Excel 2007 以上版本“＊.xlsx”类型工作簿中工作表的列数有 16384 之多，而 Excel 97－2003 类型（＊.xls）工作簿中工作表包含的列数只有 256 列，而上述公式所引用的单元格 ZZ1 所在列为 702 列，超出了 Excel 97－2003 类型（＊. xls）工作表所支持的列数限制，故在进行兼容性检查时会给出提示。其中“ZZ1”单元格也可以用其他工作表引用范围内但超出 256（IV）列或 65536 行之外的某个单元格。

（2）运行兼容性检查器

单击“文件→信息→检查问题→检查兼容性”，弹出“兼容性检查器”对话框，如图 5－33 兼容性检查器窗口。

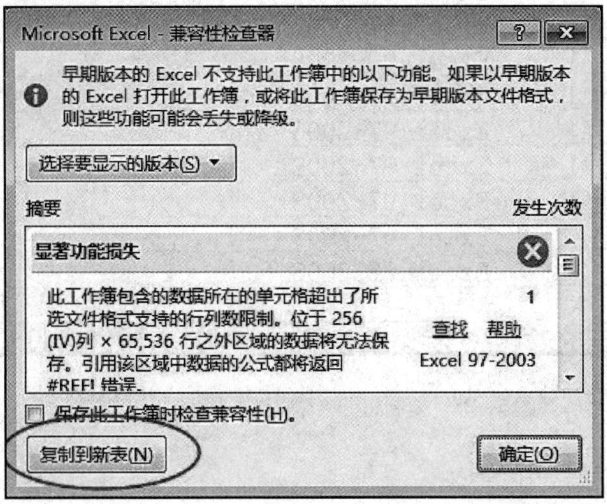

图 5－33 兼容性检查器窗口

单击“复制到新表”按钮，Excel 会自动新建一个工作表“兼容性报表”，以显示本工作簿内的兼容性问题，如图 5－34 兼容性报表。

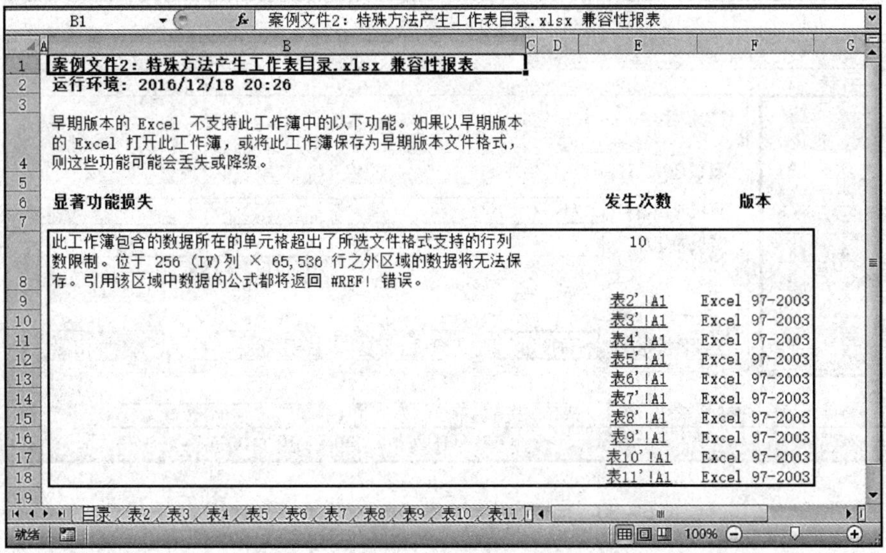

图 5－34 兼容性报表

(3) 复制超链接

可以看到“兼容性报表”中的“显著功能损失”部分已包含了全部所需的超链接。复制这些超链接，粘贴到“目录”工作表所需位置，如图 5-35 所示。

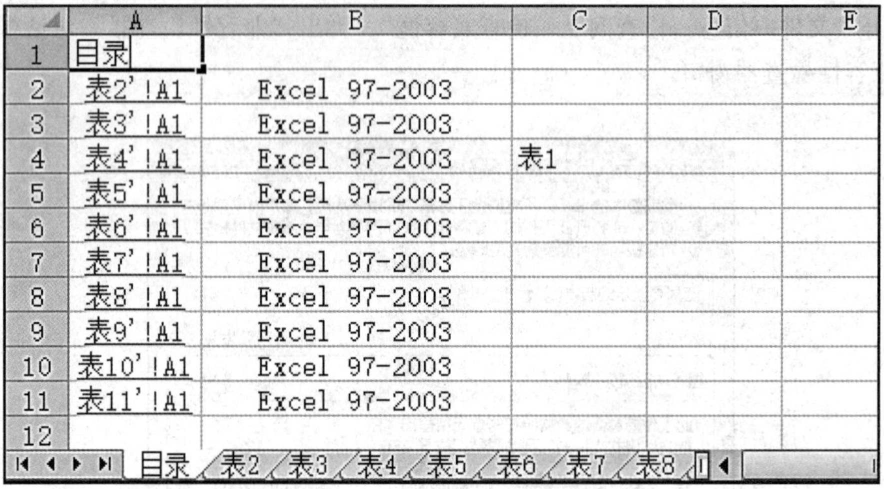

图 5-35　复制超链接粘贴到“目录”工作表

(4) 替换“'! A1”为空

最后，根据需要在“目录”工作表中替换“'! A1”为空，使超链接名称仅显示为工作表名称，如图 5-36 用查找替换功能替换“'! A1”为空。删除“表 1”至“表 10”A1 单元格中的公式，删除临时另存的“xlsx”类型的工作簿，如果工作簿原来就是“*.xlsx”类型，则删除“兼容性报表”工作表。

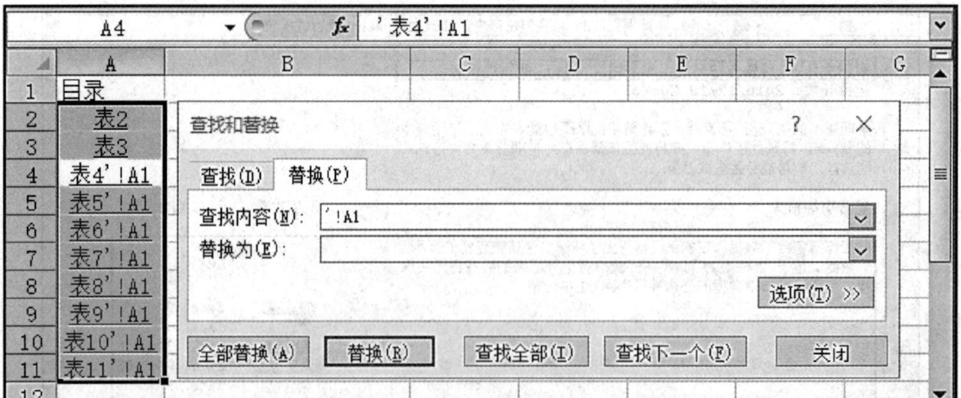

图 5-36　用查找替换功能替换“'! A1”为空

做好的超链接目录如图5－37所示。

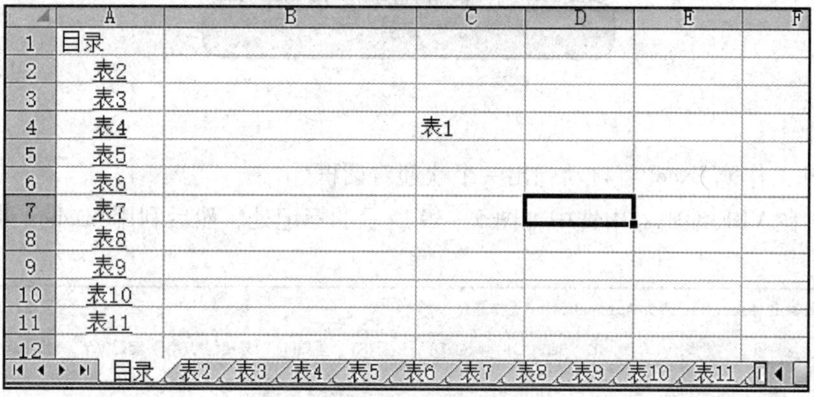

图5－37 做好的超链接目录

（5）为各工作表建立返回目录

在“目录”工作表中建立上述超链接后，可能还需要在各个超链接所在工作表中建立一个“返回”超链接，以方便返回“目录”工作表，这点在工作表数量较多时十分有用。这里顺便介绍一种设置方法，供参考。

选择“表2”至“表11”，在需要设置“返回”超链接的单元格内输入公式：

＝HYPERLINK（"#目录！a1","返回目录"）

这样，在“表2”至“表11”的指定单元格都会建立一个名为“返回目录”的超链接，单击“返回目录”即可跳转到“目录”工作表的A1单元格，如图5－38建立返回目录超链接。

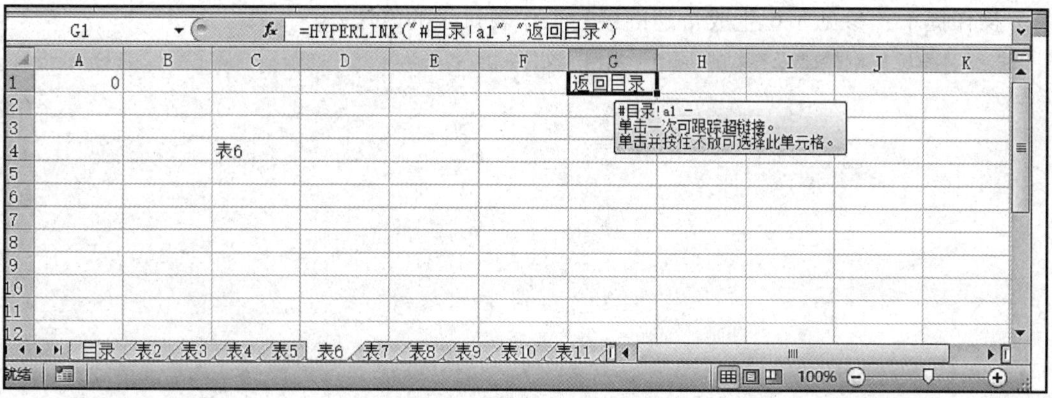

图5－38 建立返回目录超链接

5.7 练习

1. 打开工作簿 Excel 将自动弹出一个欢迎对话框

提示：在 VBE 编辑器中选中如图 5－39 所示的标记处，然后利用 msgbox 函数。

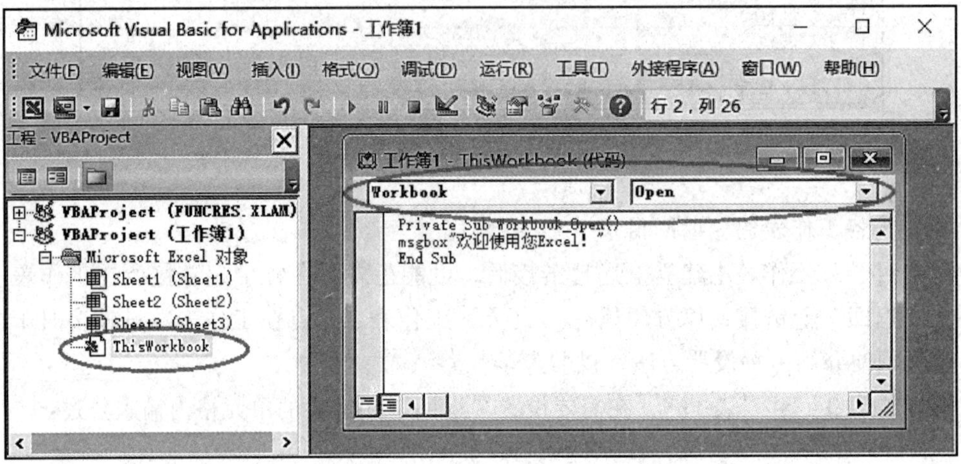

图 5－39　制作自动弹出的欢迎框

2. 建立一个带超链接的工作表目录

参考素材：“收入支出管理账目.xlsx”。

操作提示：参见 5.6 生成带超链接的工作表目录的方法。

注意：本章所有素材数据及答案在“第 5 章案例”文件夹。

参考书目

［1］韩小良．Excel 企业管理应用案例精萃［M］．北京：电子工业出版社，2007.

［2］邢新建，张五成，彭宗勤．Excel 专家案例与技巧［M］．北京：电子工业出版社，2009.

数据及资料来源部分来自以下网址和计算机等级考试资源：

http：//data. house. 163. com/gz/data/new/index. html

http：//www. pm25s. com/

http：//www. baidu. com/